纤维金属层板的力学性能及成形技术

陶　杰　李华冠　胡玉冰　著

科 学 出 版 社

北 京

内 容 简 介

　　纤维金属层板作为一种超混杂复合材料，综合了传统纤维复合材料和金属材料的特点，具有高的比强度和比刚度，优良的疲劳、冲击性能以及高损伤容限，是航空航天、轨道交通及汽车等领域备受青睐的轻质材料。本书共十章，针对国际上在该领域研究的热点问题，系统、详细地介绍了作者团队多年来在纤维金属层板的体系设计、损伤理论、力学性能、仿真技术及成形方法等方面的最新研究成果，内容丰富、新颖，具有系统性和前瞻性。

　　本书可供从事超混杂复合材料、纤维复合材料研究与应用的科技人员阅读，也可为从事高性能材料研发、结构减重及轻量化设计的研究人员提供参考。

图书在版编目（CIP）数据

纤维金属层板的力学性能及成形技术/陶杰，李华冠，胡玉冰著. —北京：科学出版社，2017.3
　　ISBN 978-7-03-052028-9

　　Ⅰ.①纤… Ⅱ.①陶… ②李… ③胡… Ⅲ.①纤维-金属板-力学性能 ②纤维-金属板-成形 Ⅳ.①TG14

中国版本图书馆 CIP 数据核字（2016）第 041469 号

责任编辑：胡　凯　李涪汁　王　希/责任校对：何艳萍
责任印制：张　伟/封面设计：许　瑞

科学出版社 出版
北京东黄城根北街 16 号
邮政编码：100717
http://www.sciencep.com

北京凌奇印刷有限责任公司 印刷
科学出版社发行　各地新华书店经销

*

2017 年 3 月第　一　版　　开本：720×1000　B5
2021 年 2 月第五次印刷　　印张：19 1/4
字数：400 000

定价：89.00 元
（如有印装质量问题，我社负责调换）

前　言

纤维金属层板（fiber metal laminates，FMLs）是一种由金属薄板和纤维复合材料交替铺层后，在一定的温度和压力下固化而成的层间混杂复合材料，也称为超混杂层板（super hybrid laminates）。FMLs综合了传统纤维复合材料和金属材料的特点，具有高的比强度和比刚度，优良的疲劳性能以及高损伤容限，是航空航天工业中备受青睐的先进复合材料。时至今日，四代纤维金属层板研发成功：第一代为芳纶纤维-铝合金层板（aramid reinforced aluminum laminates，ARALL），第二代为玻璃纤维-铝合金层板（glass reinforced aluminum laminates，GLARE），第三代为碳纤维-铝合金层板（carbon reinforced aluminum laminates，CARE），第四代为石墨纤维-钛合金层板（titanium/graphite hybrid laminates，TiGr）。以 GLARE 层板为例，是由 $0.3 \sim 0.5$mm 的铝合金薄板与玻璃纤维增强环氧预浸料($0.2 \sim$ 0.3mm)交替层压而成，具有突出的抗疲劳性能及较高的缺口断裂性能，可使飞机结构减重 $25\% \sim 30\%$，抗疲劳寿命提高 $10 \sim 15$ 倍。GLARE 在空客 A380 上机身蒙皮、垂直和水平尾翼前缘、整流板、整流罩、上机身壁板及上壁板长桁中的应用使飞机减重约 800kg。FMLs 也已成为大型飞机机身、机翼蒙皮结构的重要选材之一，尤其是机翼前缘等对冲击及疲劳性能都有高要求的关键结构，FMLs 的性能优势是包括碳纤维复合材料在内的其他金属或先进复合材料所无法具备的。此外，随着汽车及轨道交通等工业对材料损伤容限能力及轻量化程度的要求越来越高，对 FMLs 类材料的需求也日益迫切。然而，FMLs 失效机制复杂，成形难度高，在界面作用、损伤理论及力学特性等方面存在诸多待揭示的科学问题。目前，国内还没有一部全面介绍 FMLs 相关基础理论及应用技术的专著。鉴于此，作者决定基于其团队在 FMLs 领域的多年研究成果，著《纤维金属层板的力学性能及成形技术》一书。

近年来，国内外针对 FMLs 的研究主要集中于以下三个方面：第一，发展多种材料体系的新型 FMLs，以达到进一步改善材料性能、提高耐温性、利于成形及回收等目的。其中，基于 GLARE 层板的改进、新一代 TiGr 层板的研制以及热塑性树脂的应用成为研究的热点。第二，揭示 FMLs 的失效及损伤理论，开展其力学性能的方法研究及预测。FMLs 综合了金属层与纤维增强树脂基复合材料层（简称"纤维层"）的力学性能特点，包含多个金属层/纤维层界面和大量纤维/树脂界面，其力学行为及损伤机理复杂，失效模式包括纤维脱黏及断裂、界面分层、金属断裂及基体开裂等。如何建立该类超混杂复合材料科学的性能评价方法并合理预测其力学性能，是目前重要的研究课题。第三，FMLs 的成形技术难题。FMLs 的成形方法与金属材料相近，但由于纤维的破坏应变小，致使该类材料的成形极限远小于相应的金属材料，并易产生层间破坏，成形难度大。然而，拓展 FMLs 在航空航天、轨道交通及汽车工业等领域应用的过程中，首先要解决其成形技术难题。伴随着塑性加工技术的发展，液压成形、喷丸成形等高效成形方法也可考虑用于 FMLs 的成形。

作者及研究团队近年来持续开展 FMLs 的相关基础理论与应用技术研究，相继研制开发了玻璃纤维-铝锂合金层板等改进型 GLARE 层板，以聚酰亚胺为基体的新型耐高温 TiGr 层板以及以聚醚醚酮、聚丙烯等为基体的热塑性 FMLs。在 FMLs 的失效理论及力学性能方面，一直致力于 FMLs 损伤机制的研究，揭示其失效特征，并在此基础上，开展了该类材料的测试评价技术及其标准化研究，以建立 FMLs 综合性能科学合理的评价体系；此外，长期开展 FMLs 力学性能的计算机仿真技术研究，探讨超混杂复合材料的性能预测方法。在 FMLs 备受关注的成形技术方面，除了其传统的自成形技术、滚弯成形技术外，我们还在探究 FMLs 成形性能的基础上，研究和开发其喷丸成形技术与液压成形技术，取得了较好的进展。同时，致力于该类材料的加工、连接、修补及低成本制造技术等方面的研究工作，以期推动 FMLs 的研究及其在我国航空航天、轨道交通、汽车工业等领域的应用。

本书主要由陶杰、李华冠、胡玉冰撰写，陶杰、李华冠负责全书的统稿和定稿，李华冠、胡玉冰负责全书的校对。刘成（第 3 章）、徐翌伟（第 4 章）、杜丹丹（第 5 章）、陶刚和田精明（第 8 章）等参与了相关章节的实验研究和撰写及插图编辑工作。除此之外，研究生陈凯、符学龙和徐颖梅在 FMLs 力学性能等方面开展了深入研究；杨栋栋、段理想、徐飞、郑增敏等在钛合金表面处理及 TiGr 层板的制备技术上开展了大量的实验研究；徐凤娟、曹佳梦等参与了 FMLs 计算机仿真技术的研究；戴琦炜、CAN KUL 在 FMLs 液压成形方面进行了有效的实验探索；汪涛教授、潘蕾副教授、郭训忠副教授、陶海军副教授、苏新清副教授和骆心怡副教授在 FMLs 的制备、性能分析和数值模拟等方面提供了有益的建议和帮助。本书的研究工作还获得了国家自然科学基金、国家高技术研究发展计划合作项目以及围绕"大飞机"工程的多项预研课题、开放基金的支持，在此一并表示衷心的感谢！此外，衷心感谢江苏先进无机功能复合材料协同创新中心对本书出版的大力支持！

还要感谢黑龙江省科学院石油化学研究院、西安飞机工业（集团）有限责任公司、中国电子科技集团公司第十四研究所、上海飞机制造有限公司以及江苏呈飞精密合金股份有限公司在研究过程中所给予的帮助！

由于作者水平有限，书中内容难免有疏漏和不妥之处，敬请读者批评指正。

作 者

2016 年 9 月 16 日

目　录

第1章

玻璃纤维–铝锂合金层板的力学性能

1.1 概　　述

作为第二代 FMLs，GLARE 层板是由 0.3～0.5mm 的铝合金薄板与玻璃纤维增强环氧树脂预浸料(0.2～0.3mm)交替层压而成，密度低且具有突出的抗拉-压疲劳性能及较高的缺口断裂性能，可使飞机结构减重 25%～30%，抗疲劳寿命提高 10～15 倍[1]。GLARE 层板也因其优异的性能在航空航天上广泛应用，并成为大型客机机身、机翼蒙皮等轻质结构材料的重要选材[2]。

然而，较传统铝合金，GLARE 层板的的模量较低，限制了其应用范围；同时，随着碳纤维复合材料等高性能复合材料的发展，大型飞机对选材提出了更高的要求，如何在传统 GLARE 层板的基础上，进一步实现材料减重并提高损伤容限能力，是 FMLs 发展中亟待解决的问题。用碳纤维替代 GLARE 层板中的玻璃纤维发展而来的 CARE 层板可显著改善材料的刚度；但铝合金和碳纤维间存在显著的电偶腐蚀，使该类材料迄今未得到商业化应用[3]。在此基础上，采用碳纤维增强钛合金的 TiGr 层板不存在腐蚀的问题，但 TiGr 层板的研究成熟度低，制造成本高且断裂韧性差，无法完全替代现有的 GLARE 层板[4]。

除了改变增强纤维，改变 GLARE 层板中的金属层也是可行的办法。较传统 GLARE 层板所使用的 2024-T3 铝合金，新型铝锂合金具有低密度、高比强度和高比刚度、低疲劳裂纹扩展速率、较好的高低温性能和可焊性等性能特点，在航空航天领域显示出广阔的应用前景[5, 6]。用铝锂合金取代传统铝合金材料具有显著的减重效果，可使现有飞机减重 10%，新型飞机减重 15%～20%[7, 8]；且铝锂合金的材料制造及零件加工工艺与普通铝合金无太大差别，可沿用普通铝合金的技术和设备；此外，较碳纤维复合材料，铝锂合金易于成形和维修。随着铝锂合金研究及应用的不断推进，其技术成熟度不断提高且成本不断降低；采用损伤容限能力优异的铝锂合金替代传统的 2024-T3 铝合金作为金属基板，研制新型GLARE 层板将有效提高材料的综合性能。

然而，FMLs 金属基板的厚度一般为 0.2～0.5mm，且有热处理状态的要求，传统 GLARE 层板即选用 0.3mm 厚、T3 态 2024 铝合金基板[9]。而对铝锂合金而言，目前还未有该厚度范围的商用薄板；同时对热处理工艺的控制不当极易导致铝锂合金断裂韧性的恶化。作为率先开展 FMLs 研究的 TU Delft 大学及 Fokker 公司，早在 21 世纪初即提出了采用铝锂合金作为金属基板制造 FMLs 的构想，但至今未有公开报道的研究进展。Huang 等[10] 采用 2mm 铝锂合金制造了纤维-金属混杂结构并探索其疲劳裂纹扩展机理，发现铝锂合金较传统铝合金更利于材料结构性能的改善。然而，较传统 GLARE 层板采用的 0.3mm 厚铝合金基板，其采用的 2mm 铝锂合金所制造的混杂结构不属于真正意义上的 FMLs，其尺度效应导致该结构与 FMLs 在界面作用、纤维桥接效力等方面有较大差异。目前，俄罗斯全俄航空材料研究院（VIAM）[11] 是唯一被报道开展铝锂合金增强 FMLs 探索研究的单位。其将 1441 铝锂合金成功轧制至 0.3～0.5mm 厚，以 S2 高强玻璃纤维作为增强体，制造了新型玻璃纤维-铝锂合金超混杂层板，并与传统 GLARE 层板对比了拉伸、疲劳等性能。研究结果表明，所制造的新型 FMLs 仅获得了与传统 GLARE 层板较为接近的力学性能，并未获得显著的增强效果。其推测的原因包括铝锂合金制造过程的工艺控制难度高、技术成熟度差等[12]，这也是目前铝锂合金强韧化研究中的普遍难题。

但总的来说，随着铝锂合金相关技术研究的不断深入和推进，作者认为铝锂合金在 FMLs 上的应用具有广阔的前景，其可行性原因包括以下几点。

（1）铝锂合金具有显著的性能优势。尽管在 GLARE 层板中，纤维作为增强体并起到主要承载作用，但金属层在 GLARE 层板中的体积分数最大，对其整体性能具有重要的影响，尤其是对其刚度的影响。

（2）随着铝锂合金研究的深入及应用的拓展，其强韧化机制及相关规律将被进一步认识和揭示，相关技术的成熟度会不断提高，材料成本也将不断降低。

（3）铝锂合金及新型 FMLs 的应用大多集中于飞机机身、机翼结构，二者在成形加工、连接、修补等方面具有较高的技术融合度，也利于飞机整体结构强度的改善。

本章重点探讨新型玻璃纤维-铝锂合金层板（NFMLs）的制造及性能。

1.2　玻璃纤维-铝锂合金层板的制造技术

1.2.1　铝锂合金基板的制造技术

FMLs 的金属层一般被称为金属基板。若采用铝锂合金代替传统 2024 铝合金制造新型铝锂合金-玻璃纤维层板（NFMLs），必须首先获得性能优良且符合 FMLs 制造要求的金属基板。FMLs 金属基板的厚度一般为 0.2～0.5mm，且有热处理状态的要求，传统 GLARE 层板即选用的 0.3mm 厚、T3 态 2024 铝合金基板。而对铝锂合金而言，目前还未有该厚度范围的商用薄板。针对所选用的大型商用飞机用新型铝锂合金，前期研究也表明[13, 14]，其对固溶、时效工艺较传统铝合金更为敏感，存在复杂且独特的相析出行为。故本节首先探讨新型铝锂合金基板的制造问题。

1. 铝锂合金选材

本书选用的实验材料为面向我国大型商用飞机而最新研制的新型铝锂合金，由美国 ALCOA 公司研制。该合金属于广泛应用于航空航天器的 Al-Cu-Li 系合金，但在合金设计中显著提高了 Cu/Li 的元素比例至 5.28，使其具有异于同类合金的性能特点和相析出行为[15]。

新型铝锂合金的元素成分见表 1.1，初始状态为 T8 态、2mm 厚轧制薄板。

表 1.1　铝锂合金元素成分表（%）

Li	Cu	Mg	Ag	Zr	Mn	Zn	Al
0.70	3.71	0.70	0.34	0.11	0.29	0.32	Bal.

针对现有的 2mm 厚 T8 态新型铝锂合金轧制薄板，可采用如图 1.1 所示的工艺流程对其进行轧制及后续热处理强化，以获得满足 NFMLs 制造要求的 0.3mm 厚 T3 态铝锂合金基板。该研究也将在下文中详述。

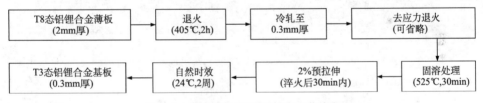

图 1.1　铝锂合金基板的制造工艺流程

2. 退火处理

T8 态铝锂合金是经过预变形加人工时效后获得的，在所有热处理状态中具有最高的强度和优异的损伤容限，是铝锂合金作为航空器结构材料时的主要服役状态。该合金在 T8 态的主要析出相为 T_1 相，如图 1.2 所示。该析出相是在 {111} 基体晶面上形成的六角形板条相，具有很好的强化效果，不易被位错切过，能大幅提高合金强度。这种相析出形貌及组织特点也使其具有了优异的力学性能。在 T8 态下，合金的拉伸强度可达 551.12MPa，屈服强度可达 509.10MPa，显著优于普通铝合金，见表 1.2。在具有高强度的同时，铝锂合金还保持 11.20% 的断裂伸长率，获得了较为理想的强度和塑性匹配。此外，合金的拉伸弹性模量超过 80GPa，较其他高强铝合金在刚度方面有明显改善。

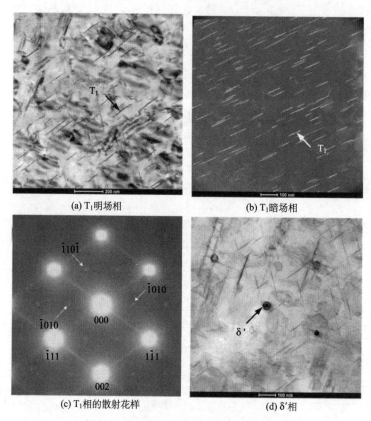

(a) T_1 明场相　　　　　　　　　(b) T_1 暗场相

(c) T_1 相的散射花样　　　　　　(d) δ' 相

图 1.2　T8 态铝锂合金的相析出形貌图

表 1.2　T8 态铝锂合金的拉伸性能

抗拉强度/MPa	屈服强度/MPa	拉伸弹性模量/GPa	断裂伸长率/%
551.12	509.10	81.58	11.20

　　在铝锂合金的热处理制度中，T8 态具有最高的强度，很难进行塑性变形。基于已有的 2mm 铝锂合金板材，必须通过轧制工艺降低材料厚度至 0.3mm，以满足 NFMLs 的制造要求。而在轧制前，需对合金进行退火处理，降低强度并提高塑性和韧性，改善材料的塑性变形能力。而铝锂合金的退火及下文所述的固溶处理，对温度精度要求高，一般需在具有空气循环系统的热处理设备中进行。

　　根据图 1.3 的退火工艺对合金退火后，铝锂合金的强度明显下降，塑性获得改善（表 1.3）。其中，屈服强度仅为 110.43MPa，而断裂伸长率可达 19.52%，具有很好的塑性变形能力。

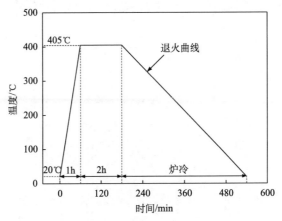

图 1.3　铝锂合金退火工艺

表 1.3　O 态铝锂合金的拉伸性能

拉伸强度/MPa	屈服强度/MPa	拉伸弹性模量/GPa	断裂伸长率/%
253.22	110.43	79.51	19.52

3. 铝锂合金的轧制工艺

对 2mm 厚铝锂合金 O 态薄板进行轧制，按照 2.0mm→1.4mm→1.05mm→0.65mm→0.3mm 的压下工艺经四道次冷轧至 0.3mm，总压下量为 85%。

经过不同道次的轧制后，铝锂合金薄板的厚度均匀性较好，当薄板轧制至目标尺寸 0.3mm 时(图 1.4)，其厚度偏差可控制在 ±0.02mm 的范围内，可有效保障后续层板的性能稳定性。

轧制后获得的 0.3mm 厚铝锂合金薄板如图 1.5 所示，其平整度及表面光洁度均较好。

4. 铝锂合金的固溶处理

对铝锂合金进行 525℃，30min 固溶、水淬处理，以获得过饱和固溶体，并提供合理的相变驱动力，为后续时效过程的第二相强化做准备。根据前期的研究[14]，此类铝锂合金对固溶温度较为敏感，温度每升高 10℃ 都会对其性能有较大影响，因此必须精确控制固溶工艺参数，控温精度和温度均匀性均应保持在 ±1℃ 以内。热处理过程中，温度的精确控制是实现铝锂合金强韧化的关键。

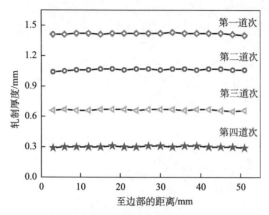

图 1.4　铝锂合金薄板在不同轧制道次下的厚度分布

图 1.5　通过轧制获得的 0.3mm 铝锂合金薄板

5. 铝锂合金的自然时效

铝锂合金一般采用时效处理进行材料强化以满足使用要求。目前,铝锂合金最广泛的服役状态为 T8 态,可在具有最高的抗拉强度及屈服强度的同时,保持一定的塑性和韧性,损伤容限性能优异。除 T8 态外,铝锂合金也经常在 T3 状态下使用,即预变形加自然时效处理后获得的热处理状态。较 T8 态而言,铝锂合金在 T3 态下强度有所降低,但塑性及断裂韧性提高显著,在具备承载能力的同时还可以进行一定的塑性成形。对于纤维金属层板的金属基板而言,T3 态则更为合适。在 FMLs 中，纤维层主要起到承载作用，铝合金的强度贡献比例小，其是否达到最大强度对层板整体性能的影响较小。但在服役过程中，疲劳裂纹均产生在金属层，尽管纤维的"桥接"作用[16]可有效抑制裂纹在金属层中的扩展，但它对材料寿命仍具有不可忽视的影响。T3 态铝锂合金具有更好的塑性和韧性，可有效避免裂纹的产生和扩展，对于纤维金属层板的疲劳性能具有积极的作用。与此同时，纤维的破坏应变小，选择塑性和韧性更优的金属基板有利于改善材料整体塑性及变形能力。在 GLARE 层板的研制及发展过程中，也曾在其商品名为 GLARE1 的层板中使用了 7075-T6 铝合金以提高材料的冲击性能[17]，但随后的发展及应用中，均选择了 2024-T3 作为金属基板[18]。故本章也将铝锂合金基板处理至 T3 态并制造 NFMLs。

T3 态铝锂合金的时效处理包括预变形及自然时效两个过程。

1) 预变形

对铝锂合金进行 2%预变形处理，如图 1.6 所示，即在预拉伸后使标距内发生 2%的塑性变形。

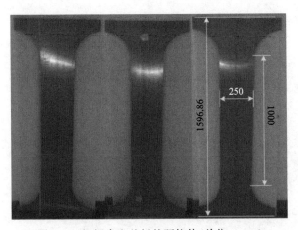

图 1.6　铝锂合金基板的预拉伸(单位：mm)

2) 自然时效

铝锂合金的自然时效通常在常温(24℃)下进行。铝锂合金在 W 态的自然时效响应快，在常温下放置 30min 即可导致硬度的显著提高，如图 1.7 所示。低温存储一般被认为是抑制时效行为发生的有效办法，我们将 W 态铝锂合金在 −20℃环境下储存超过 168h，无论是否已经过预变形，其性能都不发生变化。故本节将待时效或加工的淬火态铝锂合金放置于 −20℃冷冻环境下储存，以降低其自然时效带来的影响。同时，本实验还发现，经过 2%预变形后的试样，较未预变形时，材料的初始硬度与自然时效后的硬度都略有增加。不仅如此，其达到稳定状态的时间由 11h 缩短为 9h，自然时效响应加快。

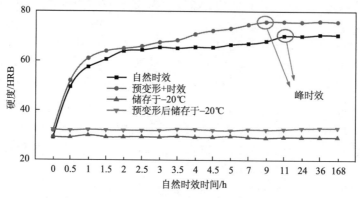

图 1.7　自然时效对铝锂合金硬度的影响

6. 铝锂合金基板的热处理变形控制

根据以上处理工艺获得的 0.3mm 铝锂合金基板往往会出现严重的热处理变形，如图 1.8 所示。变形主要来源于以下两个因素：一方面，铝锂合金板材在轧制过程中产生的残余应力，在无张紧装置约束下进行退火时，应力以变形的形式释放；另一方面，轧制后的铝锂合金仅 0.3mm 厚，淬火不均匀也会加剧其变形。

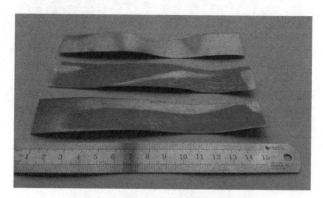

图 1.8　铝锂合金热处理过程的变形

可采用如图 1.9 所示的热处理工艺，以解决铝锂合金基板的变形问题。为了使合金在退火过程释放残余应力的同时，保持板形平整，本实验利用模压设备在对该合金基板进行模压的同时完成退火，使其残余应力充分释放的同时还能够保持板形平整。同时，在控制淬火过程的变形方面，提高水淬温度至 45℃，减缓淬火冷却速度；同时，基于时效成形[19]的原理，在淬火完成后，将基板再次放置于模压设备中，在模压的同时进行自然时效，伴随着第二相的析出，实现铝锂合金基板的板形和性能的协调控制。

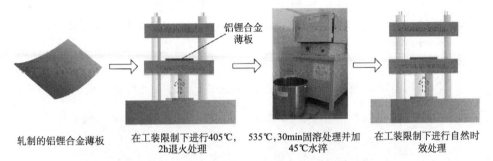

| 轧制的铝锂合金薄板 | 在工装限制下进行405℃，2h退火处理 | 535℃,30min固溶处理并加45℃水淬 | 在工装限制下进行自然时效处理 |

图 1.9　铝锂合金基板热处理变形的优化控制工艺

通过该改进工艺，获得的 T3 态铝锂合金基板具有较好的表面平整度，如图 1.10 所示，可满足 FMLs 后续制造及性能的要求。事实上，在工业化生产中，薄板轧制后可在具有张紧装置的生产线中在线退火及热处理强化，此类工业技术已成熟应用于各类铝合金薄板的生产，也将能够很好地解决铝锂合金基板的热处理变形问题，提高生产效率。

图 1.10　经过改进工艺获得的铝锂合金基板实物图

7. T3 态铝锂合金基板的组织与性能

铝锂合金经过轧制及再次固溶、时效等热处理强化后，获得的晶粒未发现明显粗化现象，等轴化趋势明显，轧制痕迹已不显著，如图 1.11(a)所示。自然时效后，在基体中依然能看到预变形导致的位错缠结现象(图 1.11(b))。在 T3 态下，铝锂合金的主要强化相为尺寸较小的 δ′ 相，如图 1.11(c)所示，均匀弥散地分布在基体中，未观察到 T₁ 相的存在。由于自然时效温度低，T₁ 相作为一种形核功较大的半共格相无法析出，而与基体共格的 δ′ 相，其形核功相对较小，容易在晶内的位错等缺陷处以非均匀形核的方式大量弥散析出。这也是铝锂合金自然时效区别于人工时效最为显著的组织特征。在析出过程中，弥散细小的 δ′ 相自然也不会造成其晶界无沉淀相析出带(PFZ)的出现，如图 1.11(d)所示。

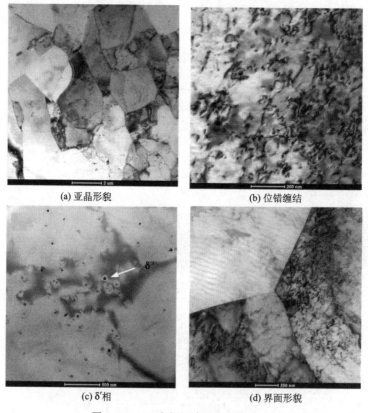

(a) 亚晶形貌　　　　　　　　　　(b) 位错缠结

(c) δ′ 相　　　　　　　　　　(d) 界面形貌

图 1.11　T3 态铝锂合金的组织特征

由于铝锂合金在 T3 态下仅有 δ′ 相作为强化相，材料的强度较 T8 态有所降低，见表 1.4。

表 1.4　铝锂合金与 2024-T3 铝合金基板的性能对比

性能指标	铝锂合金			2024-T3
	T3，0.3mm	T4，0.3mm	T3，1.4mm 商业化产品	
密度/(g/cm³)	2.72	2.72	2.72	2.76
拉伸强度/MPa	479.12	435.23	485.69	440.67
屈服强度/MPa	379.86	309.08	385.54	347.51
拉伸弹性模量/GPa	82.50	79.91	81.30	69.67

在相同的热处理状态和略低的密度下，铝锂合金较 2024-T3 铝合金表现出更为优异的强度和刚度，其中拉伸弹性模量较 2024-T3 提高了 18.42%。根据金属体积分数(metal volume fraction，MVF)理论，采用铝锂合金制造的 NFMLs，获得较传统 GLARE 层板更优异的性能是可以预见的。

俄罗斯全俄航空材料研究院尝试采用 1441 铝锂合金制造纤维金属层板时，因铝锂合金薄板制造工艺的不完善使这种新材料的性能未达到理想的结果。而本项工作在该新型铝锂合金 0.3mm 厚 T3 态基板制造技术方面取得成功，且此项技术具有工程化实施的可行性。

1.2.2　玻璃纤维–铝锂合金层板的制造工艺

1. 制造工艺流程

基于铝锂合金基板和玻璃纤维增强环氧树脂预浸料，采用如图 1.12 所示的工艺流程制造层板。主要包括铝锂合金表面的处理及胶黏剂喷涂、层板结构设计及铺贴、热压固化、切割及无损检测等过程。

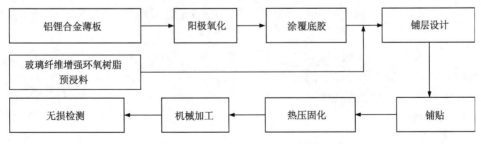

图 1.12　NFMLs 的制造工艺流程

2. 铝锂合金基板的阳极氧化处理

为了改善层板的界面结合强度，一般采用磷酸阳极氧化法对铝锂合金基板进行表面处理，以构造粗糙表面。即利用电场作用，使阳极的铝锂合金表面发生氧化反应快速生成氧化铝层，并在磷酸的溶解作用下生成微观多孔结构，达到增大试样比表面积的目的[20]。针对铝锂合金基板可选取图 1.13 的工艺。

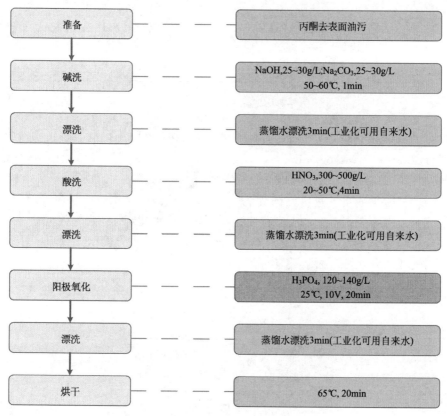

图 1.13　铝锂合金基板的表面处理工艺

经过碱洗脱氧处理后的基板表面已形成较多腐蚀坑，但腐蚀坑大小不均，且腐蚀坑内、外表面较为光滑(图 1.14(a))。经磷酸阳极氧化处理后，基板表面已形成大量均匀、密集的腐蚀坑，且腐蚀坑内、外表面形成了有利于黏接的粗糙结构(图 1.14(b))。

通过胶黏剂拉伸剪切实验[21]可知，较未表面处理的试样，铝锂合金基板经过碱洗、酸洗后，和环氧树脂胶黏剂间的黏接强度有所提高；而经过磷酸阳极氧化处理后，黏接性能得到进一步改善，黏接强度可达 52.65MPa(图 1.15)。

3. 胶黏剂喷涂工艺

为了提高层板金属层与纤维复合材料层的界面强度，除了可以对金属基板进

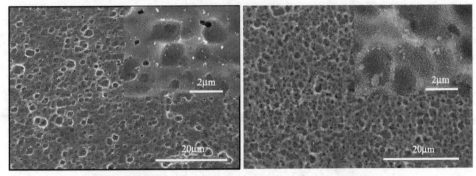

(a) 碱洗、酸洗后　　　　　　　　　　　　　　　(b) 阳极氧化后

图 1.14　铝锂合金基板表面处理后的微观形貌

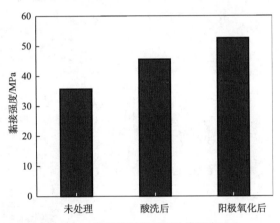

图 1.15　表面处理前后的黏接强度对比

行表面处理外，还可在其表面喷涂胶黏剂，以增强层板的界面性能。作者选用了黑龙江省科学院石油化学研究院生产的 J-116 高温固化环氧树脂胶黏剂。

由于喷涂的胶黏剂中，含有大量未挥发的氯仿溶剂，若不去除，在热压固化过程中将产生大量气泡，严重影响层板的界面黏接强度及综合性能。因此，在完成铝锂合金基板的胶黏剂喷涂后，需对该基板进行烘干处理，使残余的溶剂充分挥发，如图 1.16 所示。

4. 层板结构及铺层设计

纤维金属层板具有很强的可设计性，包括结构设计和铺层设计。根据承载要求，按金属层/纤维层数可制造 $n/(n-1)$ 结构的层板，其中 $n \geqslant 2$。本章主要选

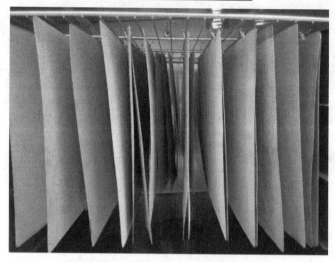

图 1.16　铝锂合金基板的烘干过程

取目前的研究与应用中最为常用的 3/2 结构层板作为研究对象。

　　纤维金属层板根据每层预浸料的纤维方向还可进行铺层设计，常用的铺层方式见表 1.5。单向层板(0°/0°铺层)在 0°具有最优的强度和疲劳性能，而正交层板(0°/90°铺层)则具有优异的抗冲击性能；不仅如此，正交层板在±45°方向具有较好的抗剪切性能，且偏轴拉伸性能好。

表 1.5　FMLs 常用的铺层方式及性能特征[22]

铺层方式	性能特征
0°/0°	疲劳、拉伸
0°/90°	疲劳、冲击
0°/90°/0°	疲劳、拉伸(沿 0°方向)
90°/0°/90°	疲劳、拉伸(沿 90°方向)
0°/90°/90°/0°	冲击、剪切、偏轴性能
+45°/−45°	剪切、偏轴性能
−45°/+45°	剪切、偏轴性能

　　机翼前缘是 GLARE 层板在航空上最具应用价值的构件，除了要求较好的强度及疲劳性能外，对抗冲击性能有很高要求，故一般采用正交铺层设计；同时，正交层板在受载过程中，可分别反映金属层、0°纤维层、90°纤维层的作用及失效特点，具有重要的研究意义。故本章重点讨论 3/2 结构正交层板(图 1.17)的制造及性能。

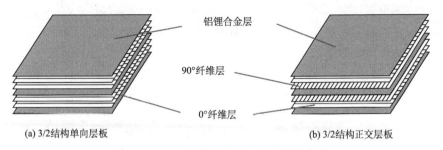

(a) 3/2结构单向层板　　　　　　　(b) 3/2结构正交层板

图 1.17　3/2 结构单向及正交层板示意图

5. 铺贴工艺

NFMLs 的铺贴（图 1.18）同碳纤维复合材料类似，需在净化间进行，按图 1.19所示的工装设计依次铺贴。其中，不锈钢板用于保证层板制造后的平整度；层板上、下表面分别用隔离膜与不锈钢板隔开，以易于脱模并避免溢胶导致的工装污染；最上层铺设透气毡和真空袋，以保障抽真空系统的实施；热电偶端部接触层板边缘，以保证固化温度的准确性。

图 1.18　NFMLs 的铺贴过程

在抽真空过程中，铝锂合金基板在垂直层板方向上严重阻碍空气的抽出，故每铺 2 层预浸料后，需进行预抽真空处理（-0.092MPa，10min）。铺贴完成后，再次抽真空至-0.092MPa，检查真空袋的密封性。

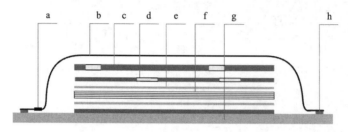

图 1.19 NFMLs 铺贴工艺的工装示意图

a. 真空口；b. 真空袋；c. 透气毡；d. 不锈钢板；e. 隔离膜；f. NFMLs；g. 模具底座；h. 密封条

6. 热压固化工艺

将铺贴好的 NFMLs 在 ASC Econoclave 热压罐（图 1.20）中热压固化。

图 1.20 ASC Econoclave 热压罐

采用的热压固化工艺如图 1.21 所示。首先，以 3℃/min 匀速升温至环氧树脂的预固化温度 125℃，保温 15min，使树脂充分、均匀流动；其次，通过压缩空气加压至 0.8MPa，并继续以 3℃/min 升高温度至环氧树脂的固化温度 180℃，保温 150min，使树脂完全固化；最后，随炉降温至 80℃后停止加压并取出层板。在整个热压过程中，始终保持真空袋内的负压不小于 0.092MPa。

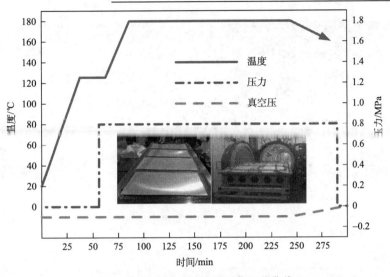

图 1.21　NFMLs 的热压固化工艺曲线

7. 加工工艺

NFMLs 作为一种超混杂复合材料，在兼具金属与纤维复合材料各项优异性能的同时，其机械加工过程也同时面临二者各自的难题。玻璃纤维层本身作为一种各向异性材料，纤维轴方向强度高，在切削加工过程中刀具磨损快、刀具耐用度低，容易产生分层、撕裂等缺陷。与铝锂合金基板复合后，加工过程需兼顾铝合金的加工特点，避免金属与纤维的层间失效。

在金属及纤维复合材料常用的加工方法中，由于玻璃纤维层不导电，线切割无法对此类层板进行加工；而采用金属材料常用的激光切割对层板进行切削时，由于纤维在径向和纵向热膨胀系数的不同以及纤维与树脂基体的热性能上的显著差异，加工质量差且出现一系列热损伤，包括热影响区、纤维拔出及分层等。

目前，砂轮切割和铣切可有效加工该类层板。然而，砂轮切割的自由度小，无法实现曲面加工且不能精确控制尺寸精度，制约其在大尺寸层板构件加工上的应用。NFMLs 作为大型飞机蒙皮材料的重要选材，其服役构件的典型特点是形状复杂、尺寸大、刚性小、易变形。若满足该类材料工程构件的切割需求，数控铣切是较为理想的选择，如图 1.22 所示。

除了加工精度高，可实现曲面、裂纹及孔的加工外，因冷却介质的存在，该加工方法不会因切割过程的高温而影响材料表面质量或导致损伤。如图 1.23 所示，铣切后的层板界面结合较好，无分层等显著缺陷产生；金属层平整光滑，90°纤维层断裂齐整，0°也无抽丝现象，截面无明显积屑，平整度优于砂轮切割(图 1.23)。

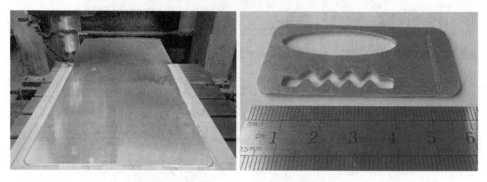

(a) 铣切过程   (b) 所加工NFMLs的宏观形貌

图 1.22   NFMLs 的铣切

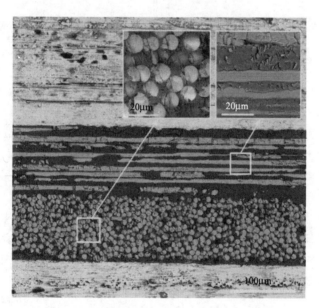

图 1.23   经铣切后的 NFMLs 截面 SEM 形貌

8. 无损检测

对制造和加工后的 NFMLs，一般都需进行无损检测，以探测其内部可能存在的缺陷，包括最易发生的分层、脱黏及纤维断裂等。C 型超声波扫描检测技术的自动化程度高、检测速度快、检测结果直观可靠，可定量分析并具有良好的穿透性，特别对分层、脱黏类缺陷具有较高的灵敏度和可靠性，可作为该类材料无损探伤的重要手段。

由于该材料具有复杂的界面，一般采用透射法直观探测其分层、脱黏等缺陷。由待测层板一侧的探头通过水柱发射超声波，另一侧探头接收穿透波(图1.24)。

 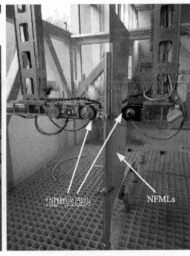

(a) C型超声波设备实物图　　　　　　　　(b) 扫描过程

图1.24　NFMLs的C型超声波扫描

图1.25所示为本书选取的500mm×450mm 3/2结构正交层板的C型超声波扫描图像，信号无显著衰减，说明未有明显分层、脱黏及气孔等缺陷存在，也验证了上述制造及加工方法的可行性。

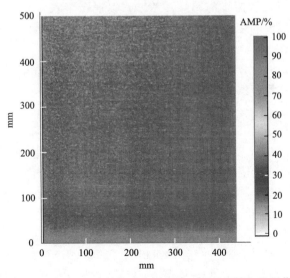

图1.25　500mm×450mm 3/2结构正交层板的C型超声波扫描图像

1.3　玻璃纤维–铝锂合金层板的综合性能

本节选取最具代表性的 3/2 结构 NFMLs，揭示铝锂合金在层板中的增强作用；同时，探索层板在不同温湿环境下的综合性能。

1.3.1　铝锂合金在纤维金属层板中的增强作用

1. 固化过程对铝锂合金基板性能的影响

在已见报道的纤维金属层板制造及性能研究中，均未提及或忽略了金属基板在固化过程的性能变化[23]。而铝锂合金较传统铝合金对时效温度更为敏感，其在固化过程的时效行为需重点关注。以前文所述的固化工艺为例，合金经过该工艺后，与 T3 态相比，尽管 δ' 相依然作为主要强化相存在，数量并未显著减少（图 1.26(a)），但在局部区域发现了 T_1 相的萌生（图 1.26(b)），只是数量较经过人工强化处理时少，仅在个别区域出现且直径均在 25nm 以内，在该种析出行为下，其晶界处自然也不会出现 PFZ 和晶界平衡相（图 1.26(c)）。

铝锂合金在 NFMLs 固化过程的相析出行为也导致了合金性能的变化。合金在经过固化过程的时效强化后，其拉伸及屈服强度有所提高，如图 1.27 所示。不仅如此，我们发现 2024 铝合金在层板固化过程中也出现强化现象，但较铝锂合金而言，其时效响应更慢，性能变化不显著。

在层板的制造过程中，热电偶的排布方法及热压罐的控温方式，都会导致实际固化工艺曲线与设计曲线的差异。考虑到铝锂合金在 180℃下的快速时效影响，应严格控制层板固化过程的工艺实施，以防止更为显著的时效行为导致的合金塑性和韧性恶化。

当然，尽管铝锂合金和 2024 铝合金均在固化工艺过程中发生了时效强化，铝锂合金的性能优势依然十分显著。

2. 铝锂合金在层板中的强化作用

所制造的 NFMLs，纤维均匀分布在基体中，并被树脂"锚固"；金属层/纤维层界面结合较好，无明显分层现象，如图 1.28 所示。铝锂合金的密度仅略低于 2024 铝合金，所制造的 NFMLs 与传统 GLARE 层板的密度相近，分别为 2.45g/cm³ 和 2.47g/cm³。

在层间性能方面，因铝锂合金和 2024 铝合金的阳极氧化过程，其本质都是 Al 元素氧化反应生成 Al_2O_3 的过程，在相同实验条件及参数下获得的形貌基本一致，故 NFMLs 与传统 GLARE 层板的界面结合强度应无显著区别。浮辊剥离的实验结果即证明了以上推断，两种层板试样所需的剥离力基本相同（图 1.29）。

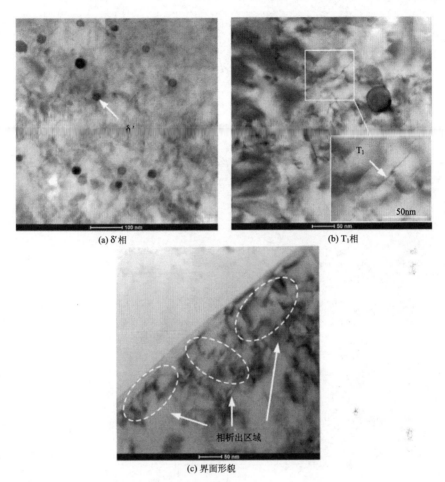

(a) δ′相

(b) T₁相

(c) 界面形貌

图 1.26　固化工艺对铝锂合金基板相析出行为的影响

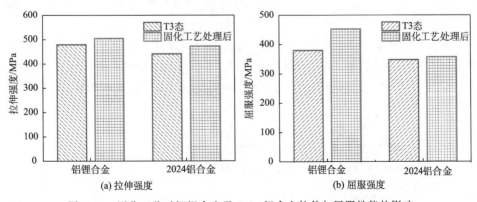

(a) 拉伸强度

(b) 屈服强度

图 1.27　固化工艺对铝锂合金及 2024 铝合金拉伸与屈服性能的影响

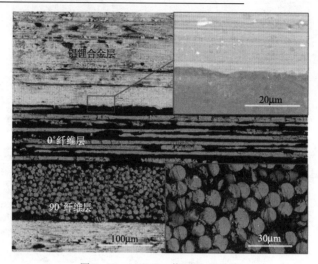

图 1.28　NFMLs 截面微观形貌

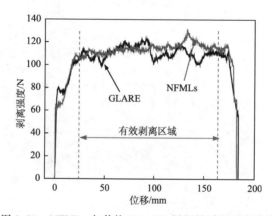

图 1.29　NFMLs 与传统 GLARE 层板的浮辊剥离曲线

　　表 1.6 为 NFMLs 与传统 GLARE 层板的层间剪切实验结果。铺层方向对层间剪切性能无显著影响；尽管铝锂合金与 2024 铝合金基板的性能存在一些差异，但很难体现在层间剪切实验中，NFMLs 与传统 GLARE 层板具有基本一致的层间剪切强度。

表 1.6　**NFMLs 与传统 GLARE 层板的层间剪切强度**（MPa）

NFMLs		GLARE	
单向 0°	正交 0°	单向 0°	正交 0°
58.74	57.03	57.92	57.81

　　基于相近的密度及层间性能，可直观地比较 NFMLs 与传统 GLARE 层板的其他力学性能。

　　NFMLs 在不同铺层方向下的拉伸及弯曲性能如图 1.30 所示。因 0°纤维在层板中起到主要承载作用，故单向 0°试样具有最高的强度和模量，单向 90°试样的性能最差。正交 0°及 90°试样具有相近的拉伸及弯曲性能。

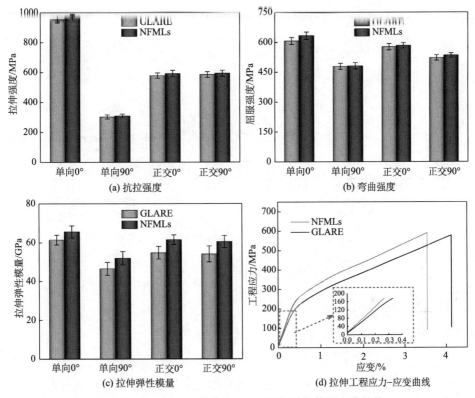

图 1.30　NFMLs 与传统 GLARE 层板的拉伸及弯曲性能

　　在不同的铺层设计下，铝锂合金的引入使 NFMLs 的强度和模量较传统 GLARE 层板都有改善，但改善的幅度不同，即强度略有提高，模量则增加明显。在所制造的层板中，0°纤维层的拉伸强度可达 1900MPa，远高于铝锂合金；但其模量仅达到 45GPa 左右。因此，在 NFMLs 中，纤维层决定了材料的强度，而铝锂合金层则对模量的改善起主要作用。尽管铝锂合金较 2024 铝合金的强度有显著提升，但对 NFMLs 强度的改善则非常有限；但该合金的高模量，使不同铺层下 NFMLs 的刚度较传统 GLARE 提高了 8%～12%。较碳纤维增强树脂基复合材料(CFRP)等其他先进复合材料，GLARE 层板的刚度低是严重制约其应用的重要因素，铝锂合金的引入，显著改善了此类材料的刚度，具有重要的工程意义。

较传统 GLARE 层板，铝锂合金的引入还降低了 NFMLs 的疲劳裂纹扩展速率，如图 1.31 所示。FMLs 类材料具有优异的疲劳性能，其主要原因是纤维的桥接作用降低了裂纹尖端的有效应力强度因子，抑制了裂纹的扩展；金属层发挥的作用并不显著。但铝锂合金因其优异的损伤容限，较传统 2024 铝合金对疲劳裂纹扩展具有更强的阻碍能力，也提高了 NFMLs 的疲劳性能。

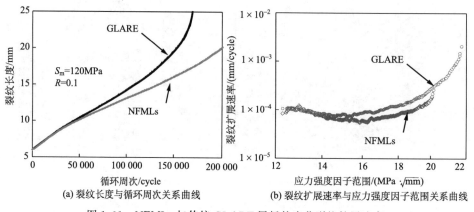

(a) 裂纹长度与循环周次关系曲线　　　　(b) 裂纹扩展速率与应力强度因子范围关系曲线

图 1.31　NFMLs 与传统 GLARE 层板的疲劳裂纹扩展速率

综上所述，在相同密度及层间性能下，NFMLs 较 GLARE 层板表现出更好的强度和疲劳性能，刚度显著改善。

1.3.2　玻璃纤维–铝锂合金层板的高低温性能研究

飞机的服役环境具有显著的高低温特征，材料的高低温性能是决定其能否用于飞机结构的必要条件，故本节简述了 NFMLs 满足飞机蒙皮结构服役条件的高低温性能。

由于大型飞机的服役温度在 −50～70℃，同时参考航空设计部门对飞机蒙皮材料的高低温设计及考核要求，一般选取 −55℃、24℃、70℃ 和 120℃ 考察 NFMLs 的高低温性能。

1. 层间性能

随着环境温度的升高，NFMLs 的层间性能整体呈下降趋势，但对浮辊剥离及层间剪切性能的影响规律并不一致。由图 1.32(a) 可知，温度由 −55℃ 升至 70℃ 的过程中，材料的浮辊剥离强度随之降低；而温度继续升高至 120℃ 时，剥离性能不降反升。剥离强度的高低主要取决于胶黏剂的特性。环氧树脂胶黏剂在该温度范围内，其黏接强度随温度升高呈下降趋势；但当环境温度达到一定程度时，此前未完全固化的树脂会因二次固化而使黏接强度提高。这也是 NFMLs 在 120℃下界面结合强度有所提高的原因。尽管如此，NFMLs 的层间剪切强度仍呈现持续下降趋势，且下降幅度显著。这是由于 NFMLs 的层间剪切性能除了与界面结合强度有关外，更大程度地取决于材料的刚度。理论上，随着温度的升高，环氧树脂与铝锂合金的模量都随之降低，使 NFMLs 的刚度下降，导致层间剪切强度显著恶化。

目前，已见报道的传统 GLARE 层板，其层间剪切强度一般为 40～60MPa[60,61]，而 NFMLs 在 70℃时的层间剪切强度依然在 45MPa 左右(图 1.32(b))，表现出较好的抗剪切性能；但当温度升至 120℃时，层间剪切性能严重恶化，已不适合于承受机身载荷。

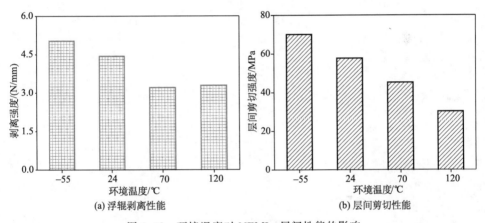

图 1.32　环境温度对 NFMLs 层间性能的影响

2. 静强度

提高环境温度时，铝锂合金和环氧树脂的强度将随之下降，受叠加界面结合强度降低的影响，NFMLs 在不同受载条件下的强度均有所下降(图 1.33)。然而，层板强度的下降幅度依然在可接受的范围内，即使在 120℃时，其拉伸及弯曲强度均仍在 450MPa 以上，表现出优异的高低温性能。

在拉伸实验中，本书也重点关注温度对 NFMLs 拉伸弹性模量及屈服强度的影响。正如此前分析，材料的刚度出现明显下降，在 120℃时尤为显著，如图 1.34 所示。尽管如此，飞机蒙皮结构的服役温度一般为 −50～70℃，NFMLs 在该温度范围内的最低拉伸弹性拉伸模量为 56.85GPa，依然高于传统 GLARE 层板在常温下的模量。

上述研究中，NFMLs 的极限强度和模量均随着环境温度的升高而降低，但屈服强度随温度的变化规律则不同，如图 1.35 所示。

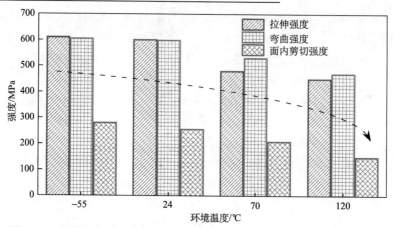

图1.33 环境温度对 NFMLs 拉伸强度、弯曲强度及面内剪切强度的影响

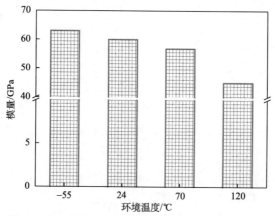

图1.34 环境温度对 NFMLs 拉伸弹性模量的影响

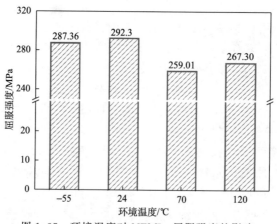

图1.35 环境温度对 NFMLs 屈服强度的影响

NFMLs 中仅铝锂合金层存在屈服行为，铝锂合金层本身的屈服强度随温度的升高应呈下降趋势。但在该实验中，NFMLs 在 −55℃ 与 24℃ 下的屈服强度较为接近；当温度升高至 70℃ 时，出现显著下降；而继续升温至 120℃ 时，NFMLs 的屈服强度不降反升，见图 1.35。这种现象与铝锂合金自身屈服强度随温度的变化规律相左。

首先，只考虑平面应力下的单向拉伸载荷，可采用混合理论[26]计算 NFMLs 的理论屈服强度：

$$\sigma_{FML} \leqslant (\sigma_y)_{FML}$$

$$(\sigma_y)_{FML} = \frac{E_{FML}}{E_{Al}}(\sigma_y)_{Al}$$

$$\sigma_{FML} = \left(\frac{E_{Al}t_{Al} + E_{FRP}t_{FRP}}{t_{FML}}\right)\varepsilon_{FML} \tag{1.1}$$

$$\varepsilon_{FML} \geqslant (\varepsilon_e)_{Al}$$

$$\hat{E}_{FML} = \frac{(E_p)_{Al}t_{Al} + E_{FRP}t_{FRP}}{t_{FML}}$$

通过适用于 NFMLs 的混合理论公式组，获得其应力-应变本构关系：

$$\sigma_{FML} = (\sigma_y)_{Al}\frac{t_{Al}}{t_{FML}}\left(1 - \frac{E_p}{E_e}\right)_{Al} + E_{FML} \tag{1.2}$$

式(1.1)和式(1.2)中，σ_{FML} 为层板总应力，MPa；$(\sigma_y)_{FML}$ 为层板屈服应力，MPa；$(\sigma_y)_{Al}$ 为铝锂合金层屈服应力，MPa；$(\varepsilon_e)_{Al}$ 为铝锂合金层弹性区拉伸弹性模量，GPa；$(E_p)_{Al}$ 为铝锂合金层塑性区切线模量，GPa；$\hat{E}_{FML}$ 为层板塑性区切线模量，GPa；t 为各层厚度，mm。

通过式(1.2)，可获得 NFMLs 仅考虑平面拉伸载荷下的名义屈服强度，为 336.25MPa。该解析计算结果与 NFMLs 在常温下的实际屈服强度存在较大差异。这种差异主要源于 NFMLs 自身的残余应力。由于铝锂合金与纤维层热膨胀系数的差异，NFMLs 在固化后冷却至常温的过程中产生残余应力，而该残余应力会在环境温度升高的过程中逐渐释放。拉伸实验中，铝锂合金层还受到 NFMLs 固有的残余应力的影响，与平面拉伸应力共同作用。

为了更好地量化残余应力对铝锂合金层的影响，可利用解析法，计算 NFMLs 本身存在的残余应力。解析法以弹性力学为基础，注重考虑温度载荷对层板应力分布的影响。根据铝锂合金层及纤维层的刚度矩阵分析其对热应变的约束作用，并建立本构方程进行求解[27]。在建立该本构关系时，需进行以下假设：①残余应力为平面应力；②在降温过程中，铝锂合金层和纤维层的变形一致。

$$\sigma_{r,Al} = E_{Al}\left[1 + \frac{E_{Al}t_{Al}}{E_{FRP}t_{FRP}}\right]^{-1}\left[(\alpha_{FRP} - \alpha_{Al})(T_T - T_c)\right] \tag{1.3}$$

式中，$\sigma_{r,\mathrm{Al}}$ 表示金属薄板内的残余应力，MPa；E_{Al}、t_{Al} 分别为铝锂合金的拉伸弹性模量和单层厚度，GPa 和 mm；E_{FRP}、t_{FRP} 分别为纤维层的拉伸弹性模量和单层厚度，GPa 和 mm；α_{Al}、α_{FRP} 分别为铝锂合金和纤维层的热膨胀系数，$1/℃$；T_{T}、T_{C} 分别为测试温度和层板固化温度，℃。

取铝锂合金层热膨胀系数为 $22.68×10^{-6}/℃$，正交结构纤维层的热膨胀系数为 $4.89×10^{-6}/℃$，层板固化温度 T_{C} 为 180℃。根据式（1.3）可得铝锂合金层在 24℃、70℃ 及 120℃ 下的残余应力分别为 57.25MPa、39.41MPa 及 21.50MPa，均为平面拉应力。

叠加该应力的作用，再次通过式（1.2）计算 NFMLs 在 24℃ 的名义屈服强度为 298.31MPa，与实验所得的 292.30MPa 相吻合，即说明铝锂合金层在单向拉伸载荷与残余应力的共同作用下发生屈服行为，且残余应力对屈服强度的影响显著。当温度升高至 120℃ 时，铝锂合金层受到平面拉伸方向的残余应力减小至 21.50MPa，对 NFMLs 屈服强度的提高具有改善作用，导致 NFMLs 在 120℃ 时的屈服强度高于在 70℃ 时的现象。

总体而言，NFMLs 在 $-55\sim70℃$ 下均具有优异的力学性能，但当温度继续升高至 120℃ 时，其层间结合强度明显降低，剩余强度显著衰退。

1.3.3　玻璃纤维-铝锂合金层板的湿热老化性能研究

飞机结构材料在服役过程中，除需经受地面停放时的湿热环境影响外，还要经受气动加热引起的高温湿热环境影响，导致材料性能的变化[28, 29]。NFMLs 的湿热老化行为主要表现在纤维、环氧树脂及其界面经受湿热环境与应力联合作用而产生的退化过程。在该过程中，退化机制作用于纤维界面和树脂基体上，引起树脂塑化及水解；还容易在层板结构内部产生溶胀应力，导致界面的分层与开裂。尽管较单纯的纤维增强树脂基复合材料而言，NFMLs 表面的金属层对纤维及树脂基体的吸湿具有一定的保护作用，但作为应用于飞机机身、机翼的重要结构材料，此类材料的湿热老化行为需重点关注。

湿热老化一般可分为自然湿热老化和加速湿热老化两种。飞机的使用寿命长，采用自然湿热老化显然无法满足材料的研制需求。已有研究表明[30]，复合材料的吸湿量和残余力学特性之间有很好的对应关系，而与导致该吸湿量的湿热历程无关，以此为依据进行材料的加速湿热老化则是较为可行的方法。

一般情况下可采用式（1.4）估算湿热老化实验的加速时间。

$$K=\frac{t_2}{t_1}=\frac{\mathrm{e}^{-c/(T_1\varphi_1)}}{\mathrm{e}^{-c/(T_2\varphi_2)}} \tag{1.4}$$

式中，K 为时间加速系数；t_2 为加速后的时间，h；t_1 为实际暴露时间，h；T_1 为实际暴露时的温度，℃；φ_1 为实际暴露时的相对湿度；T_2 为加速环境的温度,℃；φ_2 为加速环境的相对湿度；c 为实验系数。

基于式(1.4)的计算方法,参考大型飞机机身、机翼蒙皮的湿热环境特点和服役时间,本节采用3/2结构正交层板,重点研究 NFMLs 经过 1500h 和 3000h,70℃/85％RH 湿热老化处理(图1.36)后的力学性能。

图 1.36　NFMLs 的湿热老化处理过程

1. 层间性能

经过 3000h 的湿热老化实验,NFMLs 并未发生显著的分层等现象,金属层/纤维层界面结合较好;但在环氧树脂基体中,可观测到较多微小裂纹的存在,如图 1.37 所示。在湿热老化过程中,环氧树脂发生溶胀以及塑化,且水汽在基体扩散过程中产生渗透压,二者都是导致树脂基体本身产生微小裂纹的原因。

除了以上可观察到的现象外,湿热过程中,水分子由 NFMLs 截面处逐渐浸透于金属层→纤维层及纤维→树脂界面,削弱界面化学键,甚至使其断裂,导致材料层间剪切强度与浮辊剥离强度的下降,层间性能减退。但经过 3000h 湿热处理后,NFMLs 的层间剪切强度为 47.09MPa,如图 1.38 所示,说明该材料在经过长时间加速老化后依然保持较好的层间剪切性能。浮辊剥离性能亦是如此,经过 3000h 湿热处理后,NFMLs 的平均剥离强度为 3.51N/mm,也未显著下降。

2. 静强度

尽管如此,湿热老化实验也对 NFMLs 在不同受载条件下的强度产生了显著的影响。该过程中,材料抗拉强度明显下降,经过 3000h 老化处理后,其剩余强度为 430.85MPa,下降约 30％,见图 1.39(a);NFMLs 的弯曲强度也有较拉伸

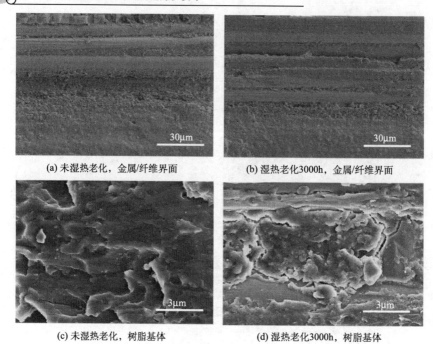

(a) 未湿热老化，金属/纤维界面　　　　　(b) 湿热老化3000h，金属/纤维界面

(c) 未湿热老化，树脂基体　　　　　　　(d) 湿热老化3000h，树脂基体

图 1.37　NFMLs 湿热老化前后的截面微观形貌

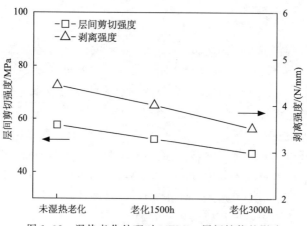

图 1.38　湿热老化处理对 NFMLs 层间性能的影响

强度等幅的降低；面内剪切强度也不例外，见图 1.39(b)。该现象主要源于湿热处理对树脂基体的破坏。湿热处理的进行，破坏了环氧树脂的化学键，使树脂基体的连续性下降，当纤维受力时，基体的载荷传递作用下降，导致宏观上强度的降低。

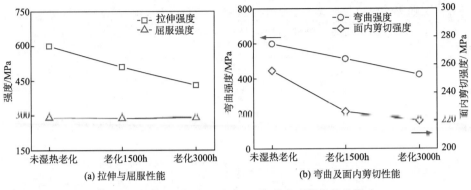

图 1.39　湿热老化处理对 NFMLs 基本力学性能的影响

　　同时，NFMLs 的屈服强度并未因湿热老化时间的延长而发生变化。铝锂合金本身的性能在湿热环境中不会产生明显的变化，且铝锂合金的屈服应力小，NFMLs 层间性能的下降及树脂基体载荷传递能力的减弱也并不能对其产生显著影响。而从另一角度看，NFMLs 的屈服强度也未出现上升趋势，说明在此温度下，铝锂合金并未发生任何时效强化行为。

1.3.4　玻璃纤维-铝锂合金层板的热疲劳性能研究

　　飞行器长期经受高低温环境，一方面，服役温度影响材料的承载能力；另一方面，这种高低温环境具有循环交变的特点，称热疲劳，也会导致材料性能的退化并考验材料的耐久性能。NFMLs 因铝锂合金与玻璃纤维在热膨胀系数上的差异，存在显著的残余应力，这种应力在热疲劳的过程中不断循环变化，容易导致层间破坏。针对传统 GLARE 层板，已见报道的热疲劳行为研究集中在 $-60 \sim$ 80℃的温度变化[31, 32]。da Costa 等[33] 研究了 GLARE 层板经过 $-50 \sim 80$℃，1000 次热疲劳处理后的层间剪切及拉伸性能，该温度范围的热疲劳未导致材料层间的破坏及力学性能的下降。

　　然而，残余应力对 NFMLs 的力学性能具有不可忽视的影响。若在现有的研究基础上继续扩大热疲劳的温度范围，残余应力的显著交变是否会导致 NFMLs 层间状态及力学性能的改变。如前文所述，普通飞机经受的热疲劳范围一般为 $-50 \sim 70$℃，而新型高速飞行器的温度变化范围则更大，甚至达到 $-65 \sim 135$℃，该温度范围内的热疲劳性能研究具有突出的工程意义。不仅如此，铝锂合金对时效温度更为敏感，具有快速的时效影响，扩大热疲劳的温度变化范围是否会引起合金的组织和性能变化，也需重点关注。

　　本书参照高速飞行器的服役环境，对 NFMLs 分别进行 $-65 \sim 135$℃，250次、500 次、750 次和 1000 次热疲劳处理。具体实施过程如图 1.40 所示，即控制升降温速率为 15℃/min，达到目标温度－65℃/135℃后，保温 15min 以确保试样完全冷却/加热，每个热疲劳的循环时间约 56min。

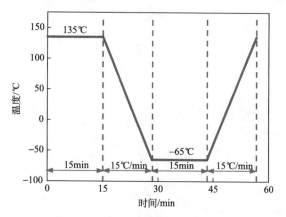

图 1.40　NFMLs 的热疲劳工艺曲线

1. 层间性能

金属层/纤维层界面作为 NFMLs 中的弱界面，因金属层与纤维层在热膨胀系数上的差异，易于在热疲劳过程中因交变的残余应力作用而发生破坏。然而，NFMLs 经过不同次数的热疲劳处理后，其界面保持完好，未产生明显的缺陷或分层现象(图 1.41)。

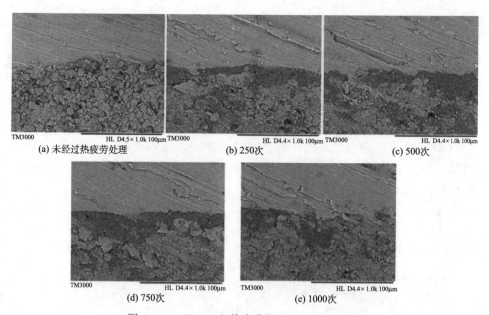

图 1.41　NFMLs 经热疲劳处理后的界面形貌

C 型超声波的扫描结果也得出了一致的结论。NFMLs 经过 1000 次热疲劳后，较未处理时，获得接近的信号反馈，未发现局部的衰减现象（图 1.42），说明试样不存在明显缺陷。

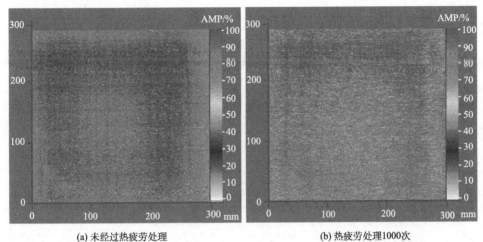

(a) 未经过热疲劳处理　　　　　　　　　　(b) 热疲劳处理1000次

图 1.42　NFMLs 经热疲劳处理前后的 C 型超声波扫描图像

尽管未在经过热疲劳的试样中发现明显缺陷，本节还是评价了 NFMLs 的浮辊剥离及层间剪切性能，以确认热疲劳处理是否会导致材料层间性能的衰退。

图 1.43 和图 1.44 的实验结果均表明，NFMLs 在经过不同循环的热疲劳处理后，其层间性能无明显改变。以层间剪切性能为例，经过热疲劳处理后的层间

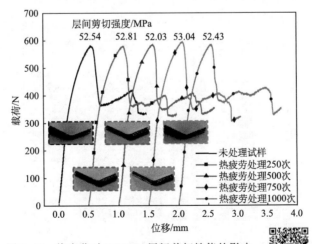

图 1.43　热疲劳对 NFMLs 层间剪切性能的影响

剪切强度均在 52～54MPa；试样破坏形式一致，均发生纯剪切失效。由此说明，尽管将热疲劳的温度范围扩大至−65～135℃，热膨胀系数的差异仍不会对材料的层间性能造成显著的影响。

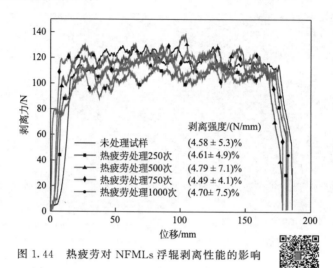

图 1.44　热疲劳对 NFMLs 浮辊剥离性能的影响

2. 静强度

同样，所实施的热疲劳处理也未导致 NFMLs 拉伸及弯曲强度的下降，相反，随着循环次数的增加，材料强度呈上升趋势，如图 1.45 所示。da Costa 等在研究中发现 GLARE 层板在热疲劳过程中拉伸强度提高，其推断可能由于实验误差或铝合金的时效强化引起。本节研究中，拉伸及弯曲强度的提高更为显著，不应为实验误差导致，可能缘于铝锂合金在热疲劳过程的强化行为。

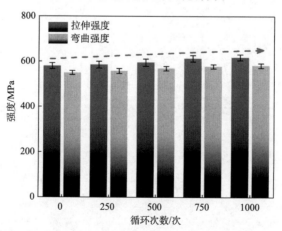

图 1.45　热疲劳处理对 NFMLs 拉伸及弯曲强度的影响

　　为了验证以上推测，本节对铝锂合金基板本身进行相同的热疲劳处理，并对其组织和性能进行表征。考虑固化过程对该合金组织和性能的影响，先采用固化工艺对铝锂合金基板进行预时效处理。

　　正如以上推测，铝锂合金在热疲劳过程中发生了时效强化现象，如图 1.46 所示。较图 1.26(a) 未经处理的试样，经过 500 次循环后，合金中的 T_1 相数量已开始增多；固化过程已形成的直径约 25nm 的 T_1 相，其尺寸略有增大，约 40nm；还可观察到尺寸更小的 T_1 相开始萌生。当经过 1000 次循环后，相析出的变化则更为显著。T_1 相在晶内连续、密集析出，尺寸均一，直径介于 50～60nm，数量明显增多。与其他人工时效类似，在热疲劳过程中，δ' 相也逐渐向 T_1 相转变；但转变速度较慢，经过 1000 次循环后，少量 δ' 相依然可见。在所研究的热疲劳温度及循环次数范围内，铝锂合金未出现 PFZ 现象。

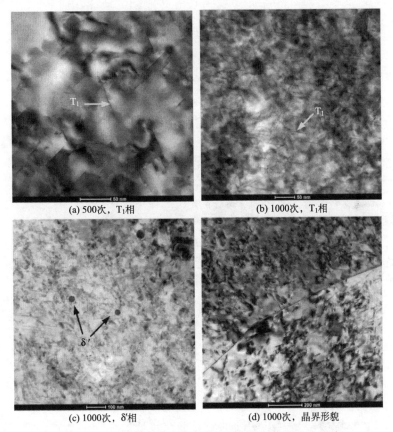

(a) 500次，T_1相　　　　　　　　　(b) 1000次，T_1相

(c) 1000次，δ'相　　　　　　　　(d) 1000次，晶界形貌

图 1.46　热疲劳处理对铝锂合金基板相析出行为的影响

热疲劳过程的相析出行为导致了铝锂合金性能的变化，如图 1.47 所示。随着热疲劳的进行，铝锂合金的抗拉和屈服强度呈上升趋势，断裂伸长率明显下降。也正是铝锂合金的强化，导致了 NFMLs 拉伸和弯曲强度的提高。

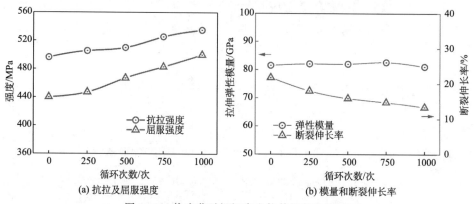

图 1.47　热疲劳对铝锂合金拉伸性能的影响

若不考虑热处理效率，铝锂合金的热疲劳却是一种效果非常理想的强化处理。当温度升高至 120℃左右，铝锂合金的相变被开启，仅很短的时间后，相变又随着温度的迅速降低而终止。在该过程中，T_1 相的萌生和生长一直被限制在开始阶段。正是由于这个原因，T_1 相才可以在保持尺寸均匀、细小的情况下，大量密集析出。在已有的研究中，无论是将铝锂合金由淬火态直接进行不同的时效处理[34]，还是从 T3 态继续人工强化，其优化后获得的 T_1 相均未达到如此理想状态。在已有的研究中，T_1 相在数量增长过程中，或已发生不同程度的粗化，或尺寸存在显著差异，无法在直径为 50～60nm 的尺度下实现非常密集、连续的大量析出。在性能方面，热疲劳相对传统的时效强化，也使铝锂合金在相同强度下获得了更优异的塑性。此现象源于铝锂合金相变过程不断的"开启-终止"模式，尽管热疲劳的时间长、效率低，但这种强化机制可在适合的条件下被合理利用。

3. 疲劳性能

根据上述介绍，热疲劳未引起 NFMLs 的层间性能和静强度的降低，但经过该过程后，材料在动载下的性能也值得探索。同时，上述研究发现，铝锂合金在热疲劳过程发生了时效强化行为，尽管获得了理想的强化效果，但塑性、韧性出现一定程度的降低，在此条件下，是否会导致 NFMLs 疲劳性能的下降也是值得关注的问题。

经过 1000 次循环后，NFMLs 的疲劳裂纹扩展曲线与未处理试样的基本重合(图 1.48)，说明热疲劳处理对 NFMLs 在动载下的性能也无明显影响。尽管铝锂合金性能在热疲劳过程中发生强化，但该性能变化并不十分显著，且由于纤维有效的桥接作用，未导致 NFMLs 疲劳性能的下降。

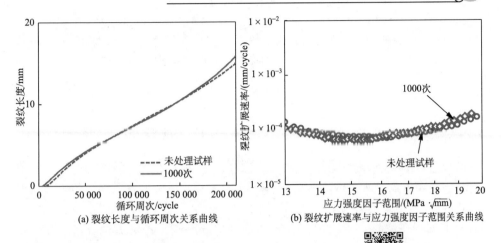

(a) 裂纹长度与循环周次关系曲线　　　　(b) 裂纹扩展速率与应力强度因子范围关系曲线

图 1.48　热疲劳对铝锂合金疲劳裂纹扩展的影响

综上所述，经过−65～135℃，1000 次热疲劳后，铝锂合金与玻璃纤维在热膨胀系数上的差异未导致 NFMLs 力学性能的下降，反而因铝锂合金的强化行为导致其静强度的提高。尽管如此，铝锂合金的强化现象依然值得关注。作者在研究中发现，若 NFMLs 在 180℃下的固化时间较理论时间延长 2h，再经过 1000 次热疲劳处理后，铝锂合金在疲劳裂纹扩展过程中即可观察到二次裂纹的存在，如图 1.49 所示。一方面，铝锂合金层塑性和韧性的下降导致其疲劳性能恶化，易于产生裂纹；另一方面，纤维层的有效桥接，阻碍了主裂纹的扩展，使得二次裂纹得以萌生并发生扩展。

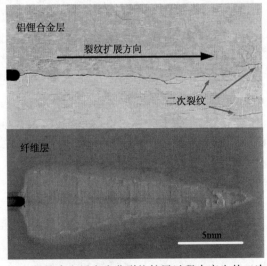

图 1.49　铝锂合金层在疲劳裂纹扩展过程中产生的二次裂纹

铝锂合金在固化工艺中,已发生一定程度的强化,若在 1000 次热疲劳基础上继续增加循环次数,铝锂合金的塑性和韧性将会显著下降,导致 NFMLs 综合性能的恶化。较 2024 铝合金,快速的时效响应可能会成为制约铝锂合金应用的因素。

1.4　本　章　小　结

(1)本章简述了新型铝锂合金基板"退火—轧制—退火—固溶—淬火—时效强化"的处理工艺,所获得的 0.3mm 厚 T3 态基板,以大量弥散细小的 δ′ 相为强化相,抗拉强度及模量分别可达 479.12MPa 和 82.50GPa,性能显著优于传统GLARE 层板所用的 2024-T3 铝合金。本章同时讨论了 NFMLs 的制造、加工及无损检测方法。

(2)NFMLs 和传统 GLARE 层板在固化过程中,其金属层均发生不可忽略的时效强化现象。其中,铝锂合金基板较 2024-T3 铝合金的时效强化效果更为显著,已萌生直径<25nm 的 T_1 相并导致拉伸及屈服强度的提高。较传统 GLARE层板,铝锂合金的引入改善了 NFMLs 的静强度,并使其刚度提高 8%～12%。因该合金优异的疲劳裂纹扩展能力,显著提高了 NFMLs 的疲劳性能。

(3)在所研究的温度范围内,NFMLs 的力学性能随温度的升高呈下降趋势,升温过程会导致层板内部应力的释放,使金属层的残余拉应力降低,有利于NFMLs 屈服强度的改善;NFMLs 在−55～70℃具有优异的高低温性能,120℃时性能显著恶化。随着湿热老化时间的延长,NFMLs 的性能随之下降;但当经过 70℃/85%RH,3000h 处理后,NFMLs 依然表现出优异的综合性能。

(4)经过−65～135℃,1000 次热疲劳后,NFMLs 未因残余应力的作用而导致层间失效或力学性能的下降;相反,因铝锂合金的时效强化行为,NFMLs经过热疲劳后的静强度提高。经过反复的"开启—终止"循环相变后,T_1 相在保持尺寸均匀、细小(直径 50～60nm)的情况下,大量密集析出,获得了较传统人工时效更为理想的强韧化效果。继续增大循环次数将因铝锂合金塑性和韧性的恶化而导致 NFMLs 疲劳性能的下降,铝锂合金快速的时效响应及显著的强化特征将限制 NFMLs 在高温下的服役。

参 考 文 献

[1]Kawai M, Hachinohe A, Takumida K, et al. Off-axis fatigue behaviour and its damage mechanics modelling for unidirectional fibre-metal hybrid composite: GLARE 2[J]. Composites Part A: Applied Science and Manufacturing, 2001, 32(1): 13-23.

[2]Shim D J, Alderliesten R C, Spearing S M, et al. Fatigue crack growth prediction in GLARE

hybrid laminates[J]. Composites Science and Technology, 2003, 63(12): 1759-1767.

[3] Xia Y M, Wang Y, Zhou Y X, et al. Effect of strain rate on tensile behavior of carbon fiber reinforced aluminum laminates[J]. Materials Letters, 2007, 61(1): 213-215.

[4] Hu Y B, Li H G, Cai L, et al. Preparation and properties of fibre-metal laminates based on carbon fibre reinforced PMR polyimide[J]. Composites Part B: Engineering, 2015, 69: 587-591.

[5] Dursun T, Soutis C. Recent developments in advanced aircraft aluminium alloys[J]. Materials and Design, 2014, 56: 862-871.

[6] Gurao N P, Adesola A O, Odeshi A G, et al. On the evolution of heterogeneous microstructure and microtexture in impacted aluminum-lithium alloy[J]. Journal of Alloys and Compounds, 2013, 578(1): 183-187.

[7] Liu B, Peng C G, Wang R C, et al. Recent development and prospects for giant plane aluminum alloys[J]. The Chinese Journal of Nonferrous Metals, 2010, 20(9): 1705-1715.

[8] Lequeu P. Advances in aerospace aluminum-summaries of presentations by alcan aerospace personnel during ASM's AeroMat 2007 Conference. Al-Li alloys are highlighted[J]. Advanced Materials and Processes, 2008, 166(2): 47-49.

[9] Gunnink J W, Vlot A, de Vries T J, et al. GLARE technology development 1997-2000[J]. Applied Composite Materials, 2002, 9(4): 201-219.

[10] Huang Y, Liu J, Huang X, et al. Crack growth and delamination behaviour in advanced Al-Li alloy laminate under constant amplitude fatigue loading[J]. Materials Research Innovations, 2015, 19(S8): 685-689.

[11] Antipov V V. Efficient aluminum-lithium alloys 1441 and layered hybrid composites based on it[J]. Metallurgist, 2012, 56(5): 342-346.

[12] Antipov V V, Senatorova O G, Beumler T, et al. Investigation of a new fibre metal laminate (FML) family on the base of Al-Li-Alloy with lower density[J]. Materialwissenschaft und Werkstofftechnik, 2012, 43(4): 350-355.

[13] 李华冠. 新型铝锂合金的热处理工艺及淬火态成形性能研究[D]. 南京: 南京航空航天大学, 2013.

[14] 李华冠. 玻璃纤维-铝锂合金超混杂复合层板的制备及性能研究[D]. 南京: 南京航空航天大学, 2016.

[15] Li H G, Hu Y B, Ling J, et al. Effect of double aging on the toughness and precipitation behavior of a novel aluminum-lithium alloy[J]. Journal of Materials Engineering and Performance, 2015, 24(10): 3912-3918.

[16] Wilson G S, Alderliesten R C, Benedictus R. A generalized solution to the crack bridging problem of fiber metal laminates[J]. Engineering Fracture Mechanics, 2013, 105: 65-85.

[17] Zhou J, Guan Z W, Cantwell W J. The influence of strain-rate on the perforation resistance of fiber metal laminates[J]. Composite Structures, 2015, 125: 247-255.

[18] Laliberté J F, Poon C, Straznicky P V, et al. Post-impact fatigue damage growth in fiber-

metal laminates[J]. International Journal of Fatigue, 2002, 24(2): 249-256.

[19]Ribeiro F C, Scarpin B T, Batalha G F. Experimental and numerical modelling and simulation of the creep age forming of aeronautic panels AA7XXX aluminium alloy[J]. Advances in Materials and Processing Technologies, 2016, 2(1): 1-20.

[20]Lee S, Kim D, Kim Y, et al. Effect of aluminum anodizing in phosphoric acid electrolyte on adhesion strength and thermal performance[J]. Metals and Materials International, 2016, 22(1): 20-25.

[21]Botelho E C, Silva R A, Pardini L C, et al. Evaluation of adhesion of continuous fiber-epoxy composite/aluminum laminates [J]. Journal of adhesion science and technology, 2004, 18(15-16): 1799-1813.

[22]Alderliesten R C. On the available relevant approaches for fatigue crack propagation prediction in GLARE[J]. International Journal of Fatigue, 2007, 29(2): 289-304.

[23]Vlot A, Gunnink J W. Fibre metal laminates: an introduction[M]. Dordrecht: Springer Science and Business Media, 2011.

[24]Botelho E C, Rezende M C, Pardini L C. Hygrotermal effects evaluation using the iosipescu shear test for glare laminates[J]. Journal of the Brazilian Society of Mechanical Sciences and Engineering, 2008, 30(3): 213-220.

[25]Park S Y, Choi W J, Choi H S, et al. Effects of surface pre-treatment and void content on GLARE laminate process characteristics[J]. Journal of Materials Processing Technology, 2010, 210(8): 1008-1016.

[26]Moussavi-Torshizi S E, Dariushi S, Sadighi M, et al. A study on tensile properties of a novel fiber/metal laminates [J]. Materials Science and Engineering A, 2010, 527 (18): 4920-4925.

[27]徐凤娟. Ti/APC-2 复合层板基本力学性能的有限元模拟研究[D]. 南京：南京航空航天大学, 2013.

[28]Jedidi J, Jacquemin F, Vautrin A. Design of accelerated hygrothermal cycles on polymer matrix composites in the case of a supersonic aircraft[J]. Composite Structures, 2005, 68(4): 429-437.

[29]Choi H S, Ahn K J, Nam J D, et al. Hygroscopic aspects of epoxy/carbon fiber composite laminates in aircraft environments[J]. Composites Part A: applied science and manufacturing, 2001, 32(5): 709-720.

[30]赵鹏. 纤维增强树脂基复合材料湿热老化性能研究[D]. 南京：南京航空航天大学, 2009.

[31]Borgonje B, Ypma M S. Long term behaviour of glare[J]. Applied Composite Materials, 2003, 10(4-5): 243-255.

[32]Beumler T. A contribution to aircraft certification issues on strength properties in non-damaged and fatigue damaged GLARE structures[D]. Delft: Delft University of Technology, 2004.

[33]da Costa A A, da Silva D F N R, Travessa D N, et al. The effect of thermal cycles on the mechanical properties of fiber-metal laminates [J]. Materials and Design, 2012, 42:

434-440.

[34]Li H G，Ling J，Xu Y W，et al. Effect of aging treatment on precipitation behavior and mechanical properties of a novel aluminum-Lithium Alloy[J]. Acta Metallurgica Sinica，2015，28(6)：671-677.

第2章
TiGr层板的制备与力学性能

2.1 概　述

近年来，随着超音速飞机及空天飞行器的进一步发展，航空航天领域对复合材料提出了更高的要求。20世纪80年代，美国HSCT(high-speed civil transport,高速民用运输机)提出要在飞机时速达到2.4马赫(2570km/h)，飞机表层温度达到177℃的条件下仍需继续飞行600 000h，这对传统的复合材料提出了极大的挑战[1]。目前在航空航天领域应用较为广泛的仍为环氧树脂基的GLARE层板，其树脂性能无法满足如此苛刻的服役要求，此外铝合金耐高温性能差也限制了GLARE层板在高温领域的应用，故研发耐高温的新一代FMLs对满足航空航天领域的新要求有着重要的工程意义。现阶段，国外研究人员已对耐高温TiGr层板展开了相关研究，而国内针对耐高温TiGr层板的研究才刚起步。本章讨论两种耐高温FMLs(Ti/CF/PMR聚酰亚胺超混杂层板以及Ti/CF/PEEK超混杂层板)的制备以及力学性能[1]。

2.2　Ti/CF/PMR聚酰亚胺超混杂层板

2.2.1　Ti/CF/PMR聚酰亚胺超混杂层板制备

1. CF/PMR聚酰亚胺预浸料的制备

作为制造纤维增强复合材料结构件的重要原材料，预浸料的性能与复合材料构件的质量有着密切的关系。因此，严格控制预浸料的制备工艺，对稳定预浸料的性能，乃至稳定复合材料构件的整体性能有着重要的意义[2]。

本节研究了湿法工艺制备CF/PMR聚酰亚胺预浸料过程中的工艺参数对预浸料性能的影响规律。需要说明的是，预浸料的制备工艺参数与制备过程中选取的树脂材料以及增强纤维有关，对于不同种类的原材料，其制备工艺参数也相应有所变化。本书使用的碳纤维为日本三菱TR50S碳纤维，PMR聚酰亚胺为中国科学院化学研究所提供的KH-308。

　　(1) 纱宽参数的设置控制着丝杆的前进速度，理想情况下，碳纤维缠绕滚筒转一圈的时间内丝杆前进一束纱宽的距离，合适的纱宽设置能保证相邻两束纱之间没有缝隙并且没有严重的叠纱现象。纱宽与碳纤维束宽度和设备展纱性能有着直接的关系，在制备过程中设计了纱宽为 3.6mm、3.7mm 和 3.8mm 三组参数。

　　实验结果表明，当纱宽为 3.6mm 时，制备得到的预浸料叠纱率过大，预浸料的厚度均匀性不好；而设置纱宽为 3.8mm 时，在制备过程中会在相邻两束纤维之间产生缝隙，这会对预浸料的性能产生影响；当纱宽设置为 3.7mm 时，制备得到的预浸料叠纱率小，表面状态比较平滑，预浸料状态良好，相邻两束纤维之间无明显的缝隙存在。

　　(2) 在预浸料排布过程中，排布张力是影响预浸料性能的另一重要参数。纤维在张力作用下紧密缠绕在滚筒上，张力过低，制备的预浸料密实度不够，导致制品强度降低；反之，张力过大，则纤维易磨损，导致强度降低，甚至产生纤维断裂，从而在预浸料表面产生"起毛"现象，严重影响预浸料的表面质量以及强度。

　　当排布张力为 4～7N 时，制备出的预浸料表面均匀整齐，表面无"起毛"现象，而排布张力超过 10N 时，制备过程中纤维断裂现象严重，制备出的预浸料表面质量差，预浸料质量低。

　　(3) 排布速度与制备的预浸料中纤维体积含量的关系如图 2.1 所示，随着排布速度的提高，预浸料中纤维体积含量也随之提高。预浸料制备过程中，排布速度主要影响纤维的浸胶过程。排布速度越快，纤维与胶液接触的时间越短，得到的预浸料中纤维的体积含量越高。由于增强纤维是复合材料中的力的主要承载者，高的纤维体积含量有助于提高复合材料构件的力学性能。然而纤维体积含量并非越高越好，这就存在一个树脂基体与纤维增强材料的最佳比例。通常情况下当纤维含量超过 70% 时，增强纤维会相互接触磨损导致材料性能下降，而控制纤维含量在 60% 左右能够达到最佳配合。由于在复合材料的固化成形过程中约有 10% 的树脂流失掉，故较为合适的预浸料纤维体积含量为 50% 左右[2]。

　　由图 2.1 可以看出，当排布速度设置为 22m/min 时，制备出的预浸料纤维体积含量为 50% 左右，能够较好地满足实际生产工艺要求。

　　2. 钛板表面处理

　　FMLs 作为一个异质多元的混杂材料，存在金属层/纤维层界面以及纤维/树脂界面，其中金属层/纤维层界面是混杂体系中较为薄弱的界面。提高树脂与金属之间的界面黏接性能，对于发挥纤维的增强作用及提高 FMLs 整体性能有着重要的意义。

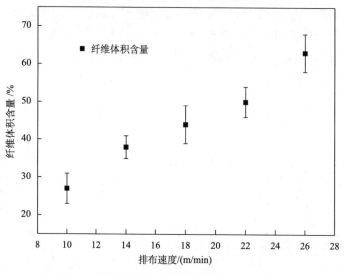

图 2.1　排布速度与预浸料纤维体积含量关系

　　钛合金的表面处理是 FMLs 制备工艺中最重要的步骤之一[3]，良好的表面处理能使其与树脂之间形成较高的黏附力，从而改善层板整体性能。通常，未经表面处理的钛板表面较光滑，不利于树脂与金属之间的黏接，因此难以形成良好的界面。常用的表面处理方法包括对钛板进行物理喷砂处理、电化学阳极氧化处理、离子表面改性等方法[4]。采用不同的表面处理方法，胶接效果不尽相同，本节中作者对比研究了几类常见钛合金表面处理方法对其改性效果的影响。

　　经过不同的表面处理，钛板的表面形貌和表面结构发生显著的变化。图 2.2 为经过不同表面处理工艺的钛板表面扫描电镜照片。从图中可以看出，经过表面处理后的钛板表面形成了凹凸不平的结构。与未处理的钛板（图 2.2(a)）相比，处理之后的钛板表面粗糙度增加，这对提高钛板与树脂之间的黏接强度具有重要的作用。实际上，金属与树脂之间的黏接，主要靠的是两者之间的"微机械黏合"和"物理-机械锁合"。通过提高金属与树脂的接触面积，可以改善两者之间的结合强度。由图 2.2 可以看出，喷砂处理之后的钛板表面形成了微米级别的粗糙结构，相较于未处理的钛板来说，其表面积有一定程度提高。而采用铬酸阳极氧化(CAA)方法对钛板进行表面处理之后，在钛基体表层生成一层氧化层，其中存在大量孔径为几纳米的孔洞，这有效提高了钛板与树脂的接触面积。因此从理论上来讲，与喷砂处理相比，阳极氧化法能够在钛板基体表面产生更大的比表面积，钛板在与树脂黏接后具有更为优异的界面性能。同时可以观察到，采用 Na-TESi 阳极氧化处理得到的氧化膜孔洞密度更大，这对于提高钛板与树脂之间的机械锁合力有重要的作用。

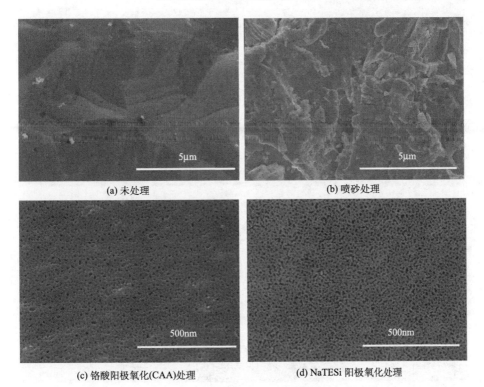

(a) 未处理　　　　　　　　　　　　　　(b) 喷砂处理

(c) 铬酸阳极氧化(CAA)处理　　　　　　(d) NaTESi 阳极氧化处理

图 2.2　钛板表面形貌 SEM 图[5]

　　图 2.3 为采用不同工艺处理后的钛表面与纯水的接触角测量结果。从图中可以看出，未处理的钛表面与纯水的表观接触角较大，而经过表面处理之后的钛表面与纯水的表观接触角有明显的降低趋势，其中采用铬酸阳极氧化(CAA)处理以及 NaTESi 阳极氧化处理的试样与纯水的接触角降低明显。同样地，当采用树脂溶液作为测试溶液时，经过表面处理的钛表面与树脂溶液的表观接触角较未处理的钛板有下降的趋势(图 2.4)。根据浸润热力学理论[6,7]，当热力学黏接功最大时，所对应的界面结合强度最高，此时液体对固体的浸润性最佳。因此液体对固体材料的接触角 θ 越小，其润湿性越好，生成的界面结合强度越高。

　　采用不同工艺处理后的试样与聚酰亚胺界面拉伸剪切实验的载荷-位移曲线如图 2.5 所示，通过计算其载荷-位移曲线围成的面积得到拉伸剪切测试过程的断裂功。从图 2.5 中可以看出，载荷-位移曲线初始为线性段，对应聚酰亚胺的弹性变形阶段，随后载荷-位移曲线进入到非线性段，此段包含聚酰亚胺的塑性变形、内聚失效以及界面脱黏等过程[8]。同时从图中可以看出，表面处理之后的钛/聚酰亚胺界面相对于未处理的试样能够承受更高的拉伸剪切载荷。

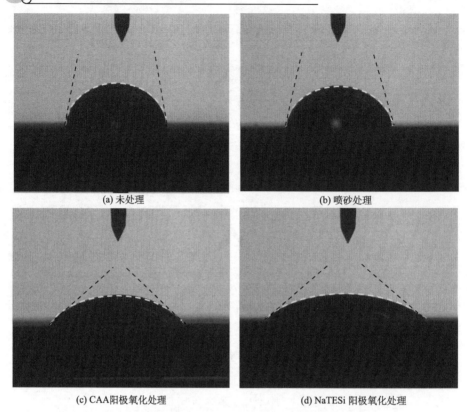

(a) 未处理　　　　　　　　　　(b) 喷砂处理

(c) CAA阳极氧化处理　　　　　　(d) NaTESi 阳极氧化处理

图 2.3　表面处理前后钛表面与纯水的静态接触角测量图片

拉伸剪切实验的测试结果见图 2.6 及表 2.1。从图 2.6 中可以看到，随着表面处理工艺的不同，拉伸剪切强度以及拉伸剪切过程的断裂功（试样剪切破坏过程吸收的能量）也有较大的差异。经过表面处理之后的试样，其拉伸剪切强度较未处理的试样有了较大提高，这是由于表面处理给钛板带来了粗糙的表面结构，使其在与聚酰亚胺黏接的时候更易形成机械锁合的作用。另外，经过阳极氧化处理的钛板表面生成主要成分为 TiO_2 的氧化膜，TiO_2 表面易吸附羟基[9]，当钛板与聚酰亚胺树脂黏接时羟基易与聚酰亚胺分子链上的碳氧双键产生氢键作用，进一步提高了两者之间的结合强度，如图 2.7 所示。相对于未处理的钛板，采用喷砂处理、铬酸阳极氧化（CAA）处理及 NaTESi 阳极氧化处理的试样，其拉伸剪切强度分别提高了 15％、30％和 41％。同样地，相对于未处理的钛板，采用喷砂处理、铬酸阳极氧化（CAA）处理以及 NaTESi 阳极氧化处理的试样在拉伸剪切实验过程中的断裂功也分别提高了 53％、168％和 182％，这是由于表面处理增加了钛板的比表面积，试样受载破坏时需消耗更多的能量，使得表面处理后的断裂功有了显著提高。

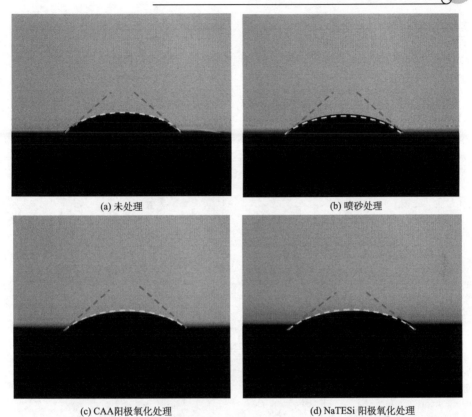

(a) 未处理

(b) 喷砂处理

(c) CAA 阳极氧化处理

(d) NaTESi 阳极氧化处理

图 2.4　表面处理前后钛表面与树脂溶液的静态接触角测量图片

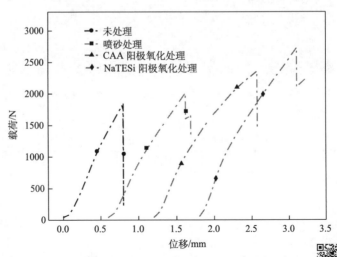

图 2.5　不同表面处理试样拉伸剪切实验载荷-位移曲线示意图

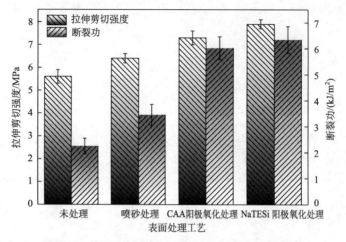

图 2.6 不同表面处理试样拉伸剪切强度及断裂功

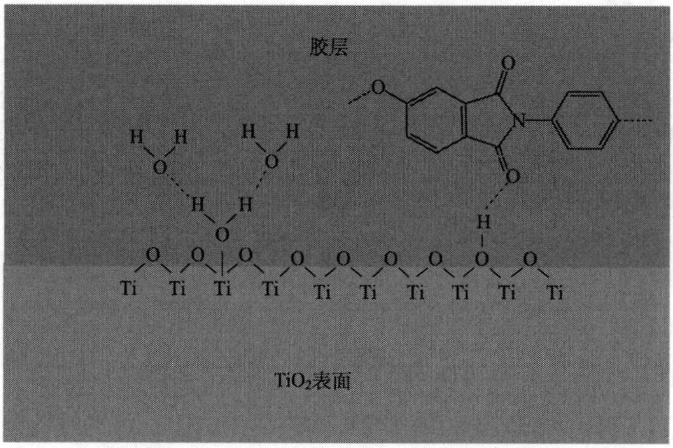

图 2.7 TiO₂表面吸附形式及与聚酰亚胺形成氢键示意图[9,10]

表 2.1 不同表面处理试样拉伸剪切测试结果

试样	拉伸剪切强度/MPa	断裂功/(kJ/m²)
未处理	5.61±0.31	2.25±0.32
喷砂处理	6.47±0.32	3.45±0.46
铬酸阳极氧化(CAA)处理	7.32±0.43	6.02±0.42
NaTESi 阳极氧化处理	7.93±0.25	6.34±0.52

I型层间断裂韧性的测量结果见表 2.2。通过对数据的分析可以看出，表面处理后的钛板，其钛-聚酰亚胺界面的I型层间断裂韧性相对于未处理的钛表面有较大的提高。采用喷砂处理、铬酸阳极氧化（CAA）处理以及 NaTESi 阳极氧化处理之后的钛-聚酰亚胺界面I型层间断裂韧性比未处理的试样分别提高了 67%、73%和 87%。金属与树脂胶接接头的失效模式包括黏着失效（adhesive failure）、内聚失效（cohesive failure）以及它们的混合失效（mixed failure），如图 2.8 所示。

DCB 试样的破坏形式如图 2.9 所示，从图 2.9(a)中可以看出，未经处理的试样分层破坏区域表面光滑，失效主要集中在钛-聚酰亚胺界面处，呈黏着失效形式，证明钛与聚酰亚胺树脂之间的结合比较薄弱，在遭受外力作用时裂纹容易在此界面产生并扩展。经过表面处理之后的试样，则呈现黏着失效和内聚失效的混合失效模式。混合失效模式下，裂纹在扩展时会产生更多的新鲜表面，在此过程中需要消耗大量的能量，相对于单纯的黏着失效模式，其裂纹扩展所需要的能量更大，故经过表面处理之后的试样具有更高的钛-聚酰亚胺界面I型层间断裂韧性。喷砂处理在钛板表面形成了微米级的粗糙结构，有利于增大黏接时钛板与聚酰亚胺树脂的接触面积，使得机械锁合作用增强，提高了其在遭受外力作用时抵抗分层扩展的能力。阳极氧化处理可在钛板表面生成纳米尺度的粗糙形貌，其比表面积较喷砂处理的表面有了进一步的提高，在与聚酰亚胺树脂黏接时能够提供更多的接触面积，一定程度上提高了其界面黏接性能。另外，从图 2.2 中可以看出，阳极氧化处理过的钛表面生成的为疏松多孔的结构。在与聚酰亚胺树脂黏接时，树脂如同一根根"纤维"嵌入到这些孔洞中去，当遭受外力作用产生分层扩展的时候，这些"纤维"在破坏的同时也缓解了裂纹尖端在界面层的应力集中作用，使得钛-聚酰亚胺界面在裂纹扩展的时候能够吸收更多的能量。生成的孔洞越密集，其"增强"效果越明显，因此采用 NaTESi 阳极氧化处理的钛板相对铬酸阳极氧化（CAA）处理的钛板具有更高的钛-聚酰亚胺界面I型层间断裂韧性。此外，阳极氧化处理过程中生成的 TiO_2 氧化膜表面的羟基易与聚酰亚胺树脂中的

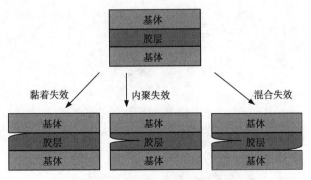

图 2.8　界面失效模式示意图

碳氧双键产生氢键作用，也有利于改善钛与聚酰亚胺之间的界面结合作用，提高了其层间断裂韧性(表2.2)。

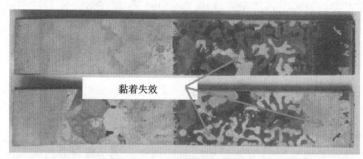

(a) 未处理

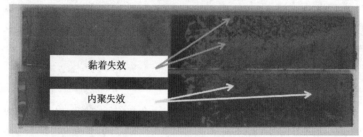

(b) 喷砂处理

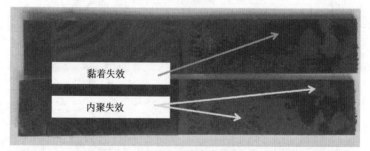

(c) CAA阳极氧化处理

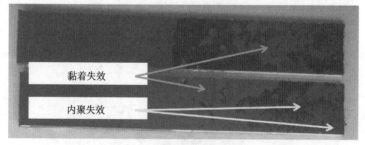

(d) NaTESi阳极氧化处理

图 2.9　DCB 试样失效模式

表 2.2　DCB 实验结果(J/m²)

试样	单个试样Ⅰ型层间断裂韧性平均值			三个试样Ⅰ型层间断裂韧性平均值
未处理	41.13	32.23	39.88	37.75
喷砂处理	65.33	64.98	58.62	62.98
铬酸阳极氧化(CAA)处理	60.97	68.33	66.21	65.17
NaTE3i 阳极氧化处理	75.90	68.80	66.01	70.56

2.2.2　Ti/CF/PMR 聚酰亚胺超混杂层板固化工艺

　　树脂基复合材料的固化工艺制定与树脂基体的固化反应特性有着密切的关系。同样的，对于 Ti/CF/PMR 聚酰亚胺超混杂层板，由于金属层的引入并不会对树脂的固化过程造成影响，因此其固化温度的选取通常与其使用的预浸料相同。然而金属层同样限制了树脂在厚度方向的流动，而固化过程中树脂流动有助于体系内部挥发成分的排出。金属层在厚度方向的阻碍作用，会影响到体系内部小分子的排出，因此在固化工艺的制定过程中，宜制定加压放气环节，以助于固化过程中产生的气体分子排出，有助于减小材料的孔隙率，提高产品的综合性能。

　　对于 KH-308 树脂体系的超混杂层板，采用的固化工艺如图 2.10 所示。

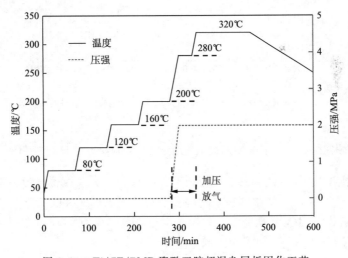

图 2.10　Ti/CF/PMR 聚酰亚胺超混杂层板固化工艺

2.2.3　Ti/CF/PMR 聚酰亚胺超混杂层板力学性能

　　1. 温度对 Ti/CF/PMR 聚酰亚胺超混杂层板力学性能的影响

　　Ti/CF/PMR 聚酰亚胺超混杂层板具有优异的耐高温性能，本节内容中针对

3/2 结构的 Ti/CF/PMR 聚酰亚胺超混杂层板，简要介绍了温度对其力学性能的影响规律。

Ti/CF/PMR 聚酰亚胺超混杂层板层间剪切强度及抗拉强度随温度的变化曲线如图 2.11 所示。从图中可以看出，Ti/CF/PMR 聚酰亚胺超混杂层板在室温下具有优良的力学性能，其层间剪切强度超过 60MPa，抗拉强度不低于 1000MPa。随着温度的升高，层间剪切强度以及抗拉强度呈下降的趋势，当测试温度到达 300℃时，其抗拉强度较室温仍有约 50％的保持率，而其层间剪切强度在 300℃时仍能达到 30MPa，体现出优异的高温力学性能。此外，当测试温度为 −55℃时，Ti/CF/PMR 聚酰亚胺超混杂层板的力学性能高于室温，证明此类层板不仅具有优异的耐高温特性，同样具有优异的低温力学性能。

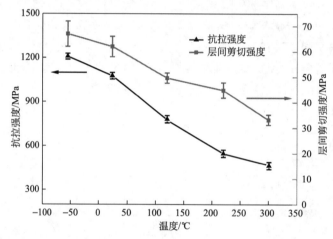

图 2.11　温度对 Ti/CF/PMR 聚酰亚胺超混杂层板力学性能影响规律

2. 湿热老化对 Ti/CF/PMR 聚酰亚胺超混杂层板力学性能的影响

耐久性测试是材料性能评价不可或缺的一部分。为了评价材料长期服役过程中性能的变化情况，常使用加速老化的实验方法对其耐久性进行评价。本节中以 3/2 结构的 Ti/CF/PMR 聚酰亚胺超混杂层板为例，研究了经 85℃、95％RH 湿热老化处理后其力学性能的变化规律。

Ti/CF/PMR 聚酰亚胺超混杂层板和 CF/PMR 聚酰亚胺层合板的弯曲强度以及层间剪切强度与湿热老化时间的关系，如图 2.12、图 2.13 所示。从图中可以看出，随着湿热老化实验的进行，两种材料的弯曲强度及层间剪切强度都有一定程度的下降。在老化 1000h 之后，CF/PMR 聚酰亚胺层合板的弯曲强度下降了约 20％，而 Ti/CF/PMR 聚酰亚胺超混杂层板的弯曲强度仅有不到 10％的降低。在湿热老化过程中，水分子通过扩散进入到材料体系的内部，聚酰亚胺树脂吸水后膨胀，容易在纤维/树脂界面产生微观裂纹，降低材料的力学性能。另外由于水分子的存在，使得纤维/树脂之间的 H^+—OH^- 化学键作用减弱，同时造成树脂材料的塑化水解[11-14]，造成纤维-树脂界面的黏接强度下降。当材料在遭受外力作用时，更容易在界面处产生破坏，导致材料的整体性能下降。由图 2.14 可以看出，湿热老化之后的纤维表面与未老化的纤维表面相比，其表面光滑，仅有少量的树脂黏在纤维表面，证明老化处理后纤维与树脂之间的界面结合强度降低，进一步证明了湿热老化之后材料力学性能下降的原因。

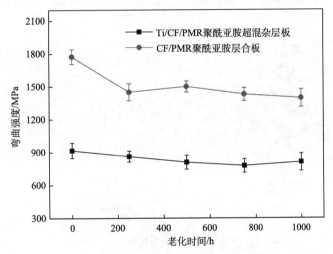

图 2.12　弯曲强度随湿热老化时间变化规律

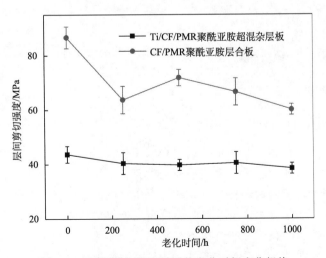

图 2.13　层间剪切强度随湿热老化时间变化规律

(a) 未老化CF/PMR聚
酰亚胺层合板表面

(b) 老化1000h之后CF/PMR
聚酰亚胺层合板断面形貌

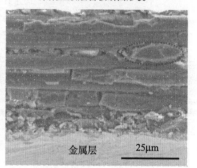

(c) 老化1000h之后CF/PMR
聚酰亚胺层合板弯曲断面

(d) 老化1000h之后Ti/CF/PMR
聚酰亚胺超混杂层板断面形貌

图 2.14 湿热老化前后试样边缘形貌 SEM 照片

Ti/CF/PMR 聚酰亚胺超混杂层板由于其特殊的材料结构，其材料两侧为金属钛板，这在湿热老化过程中对水分子起到了屏障作用，水分子不能通过厚度方向的扩散进入到材料内部，仅能从层板边缘处扩散进入材料内部，这样很大程度上限制了水分子对材料性能的影响。因此在湿热老化过程中，Ti/CF/PMR 聚酰亚胺超混杂层板比传统的 CF/PMR 聚酰亚胺层合板复合材料呈现出更加优异的耐湿热老化特性。

3. 热循环对 Ti/CF/PMR 聚酰亚胺超混杂层板力学性能的影响

在 Ti/CF/PMR 聚酰亚胺超混杂层板的固化过程中，由于热膨胀系数的不匹配，导致固化之后的层板界面有残余应力的存在。飞行器在服役过程中会经历从低温环境到高温环境的循环转换，在此过程中，超混杂层板中的热应力也在不断地变化，对于 Ti/CF/PMR 聚酰亚胺超混杂层板材料整体而言，残余应力的不断变化有可能会对材料整体性能产生不利影响，例如热疲劳产生的微观裂纹甚至分层失效。本节针对 Ti/CF/PMR 聚酰亚胺超混杂层板，探究热循环过程对其力学性能影响规律。

　　将制备的 Ti/CF/PMR 聚酰亚胺超混杂层板放在热循环实验箱中进行热循环处理，热循环温度为 $-65\sim135℃$，升降温速率为 15℃/min，在 $-65℃$ 及 135℃ 保温 15min，在经过不同循环次数的处理之后对 Ti/CF/PMR 聚酰亚胺超混杂层板的力学性能进行评价。

　　Ti/CF/PMR 聚酰亚胺超混杂层板的抗拉强度以及拉伸过程中的载荷-位移曲线随热循环次数变化的关系如图 2.15、图 2.16 所示。从图中可以看出，随着热循环处理次数的增加，Ti/CF/PMR 聚酰亚胺超混杂层板的抗拉强度并未产生较大的变化，同时经过热循环处理的试样在拉伸过程中的载荷-位移曲线与未处理的试样无明显的区别。由此可以判断热循环处理对 Ti/CF/PMR 聚酰亚胺超混杂层板抗拉强度的影响不大。在复合材料中，组分材料的抗拉强度直接影响着 Ti/CF/PMR 聚酰亚胺超混杂层板的强度，而热循环处理之后，Ti/CF/PMR 聚酰亚胺超混杂层板的抗拉强度并未发现明显变化，由此可以推断，各组分材料的性能并未受到热循环处理的影响。另外，Ti/CF/PMR 聚酰亚胺超混杂层板中存在大量的异质组元界面，界面结合强度的好坏能够影响外力在基体与增强相之间的传递，进而影响 Ti/CF/PMR 聚酰亚胺超混杂层板的整体抗拉强度，而 Ti/CF/PMR 聚酰亚胺超混杂层板的抗拉强度在热循环处理之后未见明显降低，由此可以推测热循环处理对其层间性能影响很小。图 2.17 为热循环处理后 Ti/CF/PMR 聚酰亚胺超混杂层板的层间剪切强度，可以看出，层间剪切强度随着热循环处理次数的增加在小范围内波动，证明热循环过程对 Ti/CF/PMR 聚酰亚胺超混杂层板之间的界面结合强度没有显著影响。

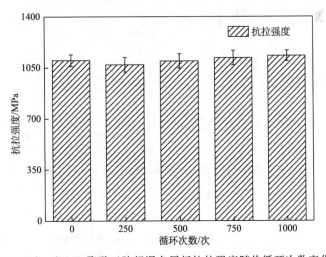

图 2.15　Ti/CF/PMR 聚酰亚胺超混杂层板抗拉强度随热循环次数变化趋势

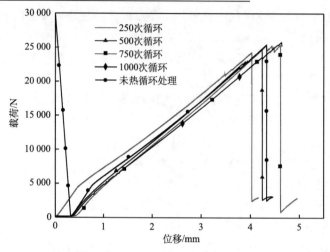

图 2.16 Ti/CF/PMR 聚酰亚胺超混杂层板载荷-位移曲线随热循环次数变化趋势

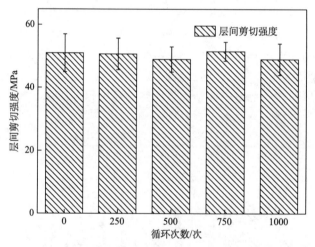

图 2.17 Ti/CF/PMR 聚酰亚胺超混杂层板层间剪切强度随热循环次数变化趋势

在 Ti/CF/PMR 聚酰亚胺超混杂层板的制备过程中,金属钛板以及碳纤维/PMR 聚酰亚胺复合材料层在高温固化时通过界面层紧密黏接,在冷却过程中金属钛板收缩量高于复合材料层,因此钛板在层板固化之后存在拉应力,复合材料层存在压应力。然而,一旦两者之间的界面产生破坏,钛板与复合材料层之间的相互作用便会受到影响,导致残余应力的释放。基于此,通过测试金属钛层残余应力的变化同样可以反映热循环处理对 Ti/CF/PMR 聚酰亚胺超混杂层板层间性能的影响。

热循环过程中金属钛层残余应力的变化情况如图 2.18 所示，从图中可以看出，随着热循环实验的进行，Ti/CF/PMR 聚酰亚胺超混杂层板中金属钛层的残余拉应力有缓慢下降的趋势，但变化幅度很小。经过 1000 次热循环之后钛表层的残余应力较未循环的试样无显著的变化，进一步说明了 Ti/CF/PMR 聚酰亚胺超混杂层板在经历温度为 −65～135℃ 的热循环处理时其材料性能的稳定性。图 2.19 为热循环处理后 Ti/CF/PMR 聚酰亚胺超混杂层板界面微观形貌，可以看出，经过热循环 1000 次之后的混杂层板界面依然完好，无界面可视分层、裂纹产生。

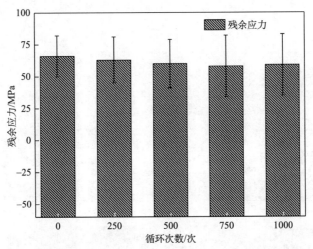

图 2.18　Ti/CF/PMR 聚酰亚胺超混杂层板钛层残余应力随热循环次数变化趋势

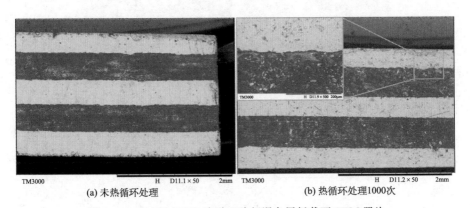

(a) 未热循环处理　　　　　　　(b) 热循环处理1000次

图 2.19　Ti/CF/PMR 聚酰亚胺超混杂层板截面 SEM 照片

考虑到 Ti/CF/PMR 聚酰亚胺超混杂层板可能会遇到温度骤变的苛刻要求，作者设计了室温至 300℃ 的热冲击实验，实验过程中将 Ti/CF/PMR 聚酰亚胺超混杂层板试件加热至目标温度后迅速浸入室温的水中，重复这一过程。随后采用光学显微镜对热冲击后的试样界面进行分析。图 2.20 为 Ti/CF/PMR 聚酰亚胺超混杂层板在经过不同次数热冲击之后截面的形貌图，从图中可以看出 Ti/CF/PMR 聚酰亚胺超混杂层板在经过 1000 次热冲击之后金属层与纤维增强复合材料层之间的界面依然良好，未见明显的分层以及微观裂纹产生，说明 Ti/CF/PMR 聚酰亚胺超混杂层板能够经受至少 1000 次室温至 300℃ 之间的温度骤变而不产生严重的分层现象，体现出 Ti/CF/PMR 聚酰亚胺超混杂层板优异的耐温度冲击性能。

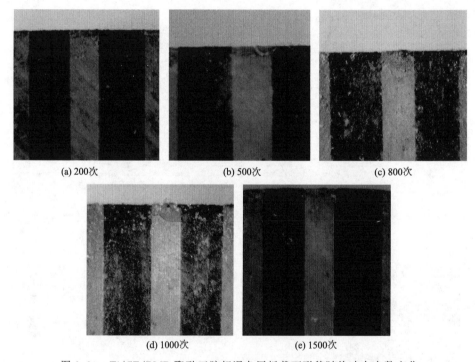

(a) 200次　　　　　　(b) 500次　　　　　　(c) 800次

(d) 1000次　　　　　　(e) 1500次

图 2.20　Ti/CF/PMR 聚酰亚胺超混杂层板截面形貌随热冲击次数变化

2.3　Ti/CF/PEEK 超混杂层板

Ti/CF/PEEK 超混杂层板作为另一类耐高温 FMLs，以其优异的特性同样得到了研究人员的广泛关注。此外，热塑性树脂 PEEK 的使用同样是 Ti/CF/PEEK 超混杂层板的一个优势之处。传统的 ARALL 层板和 GLARE 层板均采用环氧树脂等热固性树脂为基体制备而成，这就不可避免的遇到固化成型过程中对材料保温保压的问题，这严重降低了其生产效率[15-19]。相比之下，以热塑性材料为树脂基体制备的 FMLs 可以在较短的时间内完成制备及成形过程，可以大大提高 FMLs 的制备效率，降低其制造成本。同时，由于热塑性材料的使用，使 FMLs 的回收利用成为可能，提高了材料的使用效率。除此之外，相对于传统热固性层板，热塑性 FMLs 在损伤修复方面更易于实施。

本节针对 Ti/CF/PEEK 超混杂层板，简要介绍其制备过程及基本力学性能。

2.3.1　Ti/CF/PEEK 超混杂层板制备

首先采用喷砂法对钛板进行表面处理，增大钛板表面粗糙度以提高钛层与复合材料层的结合强度，然后将处理后的钛板与预浸料交替铺层，同时在钛板与 PEEK 预浸料之间铺放一层 PEEK 膜以提高界面黏接强度。按照如图 2.21 所示的制备工艺进行模压成形，冷却后得到 Ti/CF/PEEK 超混杂复合材料层板。

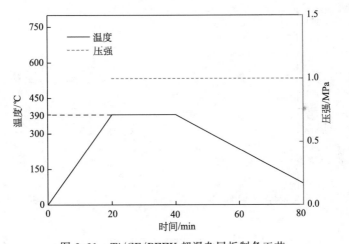

图 2.21　Ti/CF/PEEK 超混杂层板制备工艺

2.3.2　Ti/CF/PEEK 超混杂层板力学性能

Ti/CF/PEEK 超混杂层板作为另一种具有优异耐高温性能的 FMLs，其力学性能尤其是高温下的力学性能同样受到研究人员广泛关注。本节以 3/2 结构的 Ti/CF/PEEK 超混杂层板作为研究主体，对其不同温度下的力学性能进行研究分析。

Ti/CF/PEEK 超混杂层板的抗拉强度及层间剪切强度随温度的变化情况如

图 2.22 所示。从图中可以看出，室温下 Ti/CF/PEEK 超混杂层板的抗拉强度大于 1200MPa，随着测试温度的提高，其抗拉强度呈下降趋势。当测试温度为 220℃时，超混杂层板的抗拉强度约为 500MPa，与室温相比，其抗拉强度保持率约为 40%。同时从图中还可以看到，Ti/CF/PEEK 超混杂层板在室温下的层间剪切强度约为 90MPa，这表明经过表面处理之后的钛板与纤维复合材料之间具有良好的界面结合，有助于外加载荷应力在基体与增强材料之间的传递，充分发挥纤维的增强作用。随着温度的升高，超混杂层板的层间剪切强度也随之下降，当测试温度为 220℃时，超混杂层板的层间剪切强度为室温时的 41%左右。图 2.23 为 Ti/CF/PEEK 超混杂层板拉伸断面微观形貌。从图中可以看出，超混杂层板拉伸失效模式包括纤维的断裂、基体的开裂以及纤维复合材料与钛之间的分层破坏。室温下超混杂层板断口整齐，如图 2.23(a)所示，而高温下超混杂层板的断口与室温时有明显不同，如图 2.23(b)所示。高温下超混杂层板中纤维复合材料层有明显的收缩以及被拉长现象产生，说明随着温度的升高，PEEK 基体刚度、强度下降，最终导致超混杂层板的抗拉性能的降低。

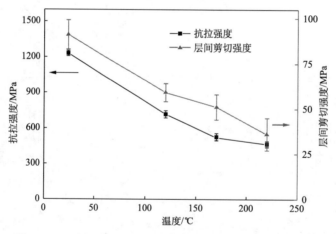

图 2.22 Ti/CF/PEEK 超混杂层板力学性能随温度变化关系

文献[20，21]指出，钛与树脂之间的黏接主要归功于钛板表面微结构与树脂之间的机械锁合作用。随着温度的升高，PEEK 基体强度下降，导致机械咬合强度降低，钛板与纤维复合材料之间的黏接强度下降，因此随着温度的升高，超混杂层板的层间剪切强度降低。

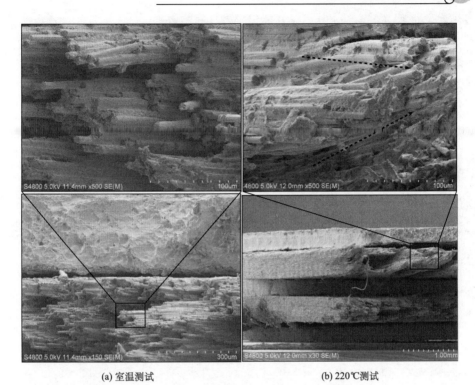

(a) 室温测试　　　　　　　　　　　　　(b) 220℃测试

图 2.23　Ti/CF/PEEK 超混杂层板拉伸实验后断面形貌

2.4　本 章 小 结

(1) 通过对 Ti/CF/PMR 聚酰亚胺超混杂层板制备工艺的研究，进一步探讨了 CF/PMR 聚酰亚胺预浸料的制备工艺、钛表面处理的工艺方法以及 Ti/CF/PMR 聚酰亚胺超混杂层板模压成型的工艺路线。

(2) 开展了 Ti/CF/PMR 聚酰亚胺超混杂层板耐温特性以及耐湿热老化特性的研究。结果表明：随着测试温度的升高，Ti/CF/PMR 聚酰亚胺超混杂层板力学性能呈下降趋势，但在 300℃测试环境下其力学性能仍保持较高水平，抗拉强度保持率高达 50%，层间剪切强度仍能保持在 30MPa。在经历−65～135℃热循环处理 1000 次后，Ti/CF/PMR 聚酰亚胺超混杂层板的力学性能未见明显变化，通过对其表层钛残余应力的表征发现，热循环处理后 Ti/CF/PMR 聚酰亚胺超混杂层板内部残余应力无显著变化，证明该层板在温度循环变化环境中具有优异的性能稳定性。此外，湿热老化测试结果表明，Ti/CF/PMR 聚酰亚胺超混杂层板较 CF/PMR 聚酰亚胺层合板具有优异的耐湿热老化特性，经过 85℃、95%RH

湿热老化处理1000h后，其力学性能仍保持在较高水平。

（3）对 Ti/CF/PEEK 超混杂层板的制备工艺以及基本力学性能进行了研究。研究结果表明：优化工艺下制备的 Ti/CF/PEEK 超混杂层板具有优异的力学特性及耐温特性，其在220℃测试环境下的力学性能较室温环境相比仍有40%～50%的保持率。

参 考 文 献

[1]胡玉冰. Ti/CF/PMR 聚酰亚胺超混杂层板的制备及性能研究[D]. 南京：南京航空航天大学，2017.

[2]沃西源. 预浸料的类型、特性与制造技术[J]. 航天返回与遥感，1998，19(4)：36-40.

[3]Rantz L E. Proper surface preparation：bonding's critical first step[J]. Adhesives Age，1987，30(7)：10-16.

[4]徐飞. 优化 Ti/PEEK 粘结性能的钛板表面处理工艺研究[D]. 南京：南京航空航天大学，2014.

[5]Molitor P，Barron V，Young T. Surface treatment of titanium for adhesive bonding to polymer composites：a review[J]. International Journal of Adhesion and Adhesives，2001，21(2)：129-136.

[6]Butt H J，Golovko D S，Bonaccurso E. On the derivation of Young's equation for sessile drops：nonequilibrium effects due to evaporation [J]. The Journal of Physical Chemistry B，2007，111(19)：5277-5283.

[7]Xiu Y H，Zhu L B，Hess D W，et al. Relationship between work of adhesion and contact angle hysteresis on superhydrophobic surfaces[J]. The Journal of Physical Chemistry C，2008，112(30)：11403-11407.

[8]He P G，Huang M Y，Fisher S，et al. Effects of primer and annealing treatments on the shear strength between anodized Ti6Al4V and epoxy[J]. International Journal of Adhesion and Adhesives，2015，57：49-56.

[9]林华香，王绪绪，付贤智. TiO_2 表面羟基及其性质[J]. 化学进展，2007，19(5)：665-670.

[10]冯宇，殷景华，陈明华，等. 聚酰亚胺/TiO_2 纳米杂化薄膜耐电晕性能的研究[J]. 中国电机工程学报，2013，33(22)：142-147.

[11]Wang Y，Hahn T H. AFM characterization of the interfacial properties of carbon fiber reinforced polymer composites subjected to hygrothermal treatments[J]. Composites science and technology，2007，67(1)：92-101.

[12]Guo H，Huang Y D，Meng L H，et al. Interface property of carbon fibers/epoxy resin composite improved by hydrogen peroxide in supercritical water[J]. Materials Letters，2009，63(17)：1531-1534.

[13]Khan L A，Nesbitt A，Day R J. Hygrothermal degradation of 977-2A carbon/epoxy composite laminates cured in autoclave and quickstep[J]. Composites Part A：Applied Science and Manufacturing，2010，41(8)：942-953.

[14]Tsenoglou C J, Pavlidou S, Papaspyrides C D. Evaluation of interfacial relaxation due to water absorption in fiber-polymer composites[J]. Composites science and technology, 2006, 66(15): 2855-2864.

[15]Carrillo J G, Cantwell W J. Mechanical properties of a novel fiber-metal laminate based on a polypropylene composite[J]. Mechanics of Materials, 2009, 41(7): 828-838.

[16]Botelho E C, Silva R A, Pardini L C, et al. A review on the development and properties of continuous fiber/epoxy/aluminum hybrid composites for aircraft structures[J]. Materials Research, 2006, 9(3): 247-256.

[17]Alderliesten R C. Designing for damage tolerance in aerospace: a hybrid material technology [J]. Materials and Design, 2015, 66: 421-428.

[18]Sinmazçelik T, Avcu E, Bora M Ö, et al. A review: fibre metal laminates, background, bonding types and applied test methods[J]. Materials and Design, 2011, 32(7): 3671-3685.

[19]王兴刚, 于洋, 李树茂, 等. 先进热塑性树脂基复合材料在航天航空上的应用[J]. 纤维复合材料, 2011, (2): 44-47.

[20]Hu Y B, Li H G, Cai L, et al. Preparation and properties of fibre-metal laminates based on carbon fibre reinforced PMR polyimide[J]. Composites Part B: Engineering, 2015, 69: 587-591.

[21]Kim W S, Kim K H, Jang C J, et al. Micro- and nano-morphological modification of aluminum surface for adhesive bonding to polymeric composites[J]. Journal of Adhesion Science and Technology, 2013, 27(15): 1625-1640.

第3章

GLARE层板层间剪切失效与性能评价

3.1 概 述

3.1.1 现有评价方法与存在问题

GLARE 超混杂复合材料以其优异的性能在航空航天领域得以应用[1]，因此，对其力学性能和失效行为的准确评价具有重要的意义。GLARE 作为一种异质多元超混杂层状复合材料，界面体系复杂。GLARE 层板在装配服役过程中，若横向受载或受扭转力作用，极易发生局部层间脱黏，进而扩展分层，导致结构件整体失效。因此，需用适当的方法表征 GLARE 层板的层间抗剪能力，实现层板结构件制造前的筛选(screening process)和质量控制(quality control)。

层间剪切强度(ILSS)是试样失效或载荷达到最大数值时的层间剪切应力，能从侧面反映纤维金属层板中各界面之间结合的强度，表征该种材料的层间抗剪切能力。现今，用于评价复合材料层间剪切性能的方法主要有：压缩实验、短梁法(SBS)、双槽拉伸(或压缩)剪切法(NS)、凸台剪切法、V 形槽剪切法(VNB)。国内外针对纤维金属层板的层间剪切强度测试，主要参考聚合物基复合材料及层压板短梁法测定剪切强度的实验方法，研究学者参考了多种短梁测试标准，现行短梁法测试标准的参数见表 3.1。

表 3.1 不同短梁法测试标准实验参数

测试方法	ASTM D 2344—2000	SRM 8R—1994	JC/T 773—2010(ISO)	BS EN 2563—1997	BS EN 2377—1989
试样要求	任何结构	任何结构	0°单向铺层	碳纤维单向铺层	玻璃纤维布层压板
标准尺寸/mm (宽×厚)	12×6	6.35×2	6×2	10×2	10×3
推荐尺寸/mm (宽×厚)	$2h \times h$		$5h \times h$		$3.3h \times h$
跨厚比	4	4	5	5	5

注：h 为试样厚度。

目前国内外通用的是参考短梁法标准测定 GLARE 层板的层间抗剪能力，通常选取的跨厚比（span-length to specimen-thickness，跨距与试样厚度的比值）为4～5，但此跨厚比并不适用于 GLARE 层板，其原因主要是试样在该跨距条件下的失效模式不合理且测试结果缺乏稳定性和可靠性。GLARE 层板拥有复杂的界面体系，在受载时金属薄板与复合材料变形不一致，使该层板在短梁受载时表现出特异性，包括失效模式不合理和测试结果的不稳定。

此外，Loughborough University 五点弯曲法（DBS，双梁剪切）评价树脂基复合材料的层间剪切性能，证明该种方法用于树脂基复合材料的可行性与合理性，与传统的方法相比有一定优异性[2]。但尚未有研究论证双梁剪切法用于评价纤维金属层板的层间剪切性能的可行性。

3.1.2　短梁法、双梁法受载力学原理

1）短梁法

短梁法又称为三点弯曲法，将试样放置在两个支座上，在支座中心施加弯曲载荷，选取恰当的跨厚比，使试样发生有效的层间剪切失效，以评价材料的层间抗剪能力（interlaminar shear resistance）。短梁法评价材料的层间剪切性能的关键在于跨厚比的选取，合适的跨厚比使试样发生有效的层间剪切失效，保证了实验结果的可信度。图 3.1 为短梁三点弯曲时弯剪力分布图。

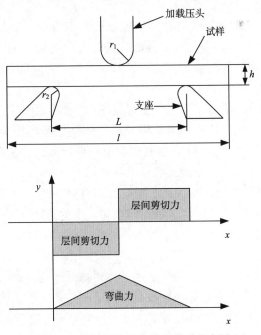

图 3.1　短梁三点弯曲时弯剪力分布图

根据经典梁理论，选取较小的跨厚比时，横梁下压挠度较小，主要受层间剪切力作用，可通过式(3.1)计算材料的层间剪切强度值。随着跨厚比逐渐增大，梁体将承受较大的拉压应力，此种情况下可用式(3.2)计算材料的抗弯强度，表征材料的抗弯能力。事实上，三点弯曲法因其简便易行，被同时用于材料层间剪切强度与抗弯强度的测定。

$$\tau_M = \frac{3F}{4bh} \tag{3.1}$$

$$\sigma = \frac{3FL}{2bh^2} \tag{3.2}$$

$$\frac{\tau}{\sigma} = \frac{h}{2L} \tag{3.3}$$

$$\tau_S = \frac{F}{bh} \tag{3.4}$$

式中，τ_M 为材料的表观层间剪切强度；σ 为材料的抗弯强度；τ_S 为材料受平行于加载方向的剪应力；F 为加载过程中初始破坏力(第一个峰值对应的力值)；b 为试样的平均宽度；h 为试样的平均厚度。

需要注意，在整个三点弯曲受载的过程中，材料受层间剪切应力与弯曲应力同时作用，它们之间满足式(3.3)的关系。在用短梁法评价材料层间剪切性能时，弯曲应力的作用不可忽略，它在一定程度上削弱了层间剪切应力对试样的作用，因此我们通常将此种方法获得的层间强度值称为表观层间剪切强度值(apparent interlaminar shear strength)。这并不是材料的实际抗剪能力，是复合材料相对的或名义上的层间剪切强度值，但这不影响短梁法成为材料筛选或质量控制的一种有效方法。

除此以外，加载压头与支座之间会形成垂直于试样的剪应力，尤其在较小跨厚比时该应力更为明显，这也将对试样短梁受载的失效行为产生影响，并会在一定程度上影响实验结果。GLARE 层板的模量较低，且铝合金层与复合材料层变形不一致，使得试样在较小跨距时容易挤压剪切[3]。

本章 3.2 节将研究分析 GLARE 层板试样短梁受载条件下的失效行为与机理，探求适合该层板短梁法测定表观层间剪切强度的跨厚比，使短梁法适用于纤维金属层板层间剪切性能的评价。

2) 双梁法

双梁法又称为五点弯曲法，两压头三支座，将试样放置在三个等距的支座上，两个压头分别在两组支座中心施加弯曲载荷。同样是选取适当跨厚比，在较小弯曲挠度下实现试样的层间剪切失效。双梁法加载的受力特点如图 3.2 所示，基本原理与短梁法相似，层间剪切应力与弯曲应力同时存在，存在弯剪耦合作用。

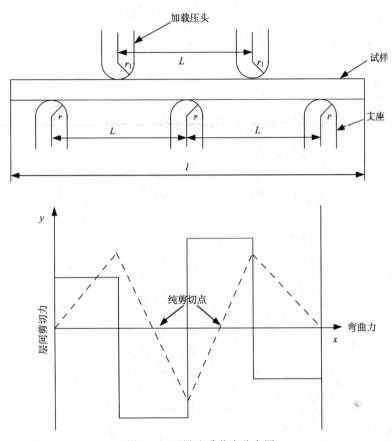

图 3.2　双梁法受载力分布图

与短梁法相比，双梁法存在纯剪切应力点，在一定程度上缓解了弯曲应力对层间剪切强度值的影响，这使得双梁法获得的表观层间剪切强度值相对较大。但我们研究发现，双梁法评价层板层间剪切性能时仍受弯曲应力影响，故选取合适的跨厚比也是研究双梁法用于纤维金属层板层间剪切性能评价的重点。

双梁受载时，用式(3.5)计算表观层间剪切强度值。

$$\tau = \frac{33F}{64bh} \tag{3.5}$$

考虑到双梁剪切法对树脂基复合材料的适用性，并较传统的层间剪切性能测试方法具有一定的优异性，本章 3.3 节将研究双梁剪切法评价 GLARE 层板层间剪切性能的可行性，并与短梁法作对比分析。

3.2 GLARE 短梁受载层间剪切失效

复合材料的层间抗剪能力常用层间剪切强度来表示。目前，已形成了多种方法用来评价复合材料的层间剪切性能[4,5]。根据公开研究成果，这些剪切实验方法也被用于纤维金属层板的层间剪切性能评价。Hinz 等[6]用双槽剪切实验研究了纤维金属层板的层间剪切性能。Park 等[7]用短梁法研究湿热老化对层板界面的影响，Botelho 等[8]用同样的方法获得了纤维金属层板的层间剪切强度。事实上，因为短梁法的简单易操作，其已成为测定 GLARE 层板层间剪切强度的主要手段。目前，主要的短梁法测试标准是 ASTM-D2344，该标准主要针对高模量纤维增强复合材料[9]。该标准建议的跨厚比是 4～5，得到的层间剪切强度值为表观层间剪切强度值。用 ASTM-D2344 建议的跨厚比评价 GLARE 层板的层间剪切性能时，由于层板较低的剪切强度以及金属复合材料之间变形的不协调性很容易造成层板的局部失稳，影响了实验结果的可靠性。

本节选择三种 3/2 结构 GLARE 层板，研究三点弯曲时跨厚比的选择对层板试样层间剪切失效行为的影响，以及铺层结构对失效行为的影响，并简要分析了层间剪切性能与结构演变之间的关系[3,10]。

3.2.1 跨厚比对层间剪切失效行为的影响

跨厚比是短梁法测定复合材料层间剪切强度的重要参数，直接关系到测试结果的稳定性与可靠性。传统的短梁法标准多采用较小的跨厚比，以使试样发生有效的层间剪切失效。GLARE 层板复杂的界面体系，金属与复合材料层热膨胀系数差异大导致的界面处残余应力，金属与树脂基复合材料变形的不协调，以及层板较低的拉伸弹性模量，这些都导致试样较小跨厚比下产生不合理的失效模式和不稳定的测试结果[3]。本小节研究跨厚比对层间剪切失效行为的影响，具体研究不同跨厚比下的失效模式和失效机制。

根据短梁受载特点，随着跨距的增加（跨厚比的增加），弯曲应力逐渐占主导作用，失效模式发生改变，表观层间剪切强度值受到影响。由于纤维金属层板模量较低，在承受剪切力时很容易屈曲失稳，小跨距下的失效模式为挤压-剪切（图 3.3），且层间剪切强度值偏大，这也说明了传统的短梁法（跨厚比为 4～5）并不适用于 GLARE 层板的层间剪切性能评价。当跨厚比增大到 8 时，GLARE 层板发生有效的层间剪切失效，主要在中性层附近发生层间脱黏，同时层间剪切强度值也较为稳定，该跨厚比可以用来评价层板的层间剪切性能[3]。而跨距的进一步增加，由于受弯曲应力的影响，表观层间剪切强度值发生大幅度降低，且有纤维拉断等弯曲破坏发生。

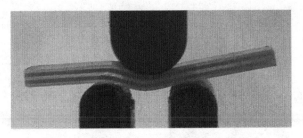

图 3.3　跨厚比为 5 时的挤压剪切失效模式

图 3.4 是三种 GLARE 层板表观层间剪切强度与跨厚比之间的关系，以及一定跨距范围内对应的典型失效模式。三种 GLARE 层板表现出了显著的差异性，但总的趋势都是随着跨厚比的增加表观层间剪切强度值降低。研究结果表明，试样不可接受的挤压-剪切变形在曲线的中部对应的跨厚比条件下得到有效缓解。值得注意的是，GLARE 2A 的表观层间剪切强度值转折点对应的跨厚比为 8，GLARE 3 和 GLARE 6 对应的跨厚比为 9，这说明了铺层结构对层间剪切失效行为有一定的影响。

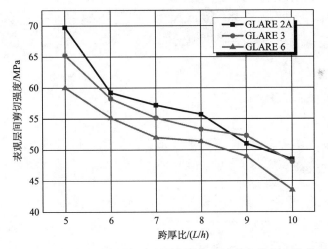

图 3.4　三种 GLARE 层板表观层间剪切强度值与跨厚比的关系

在跨厚比为 5 时，三种结构的试样都是挤压-剪切变形失效。如图 3.3 所示，变形主要发生在加载压头与支座之间，试样发生了多重失效(图 3.5(a)和(b))，而不是以层间分层为主的层间剪切失效。跨厚比较小时试样容易受到支座与压头的挤压形成较大的局部应力集中，以及压头施加产生的垂直剪力也加剧了试样的变形。此外，本书研究发现小跨厚比条件下载荷值极其不稳定，这与加载过程中复杂的应力集中有关，影响了实验结果的可信度[3]。因此，跨厚比 5 不适合用来评价 3/2 结构 GLARE 层板的层间剪切性能。

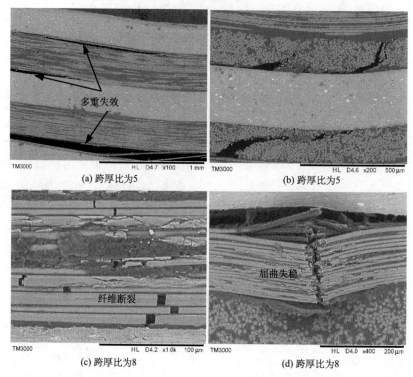

(a) 跨厚比为5

(b) 跨厚比为5

(c) 跨厚比为8

(d) 跨厚比为8

图 3.5　短梁受载 GLARE 层板失效微观图

　　随着跨厚比的增加，表观层间剪切强度值降低，相应的失效模式也发生转变。层间剪切分层为主导的层间剪切失效在跨厚比为 8 时表现明显，GLARE 2A 与 GLARE 6 都发生了端部开口现象，进一步说明该跨厚比可以用来评价 GLARE 层板层间剪切性能。值得注意的是，跨厚比进一步增大，下压弯曲挠度也会增加，这就使得层板承受更大的弯曲应力，试样发生局部弯曲破坏(图 3.5(c) 和(d))，主要包括纤维断裂和屈曲失稳，并且伴随着表观层间剪切强度值的降低，使得该条件下获得的表观层间剪切强度值可信度较低。

3.2.2　铺层结构对层间剪切失效行为的影响

　　GLARE 层板类别型号已形成商业标准，在层板制造的过程中，预浸料层以不同的方向铺叠在两层金属之间形成了六种不同 GLARE 层板类别。本章选用了三种典型的 3/2 结构 GLARE 层板：GLARE 2A、GLARE 3、GLARE 6。这三种结构层板因其各自独特的性能特征被应用在飞行器的不同结构部位：GLARE

2A 在纤维方向拥有出色的拉伸性能，其通常应用在主受力方向与层板纤维方向一致的部位；GLARE 3 为正交铺层，在纵横方向受力均匀；而 45°铺层的 GLARE 6 具备优异的面内剪切和偏轴拉伸性能。实际上，GLARE 层板中玻璃纤维起主要承载作用，不同的铺层在短梁受载时将表现出不同的失效行为。此外，由于纤维的桥接作用，与剪切应力方向一致的纤维能更好地传递应力，导致不同铺层的层板剪切失效行为的改变。本节介绍铺层结构对 GLARE 层板层间剪切失效行为的影响，主要分析铺层结构对跨厚比值的选取的影响，以及失效模式的转变与跨厚比的关系。

　　三种铺层结构的 GLARE 层板试样随着跨厚比的增加，宏观失效模式也发生了显著的转变[3]。图 3.6 分别给出了三种铺层结构层板在不同跨厚比条件下的失效模式，很显然三种铺层试样在跨厚比为 5 时都为局部挤压变形失效模式。分层为主导的层间剪切失效在跨厚比为 8 时出现，GLARE 2A 与 GLARE 6 都发生了端部开口现象。另外，跨厚比进一步增大，下压弯曲挠度也会增加，这就使得层板承受更大的弯曲应力，致使试样发生严重的弯曲破坏，试样弯曲变形也很明显。

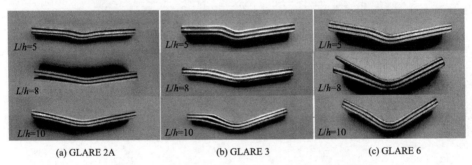

(a) GLARE 2A　　　　　　　(b) GLARE 3　　　　　　　(c) GLARE 6

图 3.6　三种铺层结构在不同跨厚比条件下的失效模式

　　图 3.7 为三种铺层结构层板试样在跨厚比 5 时的典型力-位移曲线。加载力达到最大值后，三条曲线都表现为复杂的波动状态，表明试样在受载过程中发生多重失效，而非层间分层为主的层间剪切失效。可以发现，GLARE 2A 层板试样的第一峰值力最大，这是因为该型层板为单向铺层，纤维最大限度地发挥了承载能力，提高层板试样在短梁受载时的抗载荷能力，这一点从曲线的斜率也可以看出来。而正交铺层的 GLARE 3 层板第一峰值力最小，因其 90°的纤维层在短梁受载的过程中不能起到承受载荷的作用，降低了材料的承载刚度。GLARE 6 为±45°铺层，第一峰值力介于两者之间。

　　3.2.1 节研究分析了失效模式随着跨距的增加而显著改变，在跨厚比为 8 时获得了层间剪切为主导的失效模式，这里将分析该跨距条件下三种层板试样短梁受载的力学行为。图 3.8 是跨厚比为 8 时不同铺层结构具有代表性的力-位移曲

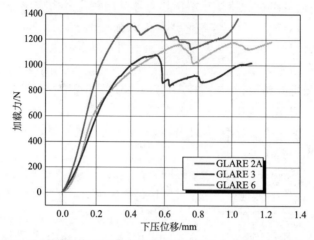

图 3.7　不同铺层结构的短梁受载跨厚比为 5 时的力-位移曲线

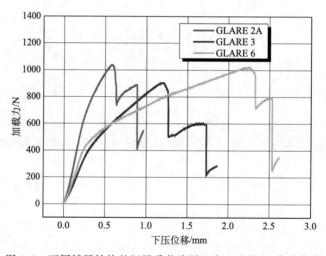

图 3.8　不同铺层结构的短梁受载跨厚比为 8 时的力-位移曲线

线。三种结构层板在此跨距条件下表现出相似的两段式失效过程。在达到峰值力后，每条曲线都出现了陡降，这是由于层间剪切应力引发的局部层间脱黏导致。随后，加载力进一步增加，局部脱黏在剪切应力作用下进一步扩展，但此时并没有完全分层。第二个峰值后，试样基本完成剪切分层过程，此时弯曲挠度也相对较大，不会再发生进一步剪切破坏，此后会发生弯曲变形甚至是局部的弯曲破坏。与其他两种结构相比，GLARE 2A 整个加载过程的曲线斜率较大，表明其具有优异的抗载能力，这得益于其纤维方向与层间应力方向及弯曲应力方向一致。

　　值得注意的是，三种结构层板试样最终的下压挠度有着显著的差异，这就说明纤维铺层方向强烈地影响层板短梁受载的力学行为。纤维是此种材料的主要承载单元，对层板力学性能的发挥起着关键作用[11]。与 GLARE 2A 和 GLARE 3 两种层板结构相比，GLARE 6 的失效挠度最大，再考虑到其相对较大的表观层间剪切强度，说明其拥有最为优异的剪切刚度。GLARE 2A 在完全层间剪切失效后还保持着较高的剩余强度，主要因其纤维方向与弯曲应力方向一致。

3.2.3　层间剪切性能与结构演变的关系

　　标准的 3/2 结构在商用飞机上已实现大范围应用，随着制备技术的改进和生产成本的降低，GLARE 层板将在民用领域也会大有用武之地。而标准的 3/2 结构 GLARE 层板厚度一般为 1.4mm，相对较薄，不适合用来制造承载部件，不利于拓展纤维金属层板的应用领域。选用 4/3、5/4 和 6/5 等厚度的 GLARE 层板可适应特殊结构件对承载性能的要求。本节在前两节研究的基础上探讨层间剪切性能与层板结构演变的关系，分析跨距的选取与结构演变的关系。实际上，纤维金属层板的不同结构会带来纤维体积分数变化，层板的力学性能将发生改变，进而会影响层板的层间剪切性能。

　　如图 3.9 所示，4/3、5/4 和 6/5 这三种结构随着跨距的增加表观层间剪切强度值降低。对于单向和正交铺层结构，在跨厚比为 7 或 8 时，三种结构的表观层间剪切强度值差异不大，但 6/5 结构表观层间剪切强度值大于 4/3、5/4 两种结构。我们知道 GLARE 6 为 ±45° 铺层，具有优异的抗剪性能，该铺层的试样都将在较大的下压挠度下发生层间剪切破坏，受载过程中载荷值稳定，且层间失效模式区分度较好，都在中性层附近发生层间剪切失效。值得注意的是，GLARE 6 层板在跨厚比为 7 或 8 时，随着结构的演变表观层间剪切强度值降低。

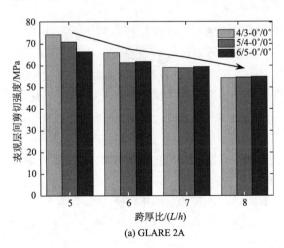

(a) GLARE 2A

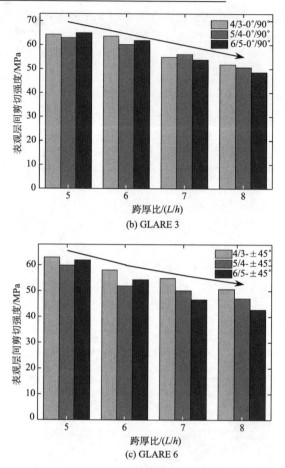

图 3.9 GLARE 层板表观层间剪切强度值与结构演变的关系

总体来说，对于厚结构的 GLARE 层板，相同的跨距条件下支座间距大，在短梁受载的过程中，不容易造成压头与支座间的挤压，所以厚结构层板试样的挤压破坏不易发生。但随着金属层或预浸料层的增加，即试样变厚，在受载的过程中会承受更大的弯曲应力，这增大了试样发生弯曲破坏的几率，影响了表观层间剪切强度值的测定。

3.3 GLARE 双梁受载层间剪切失效

本节介绍 GLARE 层板在双梁受载条件下的失效模式和失效行为，研究分析双梁法用于纤维金属层板层间剪切性能评价的可行性与合理性[10]，并简要分析在双梁受载条件下表观层间剪切强度与结构演变的关系。

3.3.1   跨厚比对层间剪切失效行为的影响

双梁法虽然存在纯剪切应力点，实验结果表明双梁法测定的表观层间剪切强度值仍然随着跨距的增加而降低，如图 3.10 所示。弯曲应力同样会影响双梁法受载，需要选择合适的跨距以使双梁法适用于测定 GLARE 层板的表观层间剪切强度。GLARE 2A 层板试样随着跨距的增加表观层间剪切强度出现线性降低，可以说在双梁受载条件下，跨距对单向层板的失效行为影响显著。而 GLARE 3 和 GLARE 6 两种结构层板，表观层间剪切强度值在跨厚比大于 6 之后下降趋缓，且在跨厚比为 6 和 7 时测定的表观层间剪切强度值较为接近，这样的跨距可建议选取用来测定 GLARE 层板的层间剪切性能，在这样的跨距条件下，一方面缓解了局部应力集中，另一方面减少了弯曲应力对表观层间剪切强度测定的影响。

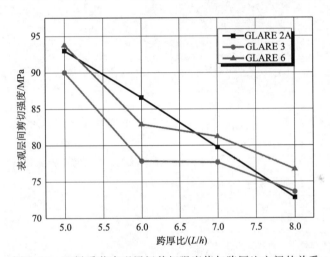

图 3.10   双梁受载表观层间剪切强度值与跨厚比之间的关系

GLARE 层板试样双梁受载的宏观失效模式较为单一(图 3.11)，并没有发生像短梁受载时的多种失效模式。这主要是由于双梁受载时，纯剪切点的存在削弱了弯曲应力对失效行为的影响，表现为试样在较小下压位移下完成受载过程，即试样在接近弹性段完成整个受载过程，没有发生较大塑性变形，故宏观失效模式相对简单。

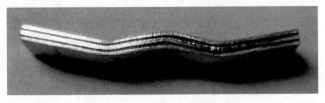

图 3.11   双梁受载典型的失效模式

纤维金属层板试样在小跨厚比双梁受载时，发生纤维断裂、多处基体开裂等现象，如图 3.12(a)和(b)所示。这是因为树脂基体和纤维的断裂韧性较差，在小跨距时局部应力集中严重，从而发生了多重失效，而不是以层间剪切分层为主导的剪切失效。跨距增加，应力集中得到有效缓解，牺牲了试样的表观层间剪切强度值，但考虑实验数据的稳定性和可重复性，建议取适当较大的跨厚比用来评价层板的层间剪切性能。图 3.12(c)和(d)是跨厚比为 8 时双梁受载失效微观图，可以看出主要为层间脱黏分层。但正交铺层 GLARE 3 层板发生了贯穿 90°层裂纹，是由于树脂基体与增强纤维之间的黏合相对较弱，在双梁受载下层间剪切应力使 90°层树脂基体开裂并与纤维脱黏。

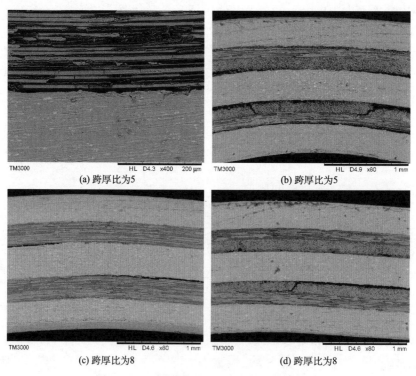

(a) 跨厚比为5　　　　　　　　　　(b) 跨厚比为5

(c) 跨厚比为8　　　　　　　　　　(d) 跨厚比为8

图 3.12　双梁受载 GLARE 层板失效微观图

本节分析了试样在双梁受载时受到弯剪耦合作用，但随着跨距的改变，层间剪切应力及弯曲应力的作用程度是变化的。在较小跨距时，层间剪切应力作用明显，弯曲应力相对影响较弱，跨距较大时相反，弯曲应力会占据主导作用。图 3.13是 GLARE 2A 层板试样双梁受载不同跨厚比的力-位移曲线，该曲线反映了双梁受载时不同跨厚比下试样的双梁受载力学行为。在跨厚比为 5 时，力值远高于其他跨距条件，且失效复杂，这是由于跨厚比较小时，虽然层间剪切应力所占比例较大，但是极易形成应力集中，产生了非层间剪切分层主导的失效破坏，故此跨距不可取。在跨厚比为 7 或 8 时，载荷曲线稳定，为两段式，第一波峰为层间剪切应力作用下初始脱黏的产生，随后进一步扩展分层形成第二个峰。实验结果表明，该跨距条件下表观层间剪切强度值稳定，并产生以层间剪切分层为主的失效模式。

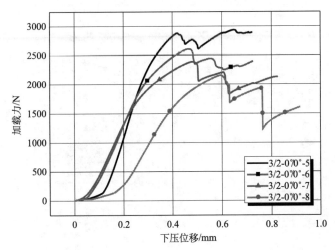

图 3.13　双梁受载 GLARE 2A 层板试样不同跨厚比的力-位移曲线

　　图 3.14 和图 3.15 分别是 GLARE 3 和 GLARE 6 试样双梁受载不同跨厚比的载荷曲线。可以发现，跨厚比对失效行为的影响相似。在小跨厚比时，载荷曲线复杂，失效模式不可取；但跨厚比增大时，实验结果稳定，失效模式可取（图 3.12）。

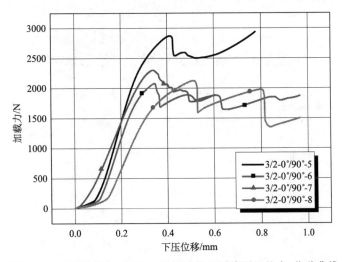

图 3.14　双梁受载 GLARE 3 层板试样不同跨厚比的力-位移曲线

值得注意的是，±45°铺层的 GLARE 6 在双梁受载时，由于强烈的层间剪切应力作用下，发生明显的层间分层失效，而不会有单向纤维的承载拉断或 90°层的基体开裂等现象。

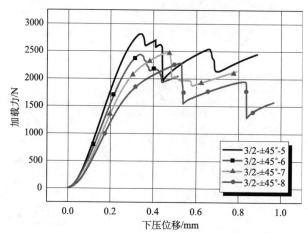

图 3.15　双梁受载 GLARE 6 层板试样不同跨厚比的力–位移曲线

3.3.2　铺层结构对层间剪切失效行为的影响

铺层结构影响了层板在双梁受载时的力学行为。不同铺层结构的 GLARE 层板的承载能力存在一定差异，因为对于纤维金属层板来说纤维是主要承载体，不同的铺层结构纤维方向不同，从而决定了层板的基本力学性能。图 3.16 是三种铺层结构层板在跨厚比为 5 时的载荷–位移曲线。三种铺层结构试样在该跨距下

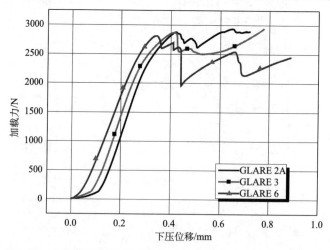

图 3.16　不同铺层结构的双梁受载时跨厚比为 5 的力–位移曲线

双梁受载力学行为复杂，试样受多种应力作用，主要受层间剪切应力、弯曲应力和平行于外加载荷方向的剪应力作用。

图 3.17 是三种铺层结构试样双梁受载时跨厚比为 8 的载荷-位移曲线。结果表明，在该跨距条件下，三种铺层结构试样载荷曲线规律明显，首次出现的峰值为层间剪切应力作用下的初始脱黏，随后在外加载荷的作用下，局部脱黏进一步扩展分层，完成试样的层间剪切失效。该失效行为对应的表观层间剪切强度稳定可靠，可以用来评价 GLARE 层板的层间剪切性能。分析比较这三种铺层结构的层间剪切失效行为，GLARE 6 层板试样的剪切失效早于 GLARE 2A 和 GLARE 3 两种结构的层板，这是因为双梁法受载过程中层间剪切应力作用强烈，±45° 铺层的试样发生了几乎纯剪切失效。GLARE 2A 层板试样受载时会发生局部纤维断裂，释放了部分层间剪切应力；GLARE 3 由于 90° 层的基体开裂也一定程度缓解了层间剪切应力的强烈作用。这两种铺层结构的层板试样在相同的跨距条件下表现出失效延迟。

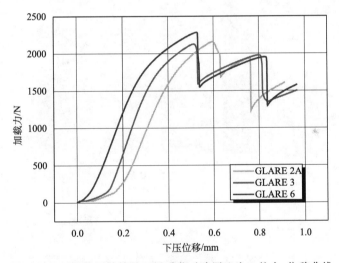

图 3.17　不同铺层结构的双梁受载时跨厚比为 8 的力-位移曲线

3.3.3　层间剪切性能与结构演变的关系

双梁受载时试样同样会承受层间剪切应力与弯曲应力同时作用，存在弯剪耦合。双梁法测定的表观层间剪切强度也是随着跨厚比的增加逐渐降低，但相比于短梁法下降幅度低，这也说明了双梁法受载时在相同的跨距条件下弯曲应力的作用程度小，这得益于双梁受载时存在纯剪切点。图 3.18 是三种型号 GLARE 层板试样表观层间剪切性能与结构演变的关系，4/3、5/4 和 6/5 这三种结构层板随着跨距的增加表观层间剪切强度值降低。

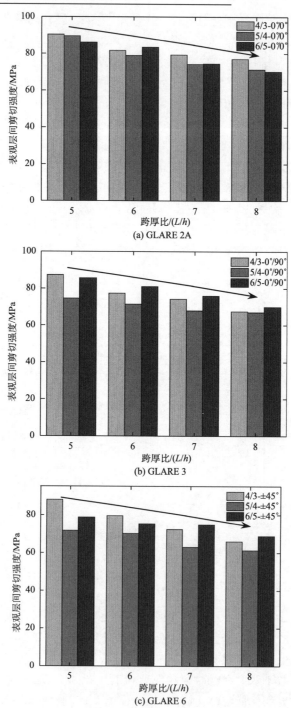

图 3.18　GLARE 层板表观层间剪切强度值与结构演变的关系

根据实验结果，对于单向的 GLARE 2A 层板试样，在跨厚比为 7 或 8 时进行层间剪切性能评价时，可以发现，4/3 结构的表观层间剪切强度大于 5/4 和 6/5 结构，并且后两种结构强度值较为接近。而 GLARE 3 和 GLARE 6 层板试样6/5 结构的表观层间剪切强度值大于其他两种结构，5/4 结构的强度值远小于其他两种结构。

对于厚结构的 GLARE 层板，相同的跨距条件下支座间距大，不容易造成压头与支座间的挤压，且在双梁受载的过程中下压位移相对较小，因此厚结构层板试样的挤压破坏不易发生。但随着金属层或预浸料层的增加，建议跨厚比选择 7，因为试样变厚，在双梁受载下压的过程中弯曲应力的作用逐渐明显，这增大了试样发生弯曲破坏的几率，影响了表观层间剪切强度值的测定。

3.4   本 章 小 结

本章研究分析 GLARE 层板短梁受载、双梁受载下的层间剪切失效行为，并主要研究论证可用于 GLARE 层板层间剪切性能评价的合理跨厚比。具体研究跨厚比对层间剪切失效行为的影响，以及铺层结构对层板试样受载时失效行为的影响，建议了可用于 GLARE 层板层间剪切性能评价的可取的跨厚比。本章还初步探讨了层板的层间剪切性能与结构演变的关系。

(1) 针对 GLARE 层板短梁受载，研究 GLARE 层板短梁受载时跨厚比对失效行为的影响。三种铺层的层板随着跨距的增加，失效模式也发生显著改变。局部挤压变形失效模式在小跨厚比受载时占据主导，层间剪切为主导的失效模式在跨厚比为 8 时发生，研究结果表明，该跨距可用来评价 GLARE 层板的层间剪切性能。随着跨距的进一步增大，较大的弯曲应力会使试样发生纤维拉断或压皱破坏，导致表观层间剪切强度值的大幅度降低。不同铺层对短梁受载过程中的力学行为有着显著的影响。还简要介绍了短梁受载结构演变与层间剪切性能的关系。研究结果表明，在短梁受载时，GLARE 2A 与 GLARE 3 的表观层间剪切强度值与结构演变的区分度不明显，在跨厚比为 7~8 时表观层间剪切强度值较为一致。但 GLARE 6 的表观层间剪切强度值与结构演变存在明显的规律关系，随着层板结构的改变，即层板厚度的增加，表观层间剪切强度值逐渐降低。

(2) 研究双梁法用于评价 GLARE 层板层间剪切性能的合理性与可行性。研究结果表明，双梁法测定层板的层间剪切强度时表现出一定的优异性。双梁法获得的表观层间剪切强度值水平高于相同跨距条件下短梁法，且双梁法的结果值的稳定性更好。但结果表明跨距对表观层间剪切强度值的影响还是显著的，并影响着失效破坏形式。初步探讨了双梁受载条件下层间剪切性能与结构演变的关系。双梁法测定的表观层间剪切强度也是随着跨厚比的增加逐渐降低，但相比于短梁法下降幅度低，这也说明了双梁法受载时在相同的跨距条件下弯曲应力的作用程度小，得益于双梁受载时存在纯剪切点。

（3）值得注意的是，本章分别对 GLARE 层板试样在短梁受载和双梁受载下的失效行为进行具体研究，分析论证这两种层间剪切测试方法用于评价 GLARE 层板层间剪切性能的合理性与可行性，但这两种层间剪切性能评价方法不存在排他性。

参 考 文 献

[1]Vogelesang L B，Vlot A. Development of fibre metal laminates for advanced aerospace structures [J]. Journal of Materials Processing Technology，2000，103(1)：1-5.

[2]Zhou G，Nash P H，Whitaker J，et al. Double beam shear (DBS)-a new test method for determining interlaminar shear properties of composite laminates[C]. The 20th Interational Conference on Composite Materials，ICCM20. Copenhagen，Denmark.

[3]Liu C，Du D D，Li H G，et al. Interlaminar failure behavior of GLARE laminates under short-beam three-point-bending load［J］. Composites Part B：Engineering，2016，97：361-367.

[4]Pahr D H，Rammerstorfer F G，Rosenkranz P，et al. A study of short-beam-shear and double-lap-shear specimens of glass fabric/epoxy composites［J］. Composites Part B：Engineering，2002，33(2)：125-132.

[5]Schneider K，Lauke B，Beckert W. Compression shear test(CST)-a convenient apparatus for the estimation of apparent shear strength of composite materials[J]. Applied Composite Materials，2001，8(1)：43-62.

[6]Hinz S，Omoori T，Hojo M，et al. Damage characterisation of fibre metal laminates under interlaminar shear load[J]. Composites Part A：Applied Science and Manufacturing，2009，40(6)：925-931.

[7]Park S Y，Choi W J，Choi H S. The effects of void contents on the long-term hygrothermal behaviors of glass/epoxy and GLARE laminates[J]. Composite Structures，2010，92(1)：18-24.

[8]Botelho E C，Rezende M C，Pardini L C. Hygrotermal effects evaluation using the iosipescu shear test for glare laminates[J]. Journal of the Brazilian Society of Mechanical Sciences and Engineering，2008，30(3)：213-220.

[9]Standard A. Standard test method for short-beam strength of polymer matrix composite materials and their laminates[J]. Annual book of ASTM standards，West Conshohocken，2007，15：54-60.

[10]刘成. GLARE 层板层间剪切失效行为与机理研究[D]. 南京：南京航空航天大学，2017.

[11]Wu G，Yang J M. The mechanical behavior of GLARE laminates for aircraft structures[J]. JOM，2005，57(1)：72-79.

第4章

GLARE层板弯曲失效与性能评价

4.1 概　述

　　GLARE 层板是目前飞机机身、机翼蒙皮及其他关键构件的重要材料[1-3]，在使用过程中，会受到气动力、阻力等作用，在机翼上受到的气动载荷会通过机翼的纵向构件向机身传递，因此机翼受到很大的弯矩而产生弯曲变形[4]，变形过大会导致结构失效，无法继续服役。纤维金属层板有四种基本的失效形式[5]：基体破坏、纤维破坏、分层和脱黏。因此，探索 GLARE 层板在弯曲载荷下的失效行为和损伤机制具有重要的意义。

　　弯曲性能评价最常用的方法为三点弯曲实验，即在固定跨距条件下，加载压头以恒定的加载速度使试样发生弯曲变形直至失效。在三点弯曲实验中，对纤维金属层板施加弯曲载荷后，层板的外侧受到拉应力，内侧受到压应力[6]，同时，在中性面附近切应力达到最大，故纤维金属层板可能会发生由拉应力、压应力、切应力或混合应力造成的多种形式的失效[7-9]。然而，目前国内外尚没有纤维金属层板弯曲性能测试的相关标准，其弯曲性能评价大多直接借助于传统聚合物基复合材料的实验方法，常采用的标准[10]有：ISO 14125—1998、ASTM D790 及 GB 1449—2005 等。由于纤维金属层板为非均匀层合板，存在复杂的界面体系和失效行为，与传统聚合物基复合材料区别较大，故直接采用聚合物基复合材料的实验方法进行纤维金属层板的弯曲失效判定缺乏准确性。

　　目前，纤维金属层板弯曲性能的研究主要集中在弯曲强度和弯曲模量等基本性能的改善[11,12]，且层板的结构主要为 3/2 结构[13,14]。考虑到层板的材料混杂性和结构可设计性，开展纤维金属层板在弯曲载荷作用下的失效行为研究以及其他结构(如 4/3、5/4 及 6/5 结构)层板的弯曲性能研究具有重要的理论意义和应用价值[15]。因此，本章首先探究 GLARE 层板发生有效弯曲失效的合理实验参数，再在此基础上开展层板弯曲失效机制的研究。探索层板结构和纤维铺层方式对弯曲性能和失效行为的影响，为 GLARE 层板弯曲性能的标准化评价和不同结构层板的弯曲失效预测提供重要的理论支撑。

4.2　GLARE 在弯曲载荷下的失效

4.2.1　失效形式

GLARE 层板在弯曲载荷的作用下，横截面上同时存在着剪力和弯矩，二者的共同作用导致了切应力 τ 和正应力 σ 的同时存在。因此，GLARE 层板在弯曲载荷作用下的失效主要有四种形式，即正应力作用下导致的纤维层破坏或金属层破坏、切应力作用下导致的层间剪切破坏及二者共同作用下的混合破坏，如图 4.1 所示。

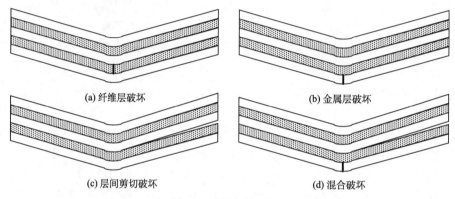

(a) 纤维层破坏　　　　　　　　　　　　(b) 金属层破坏

(c) 层间剪切破坏　　　　　　　　　　　(d) 混合破坏

图 4.1　层板破坏形式

在三点弯曲实验中，如果正应力起主导作用，可以发生理想的弯曲失效。在弯曲载荷作用下，层板外侧承受拉应力作用，内侧承受压应力作用，在挠度逐渐增大的过程中，层板不断发生弯曲变形。当弯曲变形达到应变极限或正应力达到应力极限时，纤维层或金属层会发生破坏（图 4.1(a)、(b)），从而导致层板失效，该失效为理想的弯曲失效形式。

反之，如果切应力起主导作用，会发生层间剪切失效[7]。在横截面的上下边缘各点处，切应力最小，$\tau = 0$；在中性轴上各点处，切应力达到最大值。因此距离中性面越近，切应力越大，当切应力的值达到或超过层板的界面结合强度时，层板发生层间剪切失效（图 4.1(c)）。此时纤维层和金属层仍然保持完好，即纤维层和金属层未发挥承受载荷的效果。

考虑到要使 GLARE 层板能够发生理想的弯曲失效，应尽量避免切应力作用下的层间剪切失效出现，故可以通过增强界面结合实现层板的界面性能优化。

4.2.2　界面结合性能优化

GLARE 层板作为一种具有超混杂结构的层状复合材料，存在复杂的界面体系，其中金属层与纤维层之间为异种材料，界面结合相对同种材料之间较弱，在切应力的作用下易发生失效。马宏毅等[16]研究发现底胶含量会通过影响界面结合强度改变 GLARE 层板的力学性能，Oosting[17]和 Park 等[18]则证明了金属表面处理工艺能够影响界面结合强度及 GLARE 层板性能。因此，可以通过改变底胶含量和铝合金表面处理工艺实现 GLARE 层板界面性能优化。

1. 底胶含量优化

根据大量前期研究成果，确定四种工艺条件的底胶含量分别为 $0g/m^2$、$20g/m^2$、$40g/m^2$、$60g/m^2$，通过实验材料选择、基板的表面处理、底胶涂覆及铺层设计等多道工序完成 3/2 结构单向 GLARE 层板的制备。底胶含量对 GLARE 层板剥离性能的影响如图 4.2 所示。底胶含量对 GLARE 层板的浮滚剥离性能有很大的影响。在未喷涂底胶时，层板的剥离强度仅为 0.3kN/m，而当底胶含量为 $60g/m^2$ 时，层板的剥离强度可以达到 5.53kN/m。因此，底胶含量的增大能够有效地提高剥离性能。

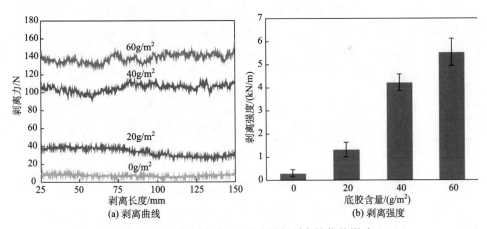

(a) 剥离曲线　　　　　　　　　　　(b) 剥离强度

图 4.2　底胶含量对 GLARE 层板剥离性能的影响

图 4.3 为不同底胶含量试样在浮滚剥离实验中的失效方式，在未喷涂底胶和底胶含量为 $20g/m^2$ 的条件下，将表面金属层剥离后纤维层仍然保持完好无损，而底胶含量继续增大则会在剥离界面处出现纤维拔出和撕裂的现象。因为底胶含量过低时，金属层与纤维层间的结合相对较弱，剥离易发生界面脱黏，而底胶含量的提高可以促进金属层与纤维层的结合，从而使得破坏出现在纤维层之间。

图 4.3 表明当底胶含量达到 $40g/m^2$，金属–纤维层这个弱界面的结合已经能够达到纤维层本身的结合强度。

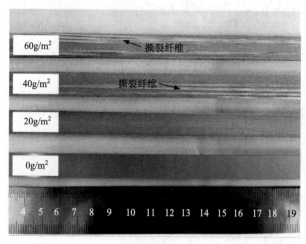

图 4.3 不同底胶含量浮滚剥离试样的破坏形貌

底胶含量对 GLARE 层板层间剪切性能的影响如表 4.1 所示，随着底胶含量的增大，层板的层间剪切强度显著增大。同时，载荷–位移曲线（图 4.4）表明，底胶含量大的试样在层板发生破坏前的扩展阶段较长，即底胶含量的增大在一定程度上使得层板在破坏前能够承受更大的应变，对层间破坏具有更好的抵抗力。当底胶含量达到 $40g/m^2$ 时，层间剪切强度高于 50MPa，层板已经具备优异的界面结合性能。

表 4.1 不同底胶含量 GLARE 层板的层间剪切性能

底胶含量/(g/m^2)	0	20	40	60
层间剪切强度/MPa	40.09 ± 2.63	47.54 ± 2.81	54.37 ± 2.76	59.58 ± 2.96

2. 表面处理工艺优化

目前，磷酸阳极化（PAA）因其良好的黏接性能、优良的耐久性能以及相对较低的环境污染被认为是一种较为理想的阳极氧化处理方法[19]。在前期工作中，系统地研究了电解质浓度、电压、温度和时间等阳极氧化参数对铝合金表面结构的影响规律。本节选取能获得五个具有代表性接触角的磷酸阳极氧化方法进行研究，实验参数如表 4.2 所示，获得具有不同表面能和粗糙度的铝合金表面，并探索不同表面能和粗糙度铝合金表面上环氧树脂的润湿行为。

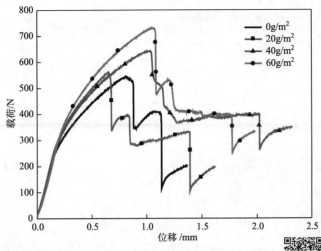

图 4.4 不同底胶含量 GLARE 层板的层间剪切性能

表 4.2 五种磷酸阳极氧化处理的实验参数

方法	浓度/(g/L)	温度/°C	电压/V	时间/min
方法 1	130	20	20	60
方法 2	150	35	20	30
方法 3	130	20	10	20
方法 4	150	20	15	15
方法 5	100	50	20	30

在磷酸阳极氧化的过程中，铝合金表面形成一层致密的多孔氧化铝薄膜。磷酸阳极氧化处理后铝合金的表面形貌如图 4.5 所示，铝合金表面不仅产生大量大小均匀的微米级蚀坑，而且形成许多纳米孔洞。然而五种磷酸阳极氧化处理后铝合金表面的蚀坑和纳米孔洞的尺寸各不相同，不同的尺寸会影响环氧树脂的浸入，使得界面结合性能存在差异[20]。

为获得五种材料的表观表面能，首先测量水和乙二醇在各表面上的接触角（表 4.3）。

表 4.3 水和乙二醇在五种磷酸阳极氧化处理试样表面的接触角(°)

测量液体	方法 1	方法 2	方法 3	方法 4	方法 5
水	5.71	11.63	23.86	34.25	46.78
乙二醇	5.05	5.77	7.85	9.31	10.94

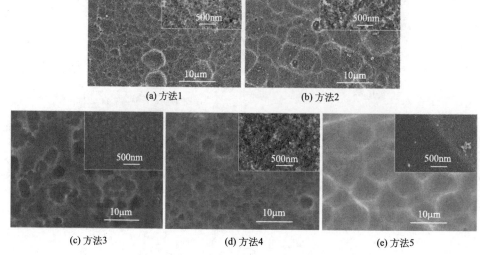

(a) 方法1　　　　　　　　　　(b) 方法2

(c) 方法3　　　　　　　(d) 方法4　　　　　　　(e) 方法5

图 4.5　五种磷酸阳极氧化处理后的表面形貌

液体在固体表面的黏接用黏附功 W_a 表示：

$$W_a = \gamma_{SV} + \gamma_{LV} - \gamma_{SL} \tag{4.1}$$

式中，γ_{SL}、γ_{SV}、γ_{LV} 分别为单位面积固-液、固-气和液-气的界面自由能。

将式(4.2)(杨氏方程)代入式(4.1)可得到式(4.3)：

$$\gamma_{SV} = \gamma_{SL} + \gamma_{LV}\cos\theta \tag{4.2}$$

$$W_a = \gamma_{LV}(1 + \cos\theta) \tag{4.3}$$

同时，黏附功又可以用两相中各自的极性分量和色散分量来表示，因此根据式(4.5)、式(4.6)可以计算出固体的表观表面能：

$$W_a = 2\sqrt{\gamma_{SV}^d \gamma_{LV}^d} + 2\sqrt{\gamma_{SV}^p \gamma_{LV}^p} \tag{4.4}$$

$$\gamma_{LV}(1 + \cos\theta) = 2\sqrt{r_{SV}^d r_{LV}^d} + 2\sqrt{r_{SV}^p r_{LV}^p} \tag{4.5}$$

$$\gamma_{SV} = \gamma_{SV}^p + \gamma_{SV}^d \tag{4.6}$$

式中，γ_{SV}^p 和 γ_{LV}^p 分别为固体和液体表面自由能的极性部分；γ_{SV}^d 和 γ_{LV}^d 分别为固体和液体表面自由能的色散部分。式中有 γ_{SV}^p 和 γ_{SV}^d 两个未知数，将两个已知 γ_{LV}^p 和 γ_{LV}^d 的液体水和乙二醇作为探测液体，分别把液体的表面张力和接触角的数据代入式(4.4)，即可得到材料的表观表面能。阳极氧化铝合金的表观表面能和粗糙度如表 4.4 所示，随着接触角的增大，铝合金表观表面能下降，粗糙度增大。

表 4.4　不同磷酸阳极氧化处理试样表面的表观表面能和粗糙度

方法	极性分量/(mJ/m²)	色散分量/(mJ/m²)	表观表面能/(mJ/m²)	粗糙度/μm
方法 1	84.262	2.290	86.552	0.501
方法 2	81.345	2.680	84.025	0.576
方法 3	69.667	4.663	74.330	0.727
方法 4	55.107	8.328	63.435	0.781
方法 5	35.140	16.548	51.688	0.846

　　通过观察环氧树脂与磷酸阳极氧化处理铝合金的界面形貌获得环氧树脂的浸润机制主要有两种模式(图 4.6)。方法 3、4、5 处理得到的试样表面环氧树脂的浸润遵循模式 1，而方法 1、2 处理得到的试样表面环氧树脂的浸润遵循模式 2，环氧树脂在浸润过程中易进入尺寸较大的蚀坑而不易进入孔洞。毛细管力是环氧树脂浸入孔洞的驱动力[21]，孔洞表面的毛细浸润受到两个因素的影响：孔径与孔间距的比值及孔深与孔径的比值，故孔洞微观结构改变会影响浸润机制。对于方法 3、4、5 处理的试样，在毛细管力的作用下，环氧树脂不仅能够渗入蚀坑中，还能够浸入尺寸很小的纳米孔中。然而对于方法 1 和 2 处理的试样(图 4.6(b))，环氧树脂无法浸入其纳米孔中，使得孔中有空气残存[20,21]。

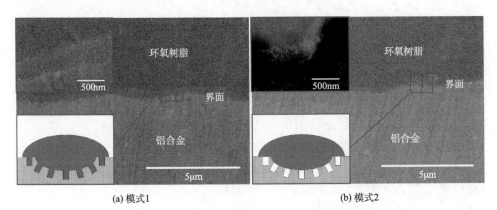

(a) 模式1　　　　　　　　　　　　　　　　(b) 模式2

图 4.6　环氧树脂在多孔氧化铝表面的浸润机制

　　磷酸阳极氧化处理试样的黏接强度如图 4.7 所示，表观表面能与粗糙度二者相互作用对黏接性能产生影响，在方法 3 处理工艺下黏接强度最高，界面具有最优的结合性能。这是因为对于方法 1、2 处理的试样，环氧树脂的浸润遵循模式 2，环氧树脂仅能渗入表面蚀坑中，粗糙度增大促进黏接面积增大，从而提高机械自锁作用使黏接强度增大；而当环氧树脂的浸润方式为模式 1 时，表面完全浸润，在此基础上表观表面能的增大会促进界面能的增大，有益于环氧树脂的浸润，使得黏接强度提高。

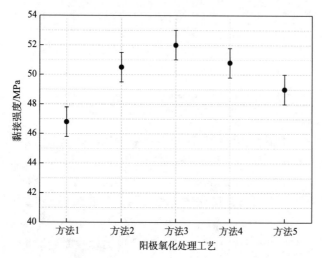

图 4.7　不同磷酸阳极氧化处理试样的胶黏剂拉伸剪切性能

4.2.3　弯曲性能计算方法

传统弯曲性能计算建立在均匀层合板的基础上[22]，由于材料均质，各层模量相同，根据式(4.7)，各层受到的正应力与正应变的分布规律一致，也呈线性分布。

$$\sigma = E \times \frac{y}{\rho} = E \times y \times \frac{M}{EI_z} = \frac{My}{I_z} = \frac{FL/4 \times y}{bh^3/12} \tag{4.7}$$

式中，F 为载荷；L 为跨距；b 为试样宽度；h 为试样厚度；y 为横截面上任意一点到中性轴的距离。层合板的中性面就在中心面上，因此当 $y=0$ 时，即在中性轴上各点处，正应力为 0；当 $y=\pm h/2$ 时，即在层合板上下表面处，正应力达到最大，见式(4.8)。

$$\sigma_{\max} = \frac{FL/4 \times h/2}{bh^3/12} = \frac{3FL}{2bh^2} \tag{4.8}$$

切应力的计算公式为

$$\tau = \frac{F_s}{2I_z}\left(\frac{h^2}{4} - y^2\right) = \frac{F/2}{2 \times bh^3/12}\left(\frac{h^2}{4} - y^2\right) \tag{4.9}$$

$$\tau_{\max} = \frac{F/2}{2 \times bh^3/12} \times \frac{h^2}{4} = \frac{3F}{4bh} \tag{4.10}$$

式中，F_s 为横截面上的剪力；I_z 为横截面对中性轴的 z 的惯性矩。当 $y=\pm h/2$ 时，即在横截面的上下表面各点处，切应力最小，此时 $\tau=0$；当 $y=0$ 时，即在中性轴上各点处，切应力达到最大值。根据公式可知，切应力呈抛物线分布[23]，如图 4.8(c) 所示。

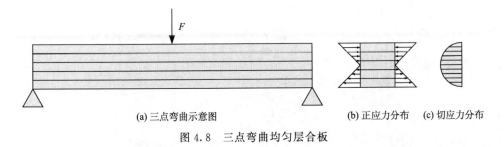

(a) 三点弯曲示意图　　　　　(b) 正应力分布　　(c) 切应力分布

图 4.8　三点弯曲均匀层合板

因此，均匀层合板的弯曲强度和弯曲模量的计算公式分别为式(4.11)和式(4.12)，其中 δ 为挠度：

$$\sigma=\frac{3FL}{2bh^2} \tag{4.11}$$

$$E=\frac{L^3}{4bh^3}\times\frac{\Delta F}{\Delta \delta}\times 10^{-3} \tag{4.12}$$

而 GLARE 层板为非均匀层合板，虽然在弯曲过程中应变仍然呈线性分布，但正应力不再呈线性分布[22]。如图 4.9(a) 所示，在层板跨距中点处施加弯曲载荷，由于金属层与纤维层的模量不同，会在二者界面处发生正应力的突变，如图 4.9(b) 所示。在弹性范围内，纤维层的模量低于金属层的模量，故在纤维层会出现正应力的突降。相反，切应力的分布与材料属性无关，由式(4.9)可知，切应力的分布规律与均匀层合板相同(图 4.9(c))。

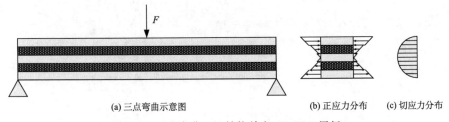

(a) 三点弯曲示意图　　　　　(b) 正应力分布　　(c) 切应力分布

图 4.9　三点弯曲 3/2 结构单向 GLARE 层板

对于该类型层合板，可以用经典层合理论[24,25]进行弯曲性能计算。定义引起弯曲变形的力矩为层合板各铺层应力的合力矩，如式(4.13)所示。

$$M = \int_{-h/2}^{h/2} \sigma^k z \, \mathrm{d}z \tag{4.13}$$

式中，h 为试样厚度；σ^k 代表各铺层的应力；弯矩的单位为 N·m/m；表示厚度为 h 的层合板横截面单位宽度上的力矩。

$$M^* = \frac{6M}{h^2} \tag{4.14}$$

根据式(4.14)，对力矩进行正则化处理，正则化弯曲力矩 M^* 在数字上相当于假设弯曲变形引起的应力为线性分布时的底面应力。

同理，可以获得层合板弯曲刚度的计算公式(4.15)

$$D = \int_{-h/2}^{h/2} E^k z^2 \, \mathrm{d}z \tag{4.15}$$

式中，E^k 代表各铺层相应的模量。

同样对弯曲刚度进行正则化处理，得到 D^* 即为层合板的弯曲模量。

$$D^* = \frac{12D}{h^3} \tag{4.16}$$

4.3　GLARE 弯曲失效机制与性能评价

本节从数值模拟和实验研究两方面进行 GLARE 层板弯曲失效机制及性能的研究。在 Abaqus 有限元分析软件中，基于三维渐进损伤机制，建立层板的本构关系，根据每层材料特性赋予不同的失效准则。改变弯曲实验的实验条件和层板的结构模型，分别模拟弯曲性能的影响因素和不同结构层板的失效行为。此外，在同样条件下进行层板弯曲性能测试，将数值模拟结果与实验结果对比分析，验证模型的准确性和结果的可靠性。

三点弯曲实验采用简支梁进行加载，实验装置如图 4.10 所示。其中 r_1 为加载压头半径，r_2 为支座半径，h 为试样厚度。弯曲实验在 CMT-5105 型万能电子实验机上进行，实验加载速度为 1mm/min。

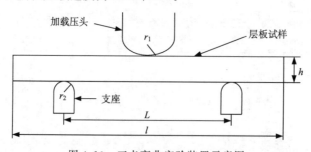

图 4.10　三点弯曲实验装置示意图

4.3.1　弯曲性能影响因素

关于弯曲性能的影响因素，Dong 等[26,27]曾开展不同纤维体积分数、混杂率和跨厚比条件下复合材料弯曲性能实验，研究发现不同跨厚比条件下测得的弯曲性能不同。Liu 等[28]的研究则进一步论证在三点受载情况下，跨厚比的改变会对失效行为产生影响。而基于 GLARE 层板的结构复杂性，除跨厚比外，试样尺寸、压头和支座半径等实验参数的改变也可能对弯曲性能产生影响。故本小节以 3/2 结构单向 GLARE 层板为例，系统开展了试样尺寸、压头与支座半径及跨厚比等实验参数对弯曲性能的影响。

1. 试样尺寸的影响

采用 60mm×10mm、100mm×10mm 及 60mm×15mm 三种尺寸的长方形试样研究试样尺寸对弯曲性能的影响，在该研究中保持跨厚比、压头和支座半径不变。不同尺寸试样的最大载荷如图 4.11(a)所示，实验值均略高于模拟值，这是由实验与模拟所用层板的厚度存在差别造成的。实际制备得到的 3/2 结构层板厚度较模型略厚一些，因此能够承受的最大载荷也相应偏大。然而，三者的弯曲强度则没有明显的区别(图 4.11(b))。对于宽度均为 10mm、长度不同的两种试样，其最大载荷基本一致；对于长度均为 60mm、宽度不同的两种试样，最大载荷相差较大，根据计算可以得到，15mm 宽试样所能承受的最大载荷约为 10mm 宽试样的 1.5 倍。

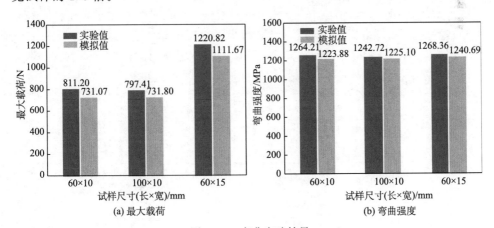

图 4.11　弯曲实验结果

由图 4.12 也可以得出同样的结论。从图 4.12(a)中可以看出，三种试样不仅性能相似，其载荷-挠度曲线也基本一致，说明三者的失效方式相同，图 4.12

(b)中的模拟结果更加验证了这一结论。在弯曲实验中，载荷通过加载压头施加在层板的横截面上，所以弯曲性能与试样长度无关，实验过程中试样的长度只要保证其不从支座上掉落即可。另外，载荷沿试样宽度均匀分布[29]，因此改变宽度仅影响最大承载力而不影响弯曲性能。

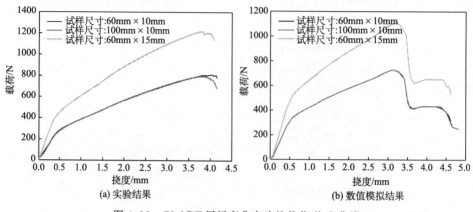

(a) 实验结果　　　　　　　　(b) 数值模拟结果

图 4.12　GLARE 层板弯曲实验的载荷-挠度曲线

2. 压头和支座半径的影响

保持试样尺寸和跨厚比不变，改变加载压头和支座半径，获得的弯曲性能模拟结果如表 4.5 所示。支座半径一定，压头半径由 2mm 增至 5mm 时，强度值仅增大了 2.34MPa，增幅小于 0.2%，故加载压头半径对弯曲性能的影响基本可以忽略不计。保持压头半径恒定，当支座半径由 2mm 增至 3mm 时，强度出现急增，增大 125.22MPa；而支座半径由 3mm 增至 4mm 时，强度仅提高 4.02MPa；继续增大支座半径至 5mm，性能再一次出现急增。

表 4.5　不同压头和支座半径下获得的层板的弯曲性能

试样尺寸（长×宽）/mm	跨厚比/(L/h)	压头半径 r_1/mm	支座半径 r_2/mm	最大载荷/N	弯曲强度/MPa
100×10	16	2	2	730.39	1222.76
100×10	16	3	2	731.20	1224.10
100×10	16	4	2	731.57	1224.77
100×10	16	5	2	731.80	1225.10
100×10	16	5	3	806.57	1350.32
100×10	16	5	4	808.98	1354.34
100×10	16	5	5	904.62	1514.39

　　该性能变化是由试样与支座接触状态的改变造成的。支座半径为 3mm 时（图 4.13(a)），在第 10 增量步到第 11 增量步，支座与试样之间出现相对滑动，实际跨距减小，故在计算时使用的跨距值 L 比实际偏大，根据弯曲强度的计算公式（式(4.11)），计算得到的弯曲强度值偏大，因此强度值出现一个急增。支座半径为 4mm 情况下接触状态与前者基本一致，故二者强度相差不大。然而，当支座半径继续增大为 5mm 时，在第 6~7 增量步及第 18~20 增量步各发生一次相对滑动（图 4.13(c)），使得计算出的强度值进一步增大。结果表明，仅在支座半径为 2mm 的条件下，实验过程中试样与支座不发生相对滑动，能够获得合理的实验结果和性能参数。

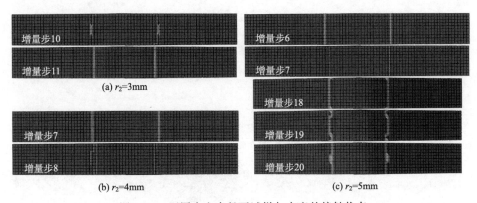

图 4.13　不同支座半径下试样与支座的接触状态

3. 跨厚比的影响

　　常规复合材料弯曲性能的实验中跨厚比取值通常为 16，为了研究跨厚比对层板弯曲性能的影响，在此基础上扩大跨厚比范围，以探索弯曲性能和失效形式的变化。结合实验研究和数值模拟结果，跨厚比与弯曲性能的相互关系如图 4.14 所示。可以看出，实验结果与模拟结果保持很高的一致性，随着跨厚比的增大，弯曲强度均呈现出显著的下降趋势，在跨厚比为 14 时，弯曲强度高达约 1400MPa，而在跨厚比为 25 时，弯曲强度仅为约 1100MPa。此外，随着跨厚比的改变，层板的失效形式也随之改变。

　　跨厚比较小时，GLARE 层板在载荷作用下呈现出明显的剪切失效（图 4.15(a)）。跨厚比减小，切应力所占比例增大，当切应力超过层板的界面结合强度，引起层板的剪切破坏。图 4.16 中的载荷-挠度曲线验证了这一结论，当跨厚比为 13 时，曲线在最大载荷之后出现瞬间的急剧下降，说明发生界面脱黏，层板直接失效。

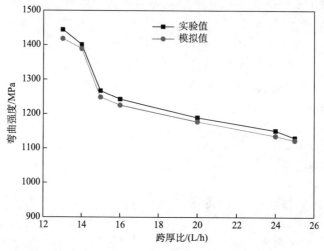

图 4.14　弯曲性能与跨厚比的相互关系

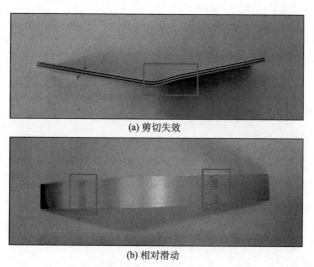

(a) 剪切失效

(b) 相对滑动

图 4.15　层板在弯曲载荷作用下发生的不合理的失效形式

　　继续增大跨厚比，失效模式由剪切失效向弯曲失效转变。如图 4.16 所示，在跨厚比为 16 和 20 条件下的载荷-挠度曲线相似，由于层板弯曲失效包括纤维断裂和界面脱黏等复杂过程，故达到最大载荷后，曲线呈现波动下降。

　　跨厚比过大反而无法观察到弯曲破坏。图 4.15(b)是跨厚比为 25 时的接触状态图，试样上存在相对滑动的痕迹，说明在施加载荷过程中，试样与支座的接触位置发生改变。如图 4.16 所示，随着挠度的增大，载荷趋于平缓，即压头继

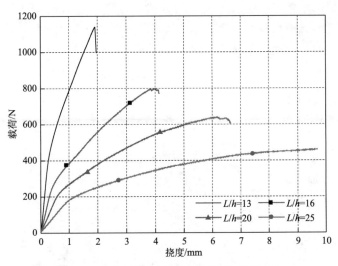

图 4.16　不同跨厚比下层板的载荷-挠度曲线

续下移，仅使得试样相对滑动加剧，不会增大弯曲变形，而此时并未达到层板的破坏载荷，层板不发生弯曲破坏，仍然保持其本身的完整性。综上所述，跨厚比在 15～24 是 GLARE 层板发生有效弯曲破坏的必要条件。

4.3.2　铺层方式对弯曲失效机制的影响

在 4.3.1 节中已经证明试样尺寸及压头半径对弯曲性能没有影响，而跨厚比会显著影响弯曲性能及层板的失效形式。因此，改变纤维铺层方式，在单向层板基础上，分别模拟正交和斜交 3/2 结构层板在不同跨厚比条件下发生弯曲破坏的失效形式和弯曲性能，确定能够发生有效弯曲失效的跨厚比范围。

第 3 章中已经证明不同纤维铺层层板能够在同样的跨厚比下发生剪切失效，故正交与斜交层板同样需在跨厚比大于 14 的条件下才能够发生合理的弯曲失效。不同的是，在跨厚比达到 25 时，正交层板并未发生相对滑动，仅在跨厚比继续增大到 28 的条件下才开始发生相对滑动。因为正交层板中存在 90°纤维层，树脂基体的低应变极限导致其在变形过程中首先发生破坏，90°纤维层的破坏会加剧 0°纤维层的断裂，故正交铺层层板在跨厚比为 15～27 时能够发生有效弯曲失效。对于斜交层板，由于没有承载的 0°纤维，在弯曲载荷的作用下仅出现树脂基体的破坏，在较小弯曲变形下即可发生，试样在发生弯曲破坏前均不发生相对滑动，故只要跨厚比的取值大于 14，3/2 结构斜交铺层层板就能够发生有效弯曲失效。

由于铺层方式不同造成的层板弯曲性能差别是由失效机制决定的，纤维为纤维金属层板中的主要承载体，改变铺层方式即改变纤维方向，从而影响失效行为。三种铺层方式层板的典型载荷-挠度曲线如图 4.17 所示，单向层板与正交层板的失效行为相似，而与斜交层板的失效机制存在较大差别。

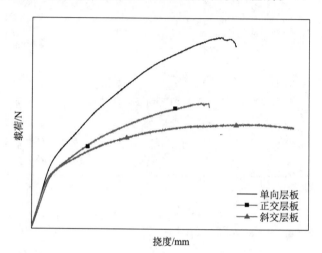

图 4.17　不同纤维铺层层板弯曲失效的典型载荷-挠度曲线

单向与正交铺层层板的弯曲过程均包括四个阶段：弹性段、塑性段、纤维破坏段及分层破坏段。在弹性段，由于金属层和纤维层都处于弹性阶段，加载过程中二者能够保持协调变形，故该阶段弯曲载荷与挠度呈近似的线性关系，层板结构保持完整(图 4.18(a)，图 4.19(a))。随着弯曲变形增大，铝合金开始发生屈服，而纤维层仍然保持弹性变形，载荷的持续增大使得层板弯曲变形加剧，纤维层开始出现纤维断裂[30](图 4.18(b))。对于正交层板，由于树脂基体应变极限低，90°纤维层中出现基体开裂(图 4.19(b))。由于 90°纤维层不具备承载性能，并且 0°纤维层纤维断裂后仍能够保持基本的连续性，可以继续承受载荷。

弯曲载荷继续增大，直至纤维层达到应变极限，发生局部纤维断裂(图 4.18(c)，图 4.19(c))。断裂区位于层板的跨距中点处，因为该处纤维层应力应变最大。局部断裂导致层板失去承载性能，因此该阶段中出现了载荷峰值。局部纤维断裂的出现加剧了整个纤维层的破坏，使得层板无法承受横向载荷，在纤维层与金属层的界面发生分层。若在此基础上弯曲变形仍继续增大，由于纤维层与金属-纤维层界面均已失效，仅金属层能够承载，当金属层达到应力应变极限时，发生最外层铝合金断裂(图 4.18(d)，图 4.19(d))。

同样地，在弯曲初始阶段，斜交层板各组分均处于弹性阶段，各层保持完整，没有出现损伤，曲线保持为直线段。随着变形增大，铝合金开始发生屈服，纤维层开始产生基体裂纹和纤维开裂(图 4.20)。继续增大载荷，基体裂纹扩展，

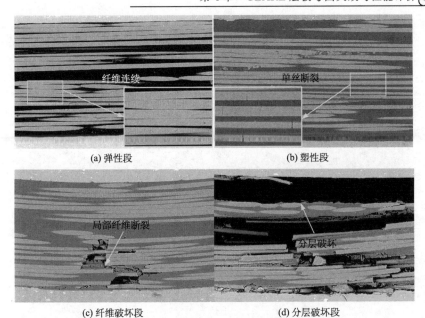

图 4.18　单向纤维铺层层板弯曲实验各阶段的微观结构

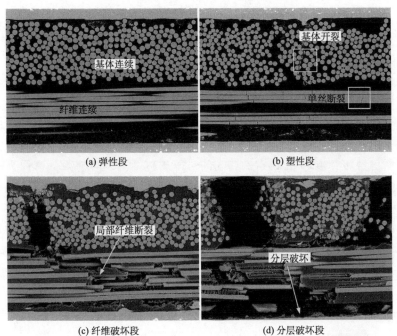

图 4.19　正交纤维铺层层板弯曲实验各阶段的微观结构

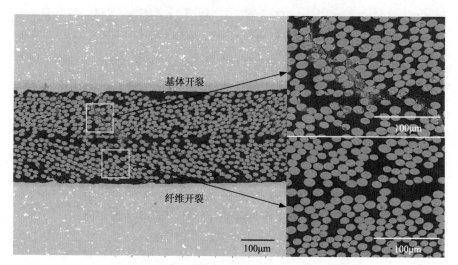

基体开裂

纤维开裂

图 4.20　斜交纤维铺层层板弯曲破坏的微观结构

纤维开裂增多，直至层板承载性能下降。此外，实验表明，伴随着曲线的下降，层板会发生相对滑动。

4.3.3　层板结构对弯曲失效机制的影响

3/2 结构 GLARE 层板已在商用飞机上实现基本应用，而目前我国正在开展大型客机的研发和制造，传统的 3/2 结构层板因厚度较薄，使用时会受到较大的限制，因此进一步对 GLARE 层板进行结构扩展，开展 4/3、5/4 及 6/5 结构 GLARE 层板的制备和研究具有重要的意义。层板结构的改变会引起纤维体积分数的改变，从而影响层板的力学性能。4.3.1 节的研究表明，对于单向纤维铺层的 3/2 结构层板，能够在 15～24L/h 的跨厚比范围内发生有效的弯曲失效，故本节在此基础上，探索不同结构层板发生有效弯曲失效的跨厚比范围，并对不同结构层板的弯曲失效机制及弯曲性能展开研究。

通过改变不同结构单向纤维铺层层板的跨厚比，进行层板弯曲失效的数值模拟，结果表明，不同结构层板在各跨厚比条件下的破坏形式与 3/2 结构基本一致（表 4.6），即四种结构层板均在跨厚比 15～24L/h 的范围内能够发生有效的弯曲失效。

对于不同结构的层板，仅金属层与纤维层的铺层数增加，造成层板厚度增大，并不改变层间结合性能，因此层板结构的改变基本不影响其发生层间剪切破坏的跨厚比。而对于不同结构发生相对滑动的跨厚比是否相同，可以通过最外层纵向纤维的线应变[7]来解释。

表 4.6　不同结构单向层板发生有效弯曲失效的跨厚比范围(L/h)

层板结构及铺层方式	发生有效弯曲失效的跨厚比范围
3/2 结构单向	15～24
4/3 结构单向	15～24
5/4 结构单向	15～24
6/5 结构单向	15～24

如图 4.21 所示，从层板中取 $\mathrm{d}x$ 微段，在层板发生弯曲变形后，两端面发生相对转动，假设转过的角度为 $\mathrm{d}\theta$，中性层 O_1O_2 的曲率半径为 ρ，则 O_1O_2 的弧长 $\mathrm{d}x = \rho\mathrm{d}\theta$。距中性层 y 处的最外层纤维 ab 变形后的长度为 $ab = (\rho+y)\mathrm{d}\theta$，而它的原长与 O_1O_2 相同，应为 $\rho\mathrm{d}\theta$。故该位置处纤维的线应变为

$$\varepsilon = \frac{(\rho+y)\mathrm{d}\theta - \rho\mathrm{d}\theta}{\rho\mathrm{d}\theta} = \frac{y}{\rho} \tag{4.17}$$

式(4.17)表明了线应变 ε 沿 y 轴的变化规律。由于 ρ 为常数，故线应变 ε 与到中性轴的距离 y 成正比。若弯曲变形在同样的跨距条件下进行，均以最外层纤维破坏作为失效依据，此时最外层纤维达到应力应变极限，线应变 ε 相同，即 y/ρ 相同。对于不同结构层板，y 的比值与厚度比值基本一致，故曲率半径 ρ 之比也等于层板厚度之比。即在同样跨厚比条件下进行弯曲变形时，不同结构层板发生破坏时的曲率半径基本一致，层板转角一致，因此发生相对滑动的跨厚比基本一致。因此，不同结构层板均能在 15～24L/h 的跨厚比范围发生有效的弯曲失效。

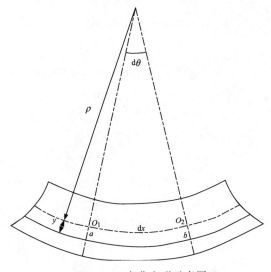

图 4.21　弯曲变形示意图

在跨厚比为 20 的条件下不同结构单向层板弯曲失效行为基本一致，均与 4.3.2 节中所描述的 3/2 结构单向纤维铺层层板的失效过程相同，包括弹性段、塑性段、纤维破坏段及分层破坏段四个阶段（图 4.22）。即对于单向纤维铺层层板，结构对弯曲失效行为和损伤机制不产生影响。这是因为在层板弯曲变形过程中，弯曲应变沿截面线性分布，均为最外层纤维处的弯曲应变最大，首先达到应变极限发生破坏，破坏时释放的高能量及损伤的发生进一步导致附近的界面脱黏，发生分层破坏。结构的扩展不会导致失效模式的改变，同理，对于正交和斜交铺层的层板，随着结构的演变，其弯曲失效行为和损伤机制也不会发生变化，均与 3/2 结构基本一致。

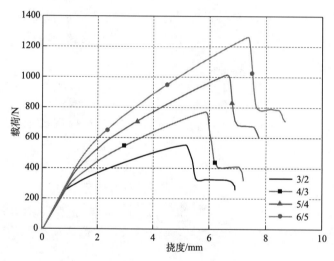

图 4.22 不同结构单向层板的载荷-挠度曲线

随着层板结构的演变，弯曲性能呈现出明显的变化规律。不同结构单向层板在跨厚比为 20 时的弯曲性能如图 4.23 所示，层板由 3/2 结构扩展至 6/5 结构，其弯曲强度变化呈上升趋势，而弯曲模量的变化呈下降趋势，这个现象可以通过纤维体积分数理论[31,32]进行解释。以铝合金厚度 0.3mm、纤维层单层厚度 0.125mm 进行计算，可以得到四种结构层板的纤维体积分数近似为 35.71%、38.46%、40.00% 及 40.98%。可见，随着结构的扩展，纤维体积分数逐渐增大。由于纤维的强度高于铝合金，故纤维体积分数的增大会使得层板强度提高；相反，纤维的模量低于铝合金，故纤维体积分数的增大导致层板模量的下降。

此外，从图 4.23 中弯曲强度和弯曲模量的变化趋势可以看出，随着结构的扩展，性能变化逐渐趋于平缓。由 3/2 结构至 4/3 结构，层板的性能变化幅度较大，而扩展至 5/4、6/5 结构时，性能变化幅度降低。这是因为由 3/2 结构至4/3

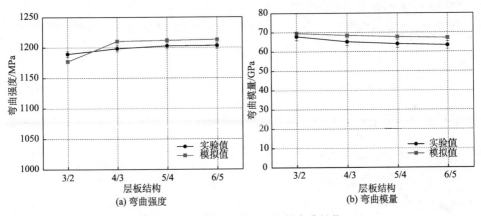

图 4.23　不同结构单向层板的弯曲性能

结构，纤维体积分数增大了 2.75%，而进一步扩展时，纤维体积分数的增幅则分别降至 1.54% 和 0.98%，故导致性能变化趋于平缓。若在此基础上继续进行结构扩展，可以预见强度和模量将趋于稳定，在层板增厚的条件下无法实现性能的进一步提高，因此继续扩展结构进行研究并不具备重要的实际意义。

4.4　本章小结

（1）层板在弯曲载荷作用下主要有四种失效形式，分别为正应力作用下的纤维层破坏或金属层破坏、切应力作用下的层间剪切破坏及二者共同作用下的混合破坏。为减少和避免层间剪切失效，对底胶含量和金属表面阳极氧化方法进行优化，获得优异的界面结合性能，满足使用要求。

（2）弯曲实验中跨厚比的选择会显著影响层板的失效形式和弯曲性能。跨厚比过小，层板易发生层间剪切破坏；跨厚比过大，则易在支座上发生相对滑动。并且，随着跨厚比的增大，测得弯曲强度均呈现下降趋势。

（3）单向纤维铺层层板发生有效弯曲失效的跨厚比范围为 15～24，而正交纤维铺层层板则为 15～27。二者的弯曲过程均包括四个阶段，分别为弹性段、塑性段、纤维破坏段及分层破坏段。斜交铺层层板在跨厚比大于 14 的范围内即可发生有效弯曲失效，包括弹性段、塑性段和失效段，失效形式为基体开裂和纤维内部劈裂。在结构一致的条件下，单向层板弯曲强度最高，正交层板次之，斜交层板强度最低。

（4）对于同种纤维铺层的层板，结构改变对发生有效弯曲失效的跨厚比范围和弯曲失效机制基本没有影响。3/2、4/3、5/4 及 6/5 结构单向层板在 15～24

的跨厚比范围内都可以发生有效的弯曲失效。但随着结构演变，层板的弯曲强度和模量呈现出不同的变化趋势，结构扩展使得弯曲强度增大而弯曲模量降低。

参 考 文 献

[1] Vlot A. GLARE: history of the development of a new aircraft material[M]. Berlin: Springer Science and Business Media, 2001.

[2] Sinmazcelik T, Avcu E, Bora M Ö, et al. A review: fibre metal laminates, background, bonding types and applied test methods[J]. Materials and Design, 2011, 32(7): 3671-3685.

[3] Alderliesten R. On the development of hybrid material concepts for aircraft structures [J]. Recent Patents on Engineering, 2009, 3(1): 25-38.

[4] Wright J R, Cooper J E. Introduction to aircraft aeroelasticity and loads[M]. New York: John Wiley and Sons, 2008.

[5] Langdon G S, Nurick G N, Lemanski S L, et al. Failure characterisation of blast-loaded fibre-metal laminate panels based on aluminium and glass-fibre reinforced polypropylene [J]. Composites Science and Technology, 2007, 67(7): 1385-1405.

[6] Fiore V, Di Bella G, Valenza A. Glass-basalt/epoxy hybrid composites for marine applications [J]. Materials and Design, 2011, 32(4): 2091-2099.

[7] 黎明发，张开银，黄莉，等. 材料力学. 2 版[M]. 北京：科学出版社，2012.

[8] Santiuste C, Sanchez-Saez S, Barbero E. Residual flexural strength after low-velocity impact in glass/polyester composite beams[J]. Composite Structures, 2010, 92(1): 25-30.

[9] Ostapiuk M, Surowska B, Bieniaś J, et al. Structure characteristics in glass/aluminium hybrid laminates after bending strength test[J]. Composites Theory and Practice, 2013, 13(4): 237-240.

[10] Vasumathi M, Murali V. Effect of alternate metals for use in natural fibre reinforced fibre metal laminates under bending, impact and axial loadings[J]. Procedia Engineering, 2013, 64: 562-570.

[11] Nurhaniza M, Ariffin M, Mustapha F, et al. Flexural analysis of aluminum/carbon-epoxy fiber metal laminates [J]. Australian Journal of Basic and Applied Sciences, 2015, 9(19): 35-39.

[12] Rajkumar G R, Krishna M, Narasimhamurthy H N, et al. Investigation of tensile and bending behavior of aluminum based hybrid fiber metal laminates [J]. Procedia Materials Science, 2014, 5: 60-68.

[13] Li H G, Hu Y B, Xu Y W, et al. Reinforcement effects of aluminum-lithium alloy on the mechanical properties of novel fiber metal laminate [J]. Composites Part B: Engineering, 2015, 82: 72-77.

[14] Senthilkumar R, Senthilkumar A, Ashamelba V. Processing of 45 degree stitched mat GLARE laminate and analyzing tensile and flexural properties [J]. Journal of Applied Chemistry, 2014, 7(2): 54-62.

［15］徐翌伟. GLARE 层板弯曲性能实验方法及失效行为研究［D］. 南京：南京航空航天大学，2017.

［16］马宏毅，李小刚，李宏运. 玻璃纤维-铝合金层板的拉伸和疲劳性能研究［J］. 材料工程，2006，(7)：61-64.

［17］Oosting R. Towards a new durable and environmentally compliant adhesive bonding process for aluminum alloys［D］. Netherland：Delft University of Technology，1995.

［18］Park S Y，Choi W J，Choi H S，et al. Effects of surface pre-treatment and void content on GLARE laminate process characteristics［J］. Journal of Materials Processing Technology，2010，210(8)：1008-1016.

［19］祝萌，朱光明，徐博. 磷酸阳极氧化工艺对铝合金胶接性能的影响［J］. 材料保护，2014，47(8)：59-62.

［20］Lee W. Nanoporous Alumina［M］. Berlin：Springer International Publishing，2015.

［21］Ran C B，Ding G Q，Liu W C，et al. Wetting on nanoporous alumina surface：transition between Wenzel and Cassie states controlled by surface structure［J］. Langmuir，2008，24(18)：9952-9955.

［22］张汝光. 复合材料层合板的弯曲性能和实验［J］. 玻璃钢，2009，(3)：3-7.

［23］赵美英，陶梅贞. 复合材料结构力学与结构设计［M］. 陕西：西北工业大学出版社，2007.

［24］Berthelot J M. Classical laminate theory［M］. New York：Springer，1999.

［25］Huang Z M. Ultimate strength of a composite cylinder subjected to three-point bending：correlation of beam theory with experiment［J］. Composite Structures，2004，63(3)：439-445.

［26］Dong C S，Davies I J. Optimal design for the flexural behaviour of glass and carbon fibre reinforced polymer hybrid composites［J］. Materials and Design，2012，37：450-457.

［27］Dong C S，Davies I J. Flexural and tensile moduli of unidirectional hybrid epoxy composites reinforced by S-2 glass and T700S carbon fibres［J］. Materials and Design，2014，54：893-899.

［28］Liu C，Du D D，Li H G，et al. Interlaminar failure behavior of GLARE laminates under short-beam three-point-bending load［J］. Composites Part B：Engineering，2016，97：361-367.

［29］Lam D C C，Yang F，Chong A C M，et al. Experiments and theory in strain gradient elasticity［J］. Journal of the Mechanics and Physics of Solids，2003，51(8)：1477-1508.

［30］Martin K. 复合材料层合板失效分析. 李军向，译［M］. 北京：机械工业出版社，2014.

［31］Wu H F，Wu L L，Slagter W J，et al. Use of rule of mixtures and metal volume fraction for mechanical property predictions of fibre-reinforced aluminium laminates［J］. Journal of Materials Science，1994，29(17)：4583-4591.

［32］Li H G，Hu Y B，Fu X L，et al. Effect of adhesive quantity on failure behavior and mechanical properties of fiber metal laminates based on the aluminum-lithium alloy［J］. Composite Structures，2016，152：687-692.

第5章

纤维金属层板静载力学性能的数值模拟与实验研究

5.1 概　述

为降低实验成本，提高实验可靠性，对混杂层板的性能及界面性能特征进行有限元模拟十分必要。利用有限元分析技术建立不同层数、不同铺层方向的FMLs模型，参考相关性能测试标准，计算对比不同结构的混杂层板模型的力学性能，选择综合性能最优异的层板结构展开实验研究，可减小材料性能评估的工作量。同时，通过模拟层板的失效过程，得到其断裂失效过程中的应力场分布，从而判断层板在不同加载方式下的易损伤区，可优化铺层结构[1,2]。

通过有限元数值模拟的方法分析FMLs的基本力学性能，包含应力分析和损伤分析两个部分。应力分析需要建立层板的本构关系，根据层合板的刚度和应变，计算不同时刻的应力分布；损伤分析是根据应力分析的结果，结合适当的强度失效准则和损伤演化规律来判断材料的损伤起始和演化过程，得到损伤分布情况。目前纤维增强树脂基复合材料的强度理论和失效机理的研究非常多，而FMLs的失效行为研究还有待完善。由于金属层在FMLs中体现弹塑性，而纤维层可近似认为线弹性，两者结合后整体的力学性能模型不能套用经典层合板理论，需分别定义不同的失效准则。

5.2 各组分材料模型的建立

FMLs的增强机理为高强度、高模量的玻璃纤维或碳纤维承受载荷，金属作为传递和分散载荷的媒介。这类超混杂复合材料的性能除与纤维和金属自身的性能有关外，还与金属层/纤维层的界面结合强度、剪切强度，以及纤维的排列、分布、断裂失效模式有关。其损伤机制比较复杂，主要破坏形式包括金属层/纤维层的界面分层、纤维层内部分层、纤维断裂以及树脂基体断裂等，在服役过程中，可能受到拉伸、弯曲及疲劳载荷等。因此，本章分别对FMLs中金属层、纤维层以及两者间的界面进行本构关系和损伤失效模型的建立。

5.2.1　FMLs 金属层本构模型及失效准则的选取

金属层采用各向同性的弹塑性模型，应变强化行为由测得的真实应力-应变数据来定义。由于 FMLs 中大多为铝、钛等延展性较好的金属，故采用延性损伤法则判断其初始破坏。该损伤法则认为，材料在加载过程中发生塑性变形，引起内部的微孔和微裂纹的萌生、扩展和聚集，使材料刚度降低而性能退化，如图 5.1所示。

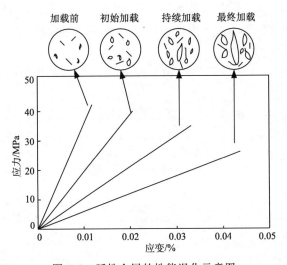

图 5.1　延性金属的性能退化示意图

假设等效塑性应变 $\bar{\varepsilon}_D^{pl}$ 是应力三轴度 η 和应变率 $\dot{\bar{\varepsilon}}^{pl}$ 的函数。当 $w_D = \int \dfrac{\mathrm{d}\bar{\varepsilon}^{pl}}{\bar{\varepsilon}_D^{pl}(\eta, \dot{\bar{\varepsilon}}^{pl})}$ 时，损伤开始发生。其中，$\eta = -p/q$，p 为压应力；q 为 Mises 等效应力；w_D 为随塑性变形单调递增的状态变量。基于连续介质损伤力学理论，损伤演化的过程如下：

$$\sigma = D^{el} : (\varepsilon - \bar{\varepsilon}^{pl}) \tag{5.1}$$

$$D^{el} = (1-d)D_0^{el} \tag{5.2}$$

式中，D_0^{el} 为缺陷金属的初始弹性刚度；D^{el} 为性能退化后的刚度；$\bar{\varepsilon}^{pl}$ 是任意时刻的等效塑性应变。对于任何给定截面的材料，$(1-d)$ 代表其有效载荷承载区域（即整体截面区域减去受损区域）与整体截面区域之比。刚度损伤变量 d 从 0 变化至 1，代表损伤起始至完全断裂。

5.2.2　FMLs 纤维层的本构模型和损伤判据

复合材料的强度失效理论包括最大应力(或应变)准则、Tsai-Hill 强度准则、Hoffman 准则、Tsai-Wu 准则、Hashin 模型等。其中最大应力或应变失效准则假定失效发生后,受载方向上的应力(或应变)立即降为 0,等同于无能量吸收的脆性断裂。这种失效模式通常对应复合材料迅速的不稳定失效。事实上失效发生时材料的应力承载能力是随应变的增大而逐渐退化的,而且瞬间失去承载能力会使失效分析强烈依赖于有限元的网格密度和网格类型。Tsai-Hill 强度准则以纵向强度 X、横向强度 Y 和剪切强度 S 做失效判据,未考虑到拉压性能不同的复合材料。Linde 等[3]针对 GLARE 层板中的纤维层,对 Hashin 模型作了修正。目前 Tsai-Wu 准则、Hashin 模型和 Linde 模型是纤维增强树脂基复合材料比较常用的失效判据。

Tsai-Wu 准则以张量的形式提出如下失效法则:

$$F_1\sigma_1 + F_2\sigma_2 + F_3\sigma_{33} + F_{11}\sigma_1^2 + F_{22}\sigma_2^2 + F_{33}\sigma_3^2 + 2F_{12}\sigma_1\sigma_2$$
$$+ 2F_{23}\sigma_2\sigma_3 + 2F_{31}\sigma_3\sigma_1 + F_{44}\sigma_4^2 + F_{55}\sigma_5^2 + F_{66}\sigma_6^2 = 1 \tag{5.3}$$

式中,强度系数张量 $F_1 = \dfrac{1}{X_C} - \dfrac{1}{X_T}$,$F_2 = \dfrac{1}{Y_C} - \dfrac{1}{Y_T}$,$F_3 = \dfrac{1}{Z_C} - \dfrac{1}{Z_T}$,$F_{11} = \dfrac{1}{X_T X_C}$,$F_{22} = \dfrac{1}{Y_T Y_C}$,$F_{33} = \dfrac{1}{Z_T Z_C}$,$F_{44} = \dfrac{1}{S_{23}^2}$,$F_{55} = \dfrac{1}{S_{31}^2}$,$F_{66} = \dfrac{1}{S_{12}^2}$,$F_{12} = \dfrac{-1}{2\sqrt{X_T X_C Y_T Y_C}}$,$F_{23} = \dfrac{-1}{2\sqrt{Y_T Y_C Z_T Z_C}}$,$F_{31} = \dfrac{-1}{2\sqrt{Z_T Z_C X_T X_C}}$。$X_T$、$X_C$ 依次为纵向拉伸、压缩强度,Y_T、Y_C 是横向拉伸、压缩强度,Z_T、Z_C 是厚度方向的拉伸、压缩强度,S_{12}^2、S_{23}^2、S_{31}^2 分别对应三个方向的剪切强度。

利用 Tsai-Wu 强度准则进行有限元分析时,模量折减是较易实现的损伤分析方式。参考 Chang 等[4]、Dutton 等[5]、Camanho 等[6]以及 Shokrieh 等[7]的退化准则,常用的纤维复合材料三维应力状态下的性能退化方法见表 5.1。

表 5.1　纤维复合材料的三维应力状态下的性能退化方法

破坏模式		破坏准则	模量折减方式
1 方向	拉伸	$\sigma_1 > X_T$	$E_{11} = E_{22} = E_{33} = 0$
	压缩	$-\sigma_1 > X_C$	$G_{12} = G_{13} = G_{23} = 0$
2 方向	拉伸	$\sigma_2 > Y_T$	$E_{22} = 0.01 E_{22}$
	压缩	$-\sigma_2 > Y_C$	$G_{12} = 0.2 G_{12}$,$G_{12} = 0.2 G_{12}$

破坏模式		破坏准则	模量折减方式
3 方向	拉伸	$\sigma_3 > Z_T$	$E_{33} = 0.01E_{33}$
	压缩	$-\sigma_3 > Z_C$	$G_{12} = 0.2G_{12}$，$G_{13} = 0.2G_{13}$
1-2 面内剪切		$\mid \tau_{12} \mid > S_{12}$	$E_{22} = 0.01E_{22}$，$G_{12} = 0.01G_{12}$
1-3 面内剪切		$\mid \tau_{13} \mid > S_{13}$	$E_{33} = 0.01E_{33}$，$G_{13} = 0.01G_{13}$
2-3 面内剪切		$\mid \tau_{23} \mid > S_{23}$	$E_{22} = 0.01E_{22}$，$E_{33} = 0.01E_{33}$ $G_{12} = 0.01G_{12}$，$G_{13} = 0.01G_{13}$，$G_{23} = 0.01G_{23}$

Hashin 模型规定了平面应力状态下纤维复合材料的破坏准则，认为每层是正交各向异性的，损伤起始基于四种主要的失效模式，即纤维拉伸断裂、纤维压缩屈曲、基体拉伸断裂和基体纤维剪切破坏。

纤维拉伸断裂时：

$$\left(\frac{\sigma_1}{X_T}\right)^2 + \left(\frac{\tau_{12}}{S_{12}}\right)^2 \geqslant 1, \ \sigma_1 \geqslant 0 \tag{5.4}$$

纤维压缩屈曲时：

$$\left(\frac{\sigma_1}{X_C}\right)^2 \geqslant 1, \ \sigma_1 < 0 \tag{5.5}$$

基体拉伸断裂时：

$$\left(\frac{\sigma_1}{Y_T}\right)^2 + \left(\frac{\tau_{12}}{S_{12}}\right)^2 \geqslant 1, \ \sigma_2 \geqslant 0 \tag{5.6}$$

基体纤维剪切破坏时：

$$\left(\frac{\sigma_1}{Y_C}\right)^2 + \left(\frac{\tau_{12}}{S_{12}}\right)^2 \geqslant 1, \ \sigma_2 < 0 \tag{5.7}$$

Linde 模型认为，材料受拉时，其拉伸或压缩性能均会退化，以平面内各方向的极限应变为判据，基于连续介质损伤力学提出了纤维复合材料的渐进损伤失效模型如下。

纤维和基体的损伤判据：

$$\begin{cases} f_f = \sqrt{\dfrac{\varepsilon_{11}^{f,T}}{\varepsilon_{11}^{f,C}}(\varepsilon_{11})^2 + \left[\varepsilon_{11}^{f,T} - \dfrac{(\varepsilon_{11}^{f,T})^2}{\varepsilon_{11}^{f,C}}\right]\varepsilon_{11}} > \varepsilon_{11}^{f,T} \\[4mm] f_m = \sqrt{\dfrac{\varepsilon_{22}^{f,T}}{\varepsilon_{22}^{f,C}}(\varepsilon_{22})^2 + \left[\varepsilon_{22}^{f,T} - \dfrac{(\varepsilon_{22}^{f,T})^2}{\varepsilon_{22}^{f,C}}\right]\varepsilon_{22} + \left(\dfrac{\varepsilon_{22}^{f,T}}{\varepsilon_{12}^f}\right)^2(\varepsilon_{12})^2} > \varepsilon_{22}^{f,T} \end{cases} \tag{5.8}$$

纤维和基体的损伤演化法则：

$$\begin{cases} d_f = 1 - \dfrac{\varepsilon_{11}^{f,\mathrm{T}}}{f_f} e^{[-C_{11}\varepsilon_{11}^{f,\mathrm{T}}(f_f - \varepsilon_{11}^{f,\mathrm{T}})L^c/G_f]} \\[4mm] d_m = 1 - \dfrac{\varepsilon_{22}^{f,\mathrm{T}}}{f_m} e^{[-C_{22}\varepsilon_{22}^{f,\mathrm{T}}(f_m - \varepsilon_{22}^{f,\mathrm{T}})L^c/G_m]} \end{cases} \tag{5.9}$$

式中，ε_{11}、ε_{22} 分别为纤维纵向和横向的应变分量，ε_{12} 是剪切应变分量。$\varepsilon_{11}^{f,\mathrm{T}}$、$\varepsilon_{11}^{f,\mathrm{C}}$ 为纤维纵向的拉伸和压缩失效应变，$\varepsilon_{22}^{f,\mathrm{T}}$、$\varepsilon_{22}^{f,\mathrm{C}}$ 为纤维横向的拉伸和压缩失效应变。d_f、d_m 分别代表纤维和基体的损伤变量，G_f、G_m 为纤维和基体的断裂能，这里引入特征长度 L^c 来减小有限元网格依赖性。

渐进损伤过程中，纤维层的刚度矩阵 $\boldsymbol{C}_d$ 可表示为

$$\boldsymbol{C}_d = \begin{bmatrix} (1-d_f)C_{11} & (1-d_f)(1-d_m)C_{12} & (1-d_f)C_{13} & 0 & 0 & 0 \\ (1-d_f)(1-d_m)C_{21} & (1-d_m)C_{22} & (1-d_m)C_{23} & 0 & 0 & 0 \\ (1-d_f)C_{31} & (1-d_m)C_{32} & C_{33} & 0 & 0 & 0 \\ 0 & 0 & 0 & (1-d_f)(1-d_m)C_{44} & 0 & 0 \\ 0 & 0 & 0 & 0 & C_{55} & 0 \\ 0 & 0 & 0 & 0 & 0 & C_{66} \end{bmatrix}$$
$$\tag{5.10}$$

本构关系中的雅各比矩阵通过式（5.11）更新：

$$\frac{\partial \sigma}{\partial \varepsilon} = \boldsymbol{C}_d + \frac{\partial \boldsymbol{C}_d}{\partial \varepsilon} : \varepsilon = \boldsymbol{C}_d + \left(\frac{\partial \boldsymbol{C}_d}{\partial d_m} : \varepsilon \right) \left(\frac{\partial d_m}{\partial f_m} \frac{\partial f_m}{\partial \varepsilon} \right) + \left(\frac{\partial \boldsymbol{C}_d}{\partial d_f} : \varepsilon \right) \left(\frac{\partial d_f}{\partial f_f} \frac{\partial f_f}{\partial \varepsilon} \right)$$
$$\tag{5.11}$$

针对目前常用的三种纤维复合材料失效模型：Tsai-Wu 准则（TW）、Hashin 模型和 Linde 模型，选取中心开孔的 GLARE 3-3/2 层板进行拉伸有限元分析，计算得到的开孔拉伸载荷-位移曲线如图 5.2 所示，可看到破坏峰值力、刚度和失效位移均相差不大。不同在于 TW 准则里 GLARE 层板受载达最大值后，载荷直线下降，而 Hashin 模型和 Linde 模型里层板载荷呈缓慢下降的趋势。这跟模型中材料的不同性能退化方式有关，TW 模型里各部分达极限载荷后，刚度迅速折减，材料直接断裂；而 Hashin 和 Linde 模型里是基于连续介质损伤力学理论，引入损伤变量不断更新刚度矩阵，更好地反映了纤维复合材料的渐进失效过程。

图 5.3 为三种模型分析得到的 0°纤维层损伤云图，均显示了 0°纤维沿垂直加载方向的断裂及其周围基体的破坏。TW 准则体现了纤维断裂、基体破坏和基体纤维剪切破坏三种模式；Hashin 模型同时考虑了拉伸和面内剪切引起的损伤，认为材料受拉时，压缩性能不受影响；而 Linde 模型认为当材料受拉时，其拉伸和压缩性能均会退化，将复合材料拉、压损伤都显示出来，较准确地显示出中心孔附近的应力集中现象。而对于复杂的受力情况，Linde 模型相对更有优势。综

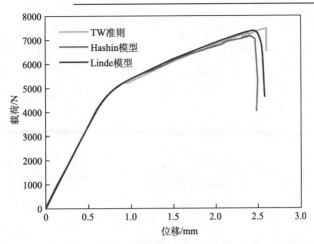

图 5.2　三种模型预测的 GLARE 3-3/2 开孔拉伸载荷-位移曲线

上所述，为更好地体现层板渐进失效机制，以下 FMLs 的模拟采用 Linde 模型。

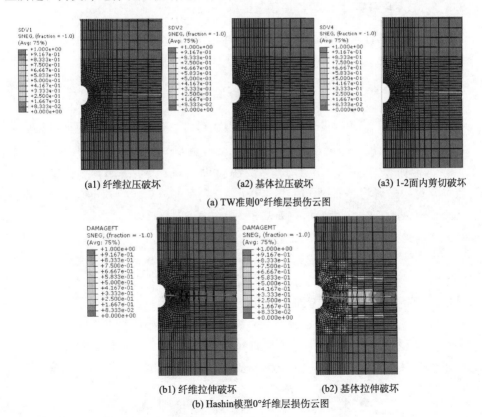

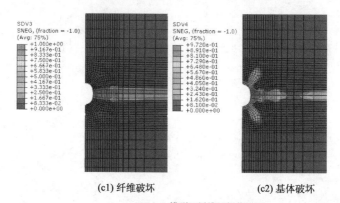

(c1) 纤维破坏   (c2) 基体破坏

(c) Linde模型0°纤维层损伤云图

图 5.3 　三种模型预测的 GLARE 3-3/2 的 0°纤维层损伤云图

5.2.3　FMLs 金属层/纤维层界面模型的确立

由于 FMLs 为层合结构，分层是其主要的失效形式之一。因此，金属层/纤维层之间和纤维层各层间的界面弱结合力是控制层板失效的关键因素，层板整体的宏观力学性能与界面性能密切相关。由于 FMLs 的界面层较薄，厚度方向的性质不可忽略，应力应变分析难度大。同时，层间破坏导致分层裂纹的形成和扩展，层板整体应力分析时的连续性假设不再适用。叶碧泉等[8]建立界面过渡层采用零厚度单元，解决了厚度方向上的单元划分问题；Achenbach 等[9]、陈陆平等[10]、周储伟等[11]将界面层近似等效为法向和切向正交的弹簧，模拟复合材料的脱黏，但均未能将界面损伤时法向和切向之间的相互影响反映出来。在弹簧界面元模型[12]的基础上，发展出一种基于内聚力模型（cohesive model）的无厚界面单元。内聚力单元通过定义合适的界面刚度、失效强度、断裂韧度等反映层间物质的力学性质参数，描述了上下层表面间的黏聚力与相对分离位移的关系，可研究界面损伤演化规律及对复合材料整体性能的影响，近年来被研究者们广泛用来模拟含多层界面的复合材料损伤[13-16]。该模型的应力-应变行为如图 5.4 所示，表现为牵引-分离（traction-separation）模式。应力-应变曲线上升段代表线弹性行为，应力-应变曲线下降段代表刚度衰减及失效过程。

在层板达到最大强度前，内聚力单元的本构关系为[13]

$$\tau = \begin{cases} K^0\delta, & 0 \leqslant \delta \leqslant \delta^0 \\ (1-D)K^0\delta, & \delta^0 \leqslant \delta \leqslant \delta^f \\ 0, & \delta > \delta^f \end{cases} \qquad (5.12)$$

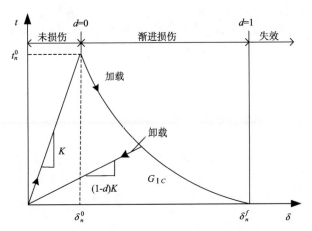

图 5.4　内聚力单元的牵引-分离本构关系[13]

$$D = \begin{cases} 0, & 0 \leqslant \delta \leqslant \delta^0 \\ 1 - \left(\dfrac{\delta^0}{\delta}\right)\left\{1 - \dfrac{1 - \exp\left[-\alpha\left(\dfrac{\delta - \delta^0}{\delta^f - \delta^0}\right)\right]}{1 - \exp(-a)}\right\}, & \delta^0 \leqslant \delta \leqslant \delta^f \quad (5.13) \\ 1, & \delta > \delta^f \end{cases}$$

式中，K^0 为界面在分层失效前的初始刚度，N/mm；δ 是上下表面的分离位移，δ^0 是牵引力达最大值时的界面张开位移；δ^f 是最终失效时的界面张开位移，mm；D 是软化阶段的胶层损伤变量。内聚力单元的牵引-分离曲线与位移坐标轴围成的面积为层间断裂韧性 G。

采用二次名义应变准则（quade damage）判断损伤起始：

$$\left\{\frac{(\varepsilon_n)}{\varepsilon_n^f}\right\}^2 + \left\{\frac{(\varepsilon_s)}{\varepsilon_s^f}\right\}^2 + \left\{\frac{(\varepsilon_t)}{\varepsilon_t^f}\right\}^2 = 1 \tag{5.14}$$

式中，ε_n 为法向应变；ε_s 和 ε_t 为两个剪切方向的应变；ε_n^f 为法向最大应变；ε_s^f 和 ε_t^f 为剪切方向最大应变。为了计算方便，取内聚力单元的本征厚度 t 为 1mm，从而使界面分离位移等于胶层法向应变。而胶层实际厚度为 0.05mm，故刚度矩阵需按比例缩放：

$$K_n = \frac{E}{t}, \quad K_s = \frac{G}{t}, \quad K_t = \frac{G}{t} \tag{5.15}$$

则各方向应变分别为

$$\varepsilon_n^f = \frac{\tau_n^f}{K_n}, \quad \varepsilon_s^f = \frac{\tau_s^f}{K_s}, \quad \varepsilon_t^f = \frac{\tau_t^f}{K_t} \tag{5.16}$$

对于界面混合模式失效，基于能量的 Benzeggagh-Kenane 断裂准则 （B-K law）是适用于预测环氧树脂基复合材料分层损伤演化的较准确方法。

$$G_{IC} + (G_{IIC} - G_{IC}) \left(\frac{G_{IIC}}{G_T} \right)^{\eta} = G_C \qquad (5.17)$$

式中，G_T 为界面节点剪切断裂能量值；G_{IC}、G_{IIC} 分别为界面 I 型、II 型断裂韧性；η 为混合模式失效指数。

内聚力模型的建模方式有两种，一种是建立面-面之间的内聚力接触，另一种是在上下层之间单独建立一个有限厚度的薄层，赋予内聚力材料属性，该层单元与上下单元共用节点和传递载荷，也称内聚力单元（图 5.5）。由于 FMLs 制备时喷涂了具有一定厚度的胶膜，在界面形成富树脂区，为更好地模拟分层损伤失效，采用第二种方法建模。

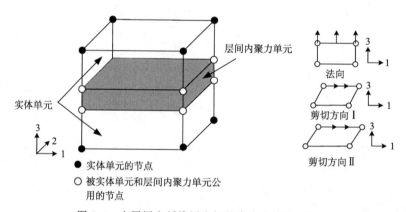

图 5.5　金属层和纤维层之间的内聚力单元示意图

5.3　界面模型的参数获取

在有限元分析中，材料参数直接影响模型的计算结果，所以参数的收集尤为重要。FMLs 的力学性能既与各组分材料本身的属性相关，同时对界面的要求比较高。为提高模拟结果的准确性，材料参数的获取需要进行一系列实验获得，同时这一实验过程中除试样的尺寸外，对材料的表面处理及制样过程都要与 FMLs 的实际制备工艺相一致。

材料参数的收集过程如图 5.6 所示。

有限元分析方法的一个重要步骤就是对实体模型继续网格单元化。所谓的单元化，不仅是将几何模型分割为大量的小几何，更是需要将材料的各种属性赋予模型，最后这些单元都有各自的材料属性。而对材料属性的赋予过程，首先就需

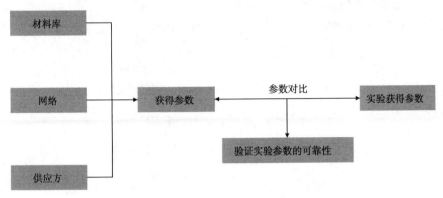

图 5.6　材料参数的收集过程

要对材料参数进行收集。材料参数的收集方法有很多种，如有限元软件自带的大型材料库，可以调用该材料库中的数据。另外，也可以向材料出售方索取相关材料参数。而随着有限元分析技术的广泛应用，如今在各大有限元分析论坛等都可以找到相关参数。但是，即使是同一种材料，不同的生产厂家、不同的生产批次，材料的性能都存在差异。比如纤维增强的聚醚醚酮预浸料在生产过程中都会因为树脂黏度、加工温度等细小差异而存在预浸料纤维含量等的不同。因此，在快速获得这些材料参数之后，还需要通过实验对这些参数进行验证，如有较大的出入，则需要进行反复的实验验证和向厂家进行确认，确保参数的正确性。

复合材料的界面结合有多种形式，包括机械结合、化学键结合、分子键结合、扩散结合等。FMLs 具有多重界面，纤维层间通过树脂固化形成化学键和分子键，金属层与纤维层主要通过机械啮合而结合，前者的结合力要强于后者。界面性能不好会导致分层损伤，进而引起 FMLs 整体刚度和强度的下降。因此，综合评价纤维层/金属层的界面性能在实际的工程中具有重要意义。同时，进行后续的有限元模拟，也需要获取实际的界面参数。这里分别通过拉伸剪切实验、浮辊剥离实验来测试金属层与树脂界面黏接分层的拉伸剪切强度 τ^0 和剥离强度 σ^0，用来表征界面的结合强度，并作为损伤起始参数。当界面法向和切向均达到最大强度后，层间开始出现裂纹。由于复合层板的层间裂纹呈自相似扩展，断裂力学基本理论仍适用于分层问题[17]，故使用双悬梁臂实验（double cantilever beam，DCB）和端部切口弯曲实验（end-notched flexure，ENF）来测试作为裂纹扩展阻力的层间 Ⅰ 型和 Ⅱ 型断裂韧性，并将其作为界面损伤演化参数。

5.3.1　界面结合强度的评估

拉伸剪切实验参照标准 ASTM D3163-10《复合材料剥离实验测试标准》进

行。首先将表面处理后的两层金属薄板之间喷涂 E-302 环氧树脂，在搭接部位包裹铝箔防止溢胶；待热压成型后将其取出，利用精密切割机把试样切割为标准尺寸。单搭接头试样尺寸为 100mm×25mm×1.6mm（图 5.7(a)），实际制备的拉伸剪切试样如图 5.7（b）所示。随后裁剪 25mm×45mm×2mm 的铝合金块做加强片用，使用 AB 胶进行涂覆黏接，待 24h 固化后即可进行测试。实验在电子万能实验机上完成，加载速度为 2mm/min，采集最大破坏载荷，在室温下重复实验三次，取平均值。试样的拉伸剪切强度（MPa）可通过下式计算：

$$\tau_s = \frac{F}{lb} \tag{5.18}$$

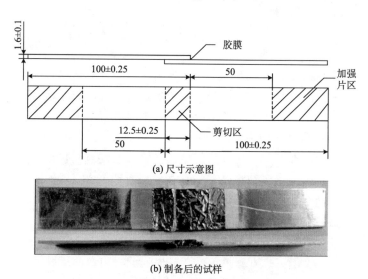

(a) 尺寸示意图

(b) 制备后的试样

图 5.7 拉伸剪切试样（单位：mm）

浮辊剥离实验参考标准 ASTM D3167-10《复合材料剥离实验测试标准》进行，为了评价层板的实际界面结合情况，直接采用两层经过表面处理的金属层薄板中间夹纤维复合材料的结构，试样尺寸为 209.5mm×12.7mm×2.6mm（图 5.8），根据载荷-位移曲线计算试样单位宽度的平均剥离力（kN/m），即界面法向黏接强度。实验过程如图 5.9 所示。

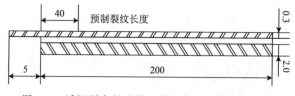

图 5.8 浮辊剥离的试样尺寸示意图（单位：mm）

5.3.2　层间断裂韧性的测试

图 5.9　浮辊剥离实验过程

　　FMLs 纤维层/金属层界面的 I 型断裂韧性的评价，根据标准 ASTM D5528-13 采用双悬臂梁（DCB）实验进行。首先，制作尺寸为 125mm×25mm×0.9mm 的 DCB 试样，采用两层铝合金中间加两层纤维复合材料的 2/1 结构，几何尺寸如图 5.10 所示。预制裂纹过程，在试样一端金属层与纤维层之间铺入聚四氟乙烯塑料薄膜，之后在固化温度下成型。试样与铰链之间采用室温固化胶黏接，保证铰链轴线与中面平行且垂直于 0°纤维方向；上下铰链的轴心连线与试样中面垂直，装夹后轴销能够自由转动，实验过程中铰链脱落则实验无效，测试过程如图 5.11 所示。为了便于裂纹扩展的观察，提前在试样表面划好尺寸标记，并用放大镜实时观察。裂纹先扩展 20mm 左右后卸载，并保持每次裂纹扩展 10mm 左右卸载，直至裂纹长度达到 100mm 后停止实验。

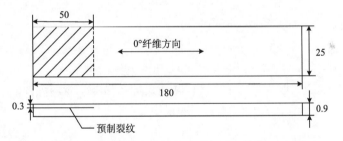

图 5.10　DCB 试样的几何尺寸示意图（单位：mm）

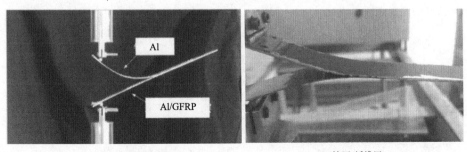

(a) 铝合金层/纤维层　　　　　　　(b) 钛层/纤维层

图 5.11　层间 I 型断裂韧性的实验过程

数据处理时，FMLs Ⅰ型层间断裂韧性的计算方法主要有三种：改进梁理论（MBT）、柔度梁方法（CC）和改进的柔度梁方法（MCC）。而在混杂层板中，Ⅰ型裂纹扩展过程的界面上的临界能量释放率可以用单位面积上消耗外力所做的功来表示。改进梁理论的计算量虽然小，但是计算结果的误差很大；柔度梁方法的计算量太大，计算过程非常复杂。本书选择改进的柔度梁方法，在实验过程中读取张开位移，人工记录裂纹到达某一位置时的载荷，测试结束后再测量相应的裂纹扩展距离值，最后根据式（5.19）计算即可。

$$G_{1C} = \frac{mP\delta}{2Wa} \times 10^3 \tag{5.19}$$

式中，G_{IC} 为Ⅰ型层间能量释放率，J/m²；m 为系数值，计算方法见式（5.20）；P 为裂纹扩展临界载荷，N；δ 为 P 点对应的加载点位移，mm；W 为试样宽度，mm；a 为裂纹长度，mm。

$$m = \frac{\sum_{i=1}^{k} \lg a_i \lg Q_i - \frac{1}{k} \left(\sum_{i=1}^{k} \lg a_i \right) \left(\sum_{i=1}^{k} \lg Q_i \right)}{\sum_{i=1}^{k} (\lg Q_i)^2 - \frac{1}{k} \sum_{i=1}^{k} (\lg a_i)^2} \tag{5.20}$$

式中，k 为单个试样的测量点数；a_i 为第 i 次加载前的裂纹长度，mm；$Q = \delta_i / P_i$（mm/N），δ_i 为与 P_i 点对应的加载点位移，mm。根据以上计算结果，记录实验数据和计算Ⅰ型层间断裂韧性值。

通过端部切口弯曲（end-notched flexure，ENF）实验测试层间Ⅱ型断裂韧性。参考标准 ASTM D7905 进行实验，压头和支座半径均为 5.0mm，跨距为 70mm，有效裂纹长度为 25mm，试样几何尺寸和加载示意图如图 5.12 所示。实验采用位移方式加载，速率控制为 1mm/min。

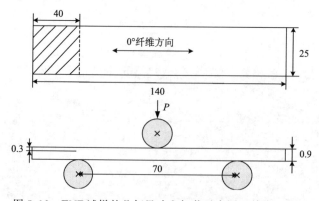

图 5.12　ENF 试样的几何尺寸和加载示意图（单位：mm）

由载荷–受载点挠度曲线得到裂纹扩展临界载荷 P 和 P 点试样的受载挠度 δ，并测量有效裂纹长度 a。层间 II 型断裂韧性的计算公式为

$$G_{IIc} = \frac{9P\delta a^2}{2W(L^3/4 + 3a^3)} \times 10^3 \qquad (5.21)$$

式中，W 为试样的平均宽度，mm；L 为跨距，mm。

这里，内聚力单元的初始刚度等于各底胶的拉伸弹性模量与单元本征厚度的比值。界面的法向和切向强度分别对应前面测得的浮辊剥离强度和拉伸剪切强度，由于目前尚无层间 III 型断裂韧性的统一评价标准，故取 $G_{IIIc} = G_{IIc}$。经实验研究[18]，描述复合材料的层间混合模式分层预测模型中，B-K 准则适用于玻纤增强环氧树脂体系，经验常数 η 取 1.75；幂指数准则适用于碳纤维增强 PEEK 体系，经验常数 α 取 2.0。最终确定 GLARE 层板和 Ti/CF/PEEK 层板的界面内聚力模型参数分别见表 5.2 和表 5.3。

表 5.2　GLARE 层板的界面参数

性能	方向	参数值
初始刚度/(N/mm)	K_n^0	1.0×10^6
	K_s^0	1.0×10^6
	K_t^0	1.0×10^6
界面强度/MPa	τ_n^0	6.57
	τ_s^0	36.62
	τ_t^0	36.62
断裂韧性/(kJ/m²)	G_{Ic}	0.2412
	G_{IIc}	0.6103
	G_{IIIc}	0.6103
BK 指数	η	1.75

表 5.3　Ti/CF/PEEK 层板的界面参数

性能	方向	参数值
初始刚度/(N/mm)	K_n^0	1.0×10^6
	K_s^0	1.0×10^6
	K_t^0	1.0×10^6
界面强度/MPa	τ_n^0	0.1712
	τ_s^0	19.02
	τ_t^0	19.02

续表

性能	方向	参数值
断裂韧性/(kJ/m²)	G_{IC}	0.232
	G_{IIC}	1.719
	G_{IIIC}	1.719
幂指数	α	2.0

5.4 静载力学性能的有限元模拟及损伤分析

首先，本节基于不同纤维铺层的 FMLs 层板，对其拉伸、弯曲和层间剪切这三种基本力学性能进行数值模拟，并结合实验验证，研究其各自的失效模式和损伤行为。其次，为了探索 FMLs 厚度和层数的增加后，拉伸、弯曲和层间剪切性能的变化规律，基于前文建立的有限元模型，对在相同纤维铺层角度不变，结构依次扩展到 4/3、5/4 和 6/5 结构的单向 FMLs 层板进行基本力学性能的模拟预测。

5.4.1 单向拉伸性能的模拟和损伤分析

层板单向拉伸的几何模型和边界条件如图 5.13 所示，由于直条试样整体无应力集中，为了分析损伤失效，设计成哑铃形试样。边界条件设置中，一端对所有节点沿 X 方向施加对称性边界约束，另一端设置与参考点的耦合，在参考点（RP）处进行位移加载。

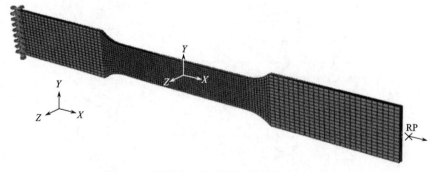

图 5.13　层板单向拉伸几何模型和边界条件

有限元预测的三种铺层角度的 GLARE 3/2 层板各层拉伸损伤云图如图 5.14 所示，各层显示为深色的部位（损伤变量达 1）为发生断裂，与实际破坏形式相一致，说明 GLARE 层板的拉伸断口形貌与纤维层的排布角度相关。0°/0°和 0°/90°层板，跨距内的断裂垂直于加载方向，对于含±45°纤维层的层板，跨距内的断裂与加载方向呈一定的偏轴角度，同时铝合金层出现了明显的收缩现象，即断裂延伸率较大。

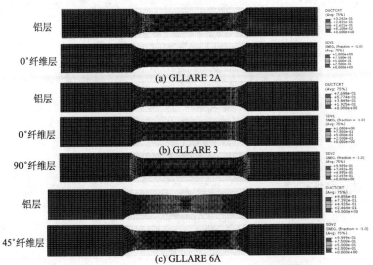

铝层

0°纤维层

(a) GLLARE 2A

铝层

0°纤维层

(b) GLLARE 3

90°纤维层

铝层

45°纤维层

(c) GLLARE 6A

图 5.14　GLARE 层板拉伸损伤云图

　　三种典型纤维铺层角度的 GLARE 3/2 层板的拉伸应力-应变曲线如图 5.15 所示，其应力-应变曲线显示出明显的双线性关系，曲线的拐点处铝合金层发生屈服。达最大载荷后，纤维断裂，层板破坏。FEM 预测的曲线趋势同实测基本一致，最大载荷同实验值吻合。随着层板整体应力从 0 逐渐增加至最大值，预测的应力-应变曲线斜率同实验不太匹配，实验测得的刚度略小于 FEM 预测值，这是由于加载过程中树脂基体的微裂纹以及部分受损纤维与基体脱黏，导致层板的实际刚度有所下降；同时，制备试样的内部缺陷也是可能的误差来源。比较几种层板的破坏后行为，对于含 0°纤维层的 GLARE 2A-3/2 和 GLARE 3-3/2，其应力-应变曲线达峰值后突然下降，表现为纤维与金属几乎同时断裂，与实际实验一致；而 GLARE 6A-3/2 达最大载荷后的表现为拉伸应力呈缓慢下降的趋势，推测可能由于达峰值应力后，剪切受力减缓了金属层和纤维层的变形不协调，在该应力水平下处于塑性区的铝合金尚未达到断裂应变，纤维层断裂后铝合金继续发生塑性变形，直至最后破坏。在单向准静态拉伸过程中，GLARE 层板破坏前各层处于协调变形，即应变相等。由于玻璃纤维的断裂应变为 4.5%，同 2024-T3 的 19% 断裂应变相比很小，纤维层首先达到极限应变而发生断裂。层板失去增强纤维的承载作用后，刚度迅速下降，随后铝合金层不能承受高应力而断裂。因此，GLARE 的拉伸断裂为应变控制的失效破坏。

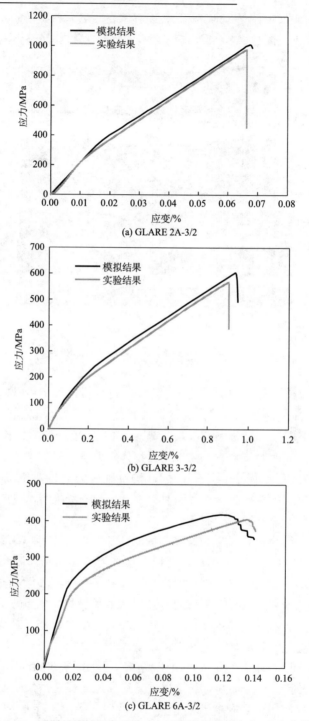

图 5.15　不同纤维铺层角度的 GLARE 层板拉伸应力-应变曲线

　　三种铺层的 GLARE 3/2 抗拉强度对比如图 5.16（a）所示，其中有限元模拟的 GLARE 2A-3/2 抗拉强度达 980.38MPa，GLARE 3-3/2 的强度为 649.17MPa，而 GLARE 6A-3/2 的强度为 300.98MPa，与纤维增强规律保持一致。三种结构的 GLARE 层板，抗拉强度的 FEM 模拟结果与实验平均强度偏差分别为 2.01％、5.93％和 6.20％，属于误差允许的数值。

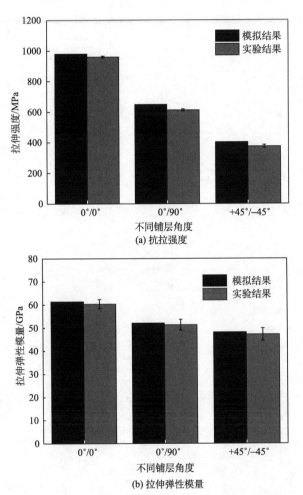

图 5.16　三种铺层的 GLARE 3/2 拉伸弹性模拟和实验结果对比

　　对比 Ti/CF/PEEK-3/2 层板极限拉伸强度有限元模拟与实验结果发现，有限元模拟获得的强度普遍偏高，误差在 10％以内。图 5.17 显示了模型算得与实验测得的两种层板拉伸载荷-位移曲线，对比发现，模拟与实验测得的极限载荷相差不大，两种层板刚度退化的趋势基本一致，但正交层板拉伸弹性模量偏差略大。这是因为三维渐进失效模型并不是基于线弹性机制，结果曲线的差异与材料本构模型外的其他因素相关。经分析可能是由于实际测试中，正交碳纤维层的桥接作用，纤维层延伸率略增加，使得层板整体柔度增大，从而拉伸弹性模量降低。两种层板模拟的结果均处于实验平均值的离散误差范围内，说明该有限元模型可较准确地预测不同铺层角度的 FMLs 的单向拉伸行为。

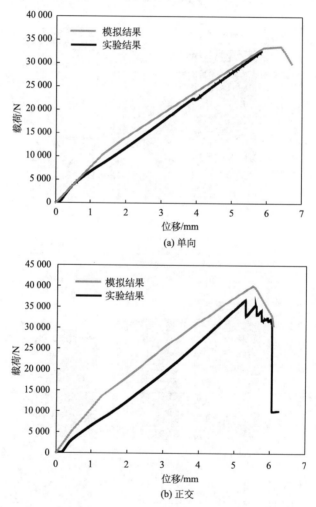

(a) 单向

(b) 正交

图 5.17　Ti/CF/PEEK-3/2 的拉伸载荷–位移曲线实验与模拟对比

5.4.2　弯曲性能的模拟和损伤分析

层板弯曲性能模拟的几何模型同实验类似，采用三点弯曲方式进行加载。试样的几何尺寸、压头和支座半径均与实验保持一致，压头和支座设置为刚体，压头和层板的上表面以及支座和层板的下表面之间建立面-面接触，切向接触属性为罚函数，摩擦系数设为通用值 0.3，法向接触假定为硬接触。每层分别建立一层单元，便于获取厚度方向上的法向应力和切应力分布。由于纤维层发生弯曲大变形，会导致网格畸变而不收敛。使用减缩积分单元 C3D8R 可能出现沙漏现象，即单元的零能量模式，而完全积分单元 C3D8 在弯曲载荷下会发生剪切自锁，从而导致模型刚度过大[19]。因此 FMLs 的弯曲模拟采用非协调单元 C3D8I 进行分析，通过增加一个自由度来改善单元网格畸变，使得层合梁表现正常的弯曲行为。边界条件设置中，约束支座的所有自由度使其固定，设置压头与参考点的耦合，对参考点约束 x、y 方向的平移自由度和所有方向的转动自由度，仅在 z 方向进行位移加载，通过参考点输出位移和支反力，分别对应实验的挠度和载荷。几何模型和层板网格划分如图 5.18 所示。

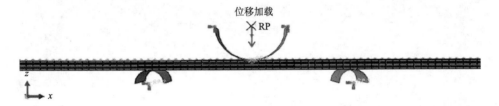

图 5.18　GLARE 层板三点弯曲模拟的几何模型和网格划分

　　GLARE 2A-3/2 层板弯曲加载过程中的等效应力变化如图 5.19 所示，其中图（a）为弹性阶段某一时刻的应力云图，图（b）为最大载荷时刻的应力云图。可以看到，初始弹性段，截面应力自中性面开始，向外层依次增大，应力集中区最先在最外层铝合金。进入塑性区后，层板应力持续增加。直到铝合金达到最大强度，刚度下降，开始发生延性损伤，应力不再增加。而纤维尚具有承载能力，随着层板应力的增加，应力集中区位于压头下端最外层纤维层。当 0° 纤维层断裂，跨距中点附近的最外纤维层应力水平降低，应力集中区分开并向两端扩展。GLARE 3-3/2 和 GLARE 6A-3/2 层板的弯曲的应力集中区域的先后位置分布同GLARE 2A-3/2 类似，随着挠度的增加，应力集中区从表层铝合金转移至内层纤维层。不同的是，GLARE 6A-3/2 层板为基体剪切力控制的失效，纤维并未发生断裂，其最大应力区转移至纤维层后，随着挠度的增加直到基体完全破坏，始终在最外 45° 层跨距中心附近，没有扩展至梁的边缘。以上表明，GLARE 层板各部分在渐进失效过程中，随着各层材料的先后损伤，弯曲刚度不断改变，导致载荷在多界面传递时，应力重新分布。

　　在弯曲实验中，Ti/CF/PEEK 混杂层板达到最大载荷时的位移比 GLARE层板大，表现出更好的韧性。这与实验测得的 Ti/CF/PEEK 混杂层板的延伸率

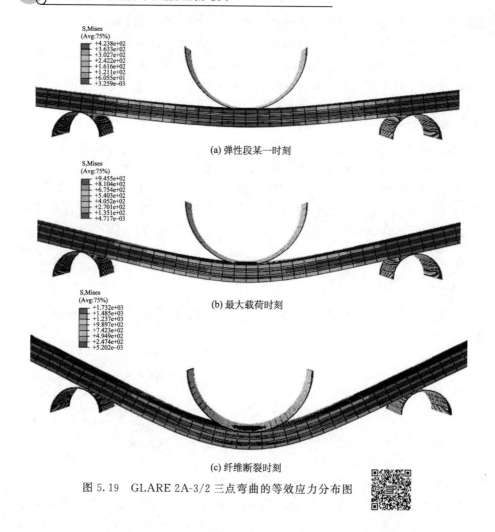

(a) 弹性段某一时刻

(b) 最大载荷时刻

(c) 纤维断裂时刻

图 5.19　GLARE 2A-3/2 三点弯曲的等效应力分布图

大于 GLARE 层板结果相一致。同时对比发现，正交 0°层板与正交 90°纤维含量相同，但弯曲强度略大。经分析是由于 0°纤维层在外部时，首先承受较大载荷，弯曲各层应力传递作用，最后才传递给 90°纤维层，而 90°纤维层在外部时，首先能承受的载荷较小。Ti/CF/PEEK-3/2 正交 0°和正交 90°层板的纤维层应力云图（图 5.20）中，应力分布的差异验证了这一推论。

层板试样在受弯曲载荷下，其中各层顺序分别为从加载端自上而下。层板受三点弯曲载荷，损伤区域主要集中在压头下部附近位于压头与支座之间，沿跨距中轴线对称分布。不同铺层角度的 GLARE 3/2 层板损伤变量随时间变化的曲线如图 5.21 所示，显示出各层破坏最严重单元的渐进失效过程。在最大载荷时（第 39 增量步），上下最外层铝合金和下层纤维层都有损伤，意味着各层最大应

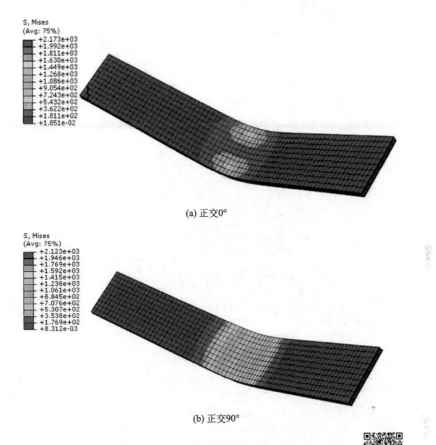

(a) 正交0°

(b) 正交90°

图 5.20　同一时刻 Ti/CF/PEEK-3/2 两种层板的纤维层应力云图

力均达到极限强度，但损伤程度不同。其中，最外层纤维层的纤维损伤变量最大。持续加载至第 66 增量步，最外层纤维层的整个截面发生破坏断裂。对于 0°/0°结构，受拉的最外层纤维发生断裂（纤维损伤变量 SDV1＝1）而破坏，进一步加载，铝合金损伤达到极限而断裂（金属损伤变量 DUCTCRT＝1）。对于 0°/90°结构，仍然是最外层纤维断裂（SDV1＝1），紧接着承载能力较弱的 90°纤维层断裂（树脂损伤变量 SDV2＝1），随着弯曲挠度的增大，最终最外层铝合金也断裂。铺层方式为＋45°/－45°的层板，损伤形式为纤维的树脂基体发生断裂（SDV2＝1）。整个弯曲加载过程中，三种铺层结构的层板铝合金层/纤维层界面刚度退化变量 0＜界面层损伤变量 SDEG＜1，胶层均未完全破坏，即层板尚未分层。

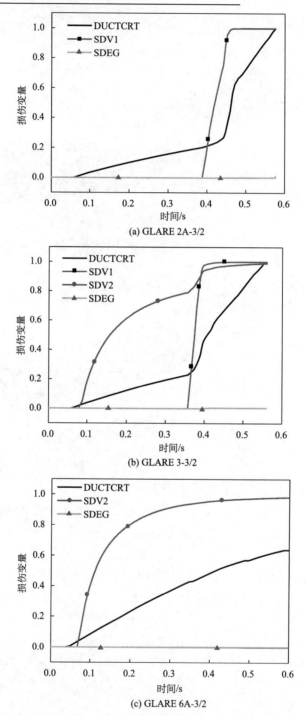

图 5.21 三种铺层的 GLARE 在弯曲受载时各层损伤变量随时间变化曲线

由于 FMLs 组成材料的异质多样性，其弯曲失效形式比较复杂，包括纤维断裂、基体的多裂纹及其扩展、纤维断裂附近金属层/纤维层的界面分层以及金属层的断裂。这些损伤机制先后产生，共同作用于层板，从而影响最终结构失效时的载荷水平。图 5.22 为不同纤维铺层方式的 GLARE 3/2 层板弯曲载荷-挠度曲线，可知三种铺层方式层板均发生大挠度变形，有限元预测结果与实测曲线基本趋势吻合较好。由图可知，GLARE 2A-3/2 能承受的弯曲载荷最大，GLARE 3-3/2 铺层的最大弯曲载荷次之，GLARE 6A-3/2 的最小。对比弯曲失效时刻的挠度，由大到小依次为 $+45°/-45°$、$0°/90°$ 和 $0°/0°$ 的 GLARE 层板。这是因为单向层板的 $0°$ 增强纤维较多，对拉应力控制的弯曲失效，能承受更高的抵抗力；多向层板由于纤维相对 x 轴具有一定的偏轴角度，纵向拉伸强度较低，更易产生弯曲失效。

三种铺层的 GLARE 3/2 层板弯曲强度如图 5.23 （a） 所示，各铺层有限元预测强度整体比实验略高，偏差分别为 $+4.60\%$、$+1.50\%$ 和 $+3.62\%$，均在 5% 以内，属于可接受的数值范围。弯曲模量的结果如图 5.23 （b） 所示，可知随着纤维排布方式从单向（$0°/0°$）、正交（$0°/90°$）至斜交（$+45°/-45°$），GLARE 3/2 层板的弯曲模量略有下降，说明在弹性阶段承载弯曲变形的能力随着 $0°$ 纤维含量的减小而降低。相同的弯曲载荷水平下，单向层板的挠度较小，斜交层板的挠度最大，也验证了上述结论。实验测得每种铺层的平均弯曲模量分别为 68.1GPa、63.12GPa 以及 58.9GPa，FEM 预测值均位于实验值的离散误差范围内，说明弯曲模量的预测较准确。同前期的拉伸结果相比，GLARE 层板的弯曲模量大于其拉伸弹性模量，这与均质材料有显著区别，因为复合材料的表层拉伸弹性模量与内层存在较大差异，并且计算拉伸弹性模量和弯曲模量采用的方法也不同。

$0°/0°$、$0°/90°$ 和 $+45°/-45°$ 三种铺层的 GLARE 3/2 层板弯曲失效试样自由边厚度方向的典型 SEM 照片如图 5.24 所示。其中，GLARE 2A-3/2 试样中性层下面跨距中点附近的两层 $0°$ 纤维均沿跨距中轴线发生整齐一致的断裂。GLARE 3-3/2 试样中性层下面的 $0°$ 层的纤维发生断裂而分开，图中 $0°$ 层纤维大部分已断成短纤维，同时其 $90°$ 层的树脂基体出现多条微裂纹。这是由于 $90°$ 层拉伸强度较弱，受张力时较易发生破坏，整个纤维层沿纵向仅有一层 $0°$ 纤维承载，相同受载条件下挠度增加，应变更大，从而使损伤情况更严重。GLARE 6A-3/2 层下面的 $+45°$ 和 $-45°$ 层的树脂基体均出现大量微裂纹，表明发生了典型的面内剪切失效。

对于受弯曲载荷的梁，其变形与所受弯矩 M 相关，而任一时刻的弯距可由曲率和拉压应力决定。基于几何因素考虑，假设层板各层跨距部分的曲率在弯曲变形过程中是统一的，当这部分梁承受一定的弯矩 M 时，应力和应变从中性面

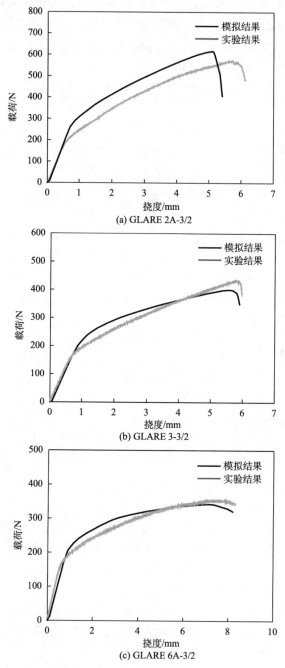

图 5.22 三种铺层的 GLARE 层板弯曲载荷-挠度曲线

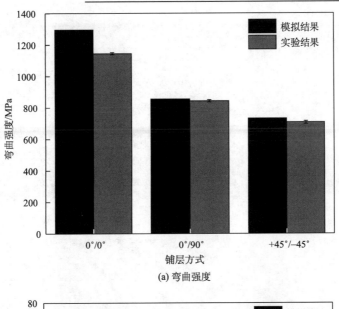

(a) 弯曲强度

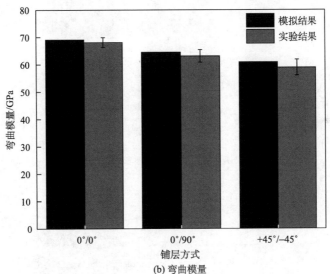

(b) 弯曲模量

图 5.23　三种铺层的 GLARE 3/2 弯曲模拟与实验结果对比

开始沿截面厚度方向线性变化，呈带状分布（图 5.25）。因此，弯曲梁的中性层上面受压应力，下面受拉应力，因此最终破坏的试样损伤分为拉伸损伤区和压缩损伤区两个部分。由于受拉一侧的形变量大于受压一侧，且各金属层和纤维层的压缩性能均略高于拉伸性能，所以受张力侧首先发生失效，主要的损伤区域也集中在中性面下面的拉伸部分。因此，随后的各层损伤和裂纹起始分析，主要针对中性面以下部位。

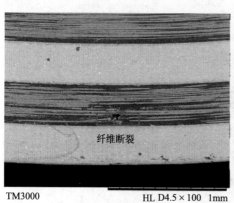
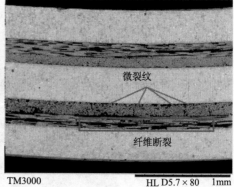

TM3000 　　　　　　　HL D4.5×100　1mm　TM3000 　　　　　　HL D5.7×80　1mm

(a) GLARE 2A-3/2 　　　　　　　　　　　　(b) GLARE 3-3/2

TM3000 　　　　　　　HL D5.7×80　1mm

(c) GLARE 6A-3/2

图 5.24　GLARE 三点弯曲失效试样截面的 SEM 图

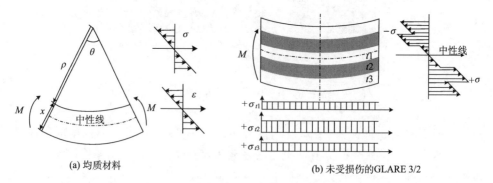

(a) 均质材料　　　　　　　　　　　　(b) 未受损伤的GLARE 3/2

图 5.25　材料受弯距时的截面应力分布

　　GLARE 3/2 层板在弯曲载荷下截面应力分布和裂纹起始示意图如图 5.26 所示，由于金属层和纤维层的拉伸弹性模量不同，截面应力分布并不是简单的线性分布，而是呈阶梯状。0° 的纤维层具有更大的拉伸弹性模量（107GPa），从相同的应变下而拉伸应力更高，首先出现裂纹，其余层的应力仍然规整分布。对于单向层板 GLARE 2A，弯曲载荷下仅最外 0° 层发生纤维齐断，该层靠跨距中点附近应力减小，其余层的承载能力不变。对于多向层板 GLARE 3 和 GLARE 6A，层板损伤截面的应力分布显示，纤维层的基体的多个微裂纹的出现，缓解了该层的应力集中，从而降低失效时的应力水平。本节基于连续介质损伤力学对 GLARE 进行分析，纤维层采用了均一化近似，仅以损伤变量表征破坏程序。实际复合材料内部纤维和基体的断裂是随机出现的小裂纹起始、桥接，最终扩展成大裂纹。目前，失效时的应力分布同微裂纹的定量关系尚不明确，需要多尺度数值模拟结合损伤力学、断裂力学进一步探索。

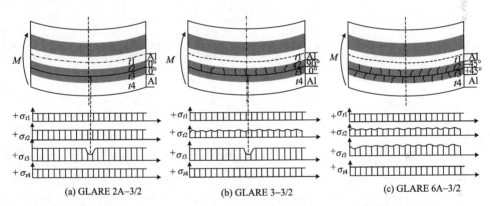

(a) GLARE 2A–3/2　　　　　　　(b) GLARE 3–3/2　　　　　　　(c) GLARE 6A–3/2

图 5.26　三种 GLARE 层板在弯曲载荷下截面应力分布和裂纹起始示意图

5.4.3　层间剪切性能的模拟及多界面分层行为研究

　　根据材料力学理论，试样在三点弯曲载荷下同时承受剪切力和拉-压应力。根据第 3 章的研究结果，当跨厚比较小时，剪切力控制层合板的失效。因此，短梁剪切法是评价具有多界面层合结构的层间剪切性能的有效方法。对于具有矩形截面的层合梁，当各层协调变形时，截面各处的厚度方向的切应力 τ_{13} 是厚度方向上的坐标 x_3 的函数：

$$\tau_{13} = \frac{3P}{4bh}\left[1 - \left(\frac{2x_3}{h}\right)^2\right] \tag{5.22}$$

式中，P 为试样的许用载荷，N；b 为试样宽度，mm；h 为试样厚度，mm。对于单一材料的层合梁，理想情况最大切应力发生在试样中性面（$x_3 = 0$）处，但由于金属层与纤维层的弱界面使得首先在中性金属层邻近的界面发生分层，因此仍可用三点加载的短梁剪切法对 FMLs 的层间剪切性能进行分析。研究表明[20]，改变跨厚比、压头半径，对层状复合材料试样的层间剪切的失效机制影响较大。GLARE 的层剪实验显示，采用压头半径为 3mm 以及跨厚比为 8 时，整个加载过程中直到纤维层和金属层分层破坏前，未观察到纤维本身的断裂，表现出稳定一致的层间剪切失效模式。因此，以下 FMLs 层间剪切性能的测试和模拟均选择跨厚比为 8。首先采用 Linde 模型模拟了不同铺层角度的 GLARE 层板层间剪切性能，这里采用三维有限元建模，压头半径为 3mm，压头及支座的横向宽度与试样宽度之比为 1.5。有限元几何模型、网格划分及边界条件如图 5.27 所示。

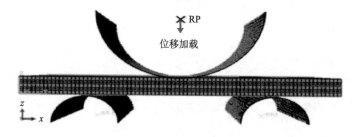

图 5.27　FMLs 的层间剪切有限元模型

因为不同铺层角度的试样层间剪切破坏的失效形式包括层间张开、滑移和错位，表明 FMLs 的层间剪切破坏模式为混合模式失效。表明前文的有限元建模中，界面采用混合模式损伤演化法则的内聚力模型是合理并符合实际情况的。宏观显示的分层均出现在中间铝层的上下界面，同预测的损伤最严重的界面层位置相一致。

FEM 和实验的载荷-挠度曲线（图 5.28）显示，随着载荷逐渐增加，层间开始出现破坏，载荷达到一定的峰值后突降，层间出现了明显的开裂。其中，0°/0°铺层的 GLARE 在初始弹性段和进入塑性区后的非线性段，模拟与实验均吻合良好；0°/90°和＋45°/－45°层板的弯曲载荷-挠度曲线中，初始弹性段的曲线趋势和最大载荷与实验基本一致，但随后的非线性段和载荷下降后的失效行为有明显差距。

制备的三种基本铺层的 GLARE 3/2 试样，进行短臂梁剪切实验后，截面破坏的 SEM 图如图 5.29 所示。由图可知，层间剪切应力引起界面分层开裂，具体表现为：GLARE 2A-3/2 主要在铝合金和纤维层之间发生分层破坏，伴随弯曲挠度引起的高的正应力，使得最外 0°层纤维出现少量断裂；GLARE 3-3/2 的分层起始于靠跨距中点的 0°纤维层和 90°纤维层之间，随后铝层与 90°纤维层间

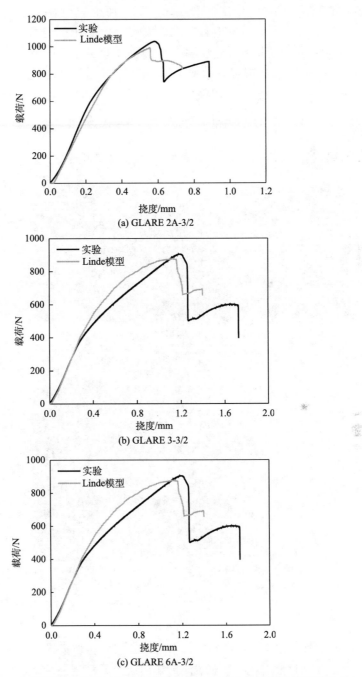

图 5.28　Linde 模型预测的 GLARE 层板弯曲载荷-挠度曲线和测试结果对比

也出现裂纹，当 90°纤维层断裂后，上下的两个分层裂纹相连接，导致层板失效；对于 GLARE 6A-3/2 层板，靠近中间铝合金的纤维层富树脂区以及＋45°和－45°两层纤维之间均有分层裂纹，并在－45°层的基体断裂处汇合，形成纵向的贯穿裂纹面，从而使层板发生剪切破坏。可见，多向 FMLs 的层间剪切失效行为同时包括铝合金层/纤维层间的分层失效和不同纤维排布角度的纤维层间分层失效，并通过基体裂纹连接在一起。因此，多向层板的层间剪切模型中，考虑纤维层的层内分层破坏，不同纤维排布角度的纤维层间也需建立内聚力界面单元。因为纤维层内失效，其厚度方向的损伤因素也需考虑。

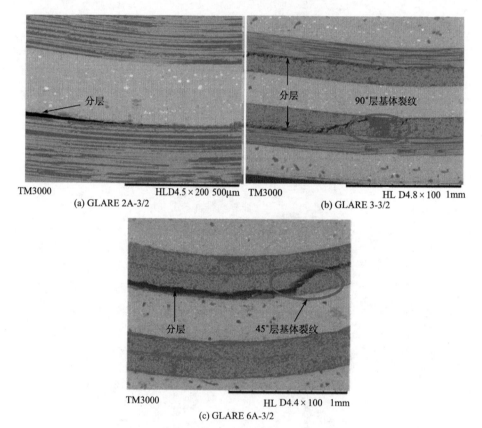

图 5.29 三种铺层的 GLARE 试样层间剪切破坏 SEM 图

考虑前期利用 Linde 模型进行 GLARE 层间剪切模拟与实际分层情况的不一致，为合理反映分层现象，对层间剪切的有限元模型进行了修正。材料的失效模型方面，由于 Linde 模型中纤维层的损伤演化只考虑了平面内的纤维和基体损伤，现在厚度方向引入损伤变量 d_z，进行三维渐进失效分析。

损伤起始判据：

$$
\begin{cases}
f_f = \sqrt{\dfrac{\varepsilon_{11}^{f,T}}{\varepsilon_{11}^{f,C}}(\varepsilon_{11})^2 + \left[\varepsilon_{11}^{f,T} - \dfrac{(\varepsilon_{11}^{f,T})^2}{\varepsilon_{11}^{f,C}}\right]\varepsilon_{11}} > \varepsilon_{11}^{f,T} \\
\qquad（纤维轴向）\\[2mm]
f_m = \sqrt{\dfrac{\varepsilon_{22}^{f,T}}{\varepsilon_{22}^{f,C}}(\varepsilon_{22})^2 + \left[\varepsilon_{22}^{f,T} - \dfrac{(\varepsilon_{22}^{f,T})^2}{\varepsilon_{22}^{f,C}}\right]\varepsilon_{22} + \left(\dfrac{\varepsilon_{22}^{f,T}}{\varepsilon_{12}^{f}}\right)^2(\varepsilon_{12})^2} > \varepsilon_{22}^{f,T} \\
\qquad（纤维横向）\\[2mm]
f_z = \sqrt{\dfrac{\varepsilon_{33}^{f,T}}{\varepsilon_{33}^{f,C}}(\varepsilon_{33})^2 + \left[\varepsilon_{33}^{f,T} - \dfrac{(\varepsilon_{33}^{f,T})^2}{\varepsilon_{33}^{f,C}}\right]\varepsilon_{33} + \left(\dfrac{\varepsilon_{33}^{f,T}}{\varepsilon_{33}^{f}}\right)^2(\varepsilon_{13}^2 + \varepsilon_{23}^2)} > \varepsilon_{33}^{f,T} \\
\qquad（厚度方向）
\end{cases}
$$

$$\text{(5.23)}$$

损伤演化判据：

$$
\begin{cases}
d_f = 1 - \dfrac{\varepsilon_{11}^{f,T}}{f_f}e^{[-C_{11}\varepsilon_{11}^{f,T}(f_1 - \varepsilon_{11}^{f,T})L^c/G_f]} & （纤维轴向）\\[3mm]
d_m = 1 - \dfrac{\varepsilon_{22}^{f,T}}{f_m}e^{[-C_{22}\varepsilon_{22}^{f,T}(f_2 - \varepsilon_{22}^{f,T})L^c/G_m]} & （纤维横向）\\[3mm]
d_z = 1 - \dfrac{\varepsilon_{33}^{f,T}}{f_z}e^{[-C_{33}\varepsilon_{33}^{f,T}(f_3 - \varepsilon_{33}^{f,T})L^c/G_m]} & （厚度方向）
\end{cases}
$$

$$\text{(5.24)}$$

修正后的纤维刚度矩阵为

$$
\boldsymbol{C}_d = \begin{bmatrix}
(1-d_f)C_{11} & (1-d_f)(1-d_m)C_{12} & (1-d_f)(1-d_z)C_{13} & 0 & 0 & 0 \\
(1-d_f)(1-d_m)C_{21} & (1-d_m)C_{22} & (1-d_m)(1-d_z)C_{23} & 0 & 0 & 0 \\
(1-d_f)(1-d_z)C_{31} & (1-d_m)(1-d_z)C_{32} & (1-d_z)C_{33} & 0 & 0 & 0 \\
0 & 0 & 0 & (1-d_f)(1-d_m)C_{44} & 0 & 0 \\
0 & 0 & 0 & 0 & (1-d_m)(1-d_z)C_{55} & 0 \\
0 & 0 & 0 & 0 & 0 & (1-d_z)(1-d_f)C_{66}
\end{bmatrix}
$$

$$\text{(5.25)}$$

　　层板由于不同方向的纤维界面易发生分层，为模拟多界面分层裂纹扩展，除了金属层/纤维层界面，在纤维层内不同方向的纤维层间也插入一层内聚力单元，GLARE 3/2 多向层板层间剪切的几何模型截面示意图如图 5.30 所示。

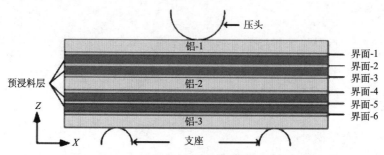

图 5.30　GLARE 3/2 多向层板短臂梁剪切的几何模型截面示意图

有限元预测的 GLARE 3/2 层板在不同加载等级下，各界面层渐进损伤失效过程见表 5.4～表 5.6，由于整个模型沿跨距中轴线对称，这里只显示每层的1/2部分。损伤云图中的左侧深色区域处对应的刚度退化变量 SDEG＝1，表明该处内聚力单元完全破坏；其余区域对应 SDEG＝0，该部分不发生分层；浅色区域刚度退化变量 0＜SDEG＜1，表示该部分的内聚力单元有损伤。在 x-y 平面内，每个界面的分层起始于层板的跨距中间以及前后的自由边缘，并逐渐向两端扩展。最终铝合金和纤维层的各界面分层区域扩展至整个试样横截面，试样发生失效。厚度方向上，最先发生分层破坏的部位出现在靠近中间铝合金的上下两个胶层，且所述两个胶层的脱黏面积明显大于其余胶层。这是由于层板在失效前的应

表 5.4　GLARE 2A-3/2 层间剪切各界面层损伤演化过程

损伤等级	界面顺序	90%极限载荷	100%极限载荷	最终失效
	界面-1			
SDEG (Avg: 75%) +1.000e+00 +8.750e-01 +7.500e-01 +6.250e-01 +5.000e-01 +3.750e-01 +2.500e-01 +1.250e-01 +0.000e+00	界面-2			
	界面-3			
	界面-4			

力集中于纤维层，中间铝合金层受到上下纤维层的拉、压应力，在铝合金层/纤维层界面形成较大的剪切力，当剪切力超过界面胶层的最大切应力时，内聚力单元的刚度下降，即发生分层。从渐进损伤过程云图可知，虽然 GLARE 层板的前后边缘的初始分层并不明显，但随后边缘分层向试样两端的扩展速率大于中间区域，说明 FMLs 的层间剪切行为具有明显的边缘效应。

表 5.5　GLARE 3-3/2 层间剪切各界面层损伤演化过程

损伤等级	界面顺序	90%极限载荷	100%极限载荷	最终失效
	界面-1			
	界面-2			
SDEG (Avg; 75%) +1.000e+00 +8.750e-01 +7.500e-01 +6.250e-01 +5.000e-01 +3.750e-01 +2.500e-01 +1.250e-01 +0.000e+00	界面-3			
	界面-4			
	界面-5			
	界面-6			

在 GLARE 3-3/2 和 GLARE 6A-3/2 的各界面损伤演化过程中，达 100% 的极限载荷后，相邻不同纤维铺层角度的纤维层之间的界面（界面-2 和界面-5）也开始破坏。此外，GLARE 3-3/2 中的 90°层和 GLARE 6A-3/2 的 −45°层分别由于最大正应力和面内剪切力超过极限强度，导致树脂基体发生破坏（图 5.31）。这表明，预测结果与实验显示的多向 FMLs 的层间裂纹和层内裂纹同时扩展，并通过树脂基体裂纹相连接的失效行为一致。

表 5.6　GLARE 6A-3/2 层间剪切各界面层损伤演化过程

损伤等级	界面顺序	90%极限载荷	100%极限载荷	最终失效
SDEG (Avg: 75%) +1.000e+00 +8.750e-01 +7.500e-01 +6.250e-01 +5.000e-01 +3.750e-01 +2.500e-01 +1.250e-01 +0.000e+00	界面-1			
	界面-2			
	界面-3			
	界面-4			
	界面-5			
	界面-6			

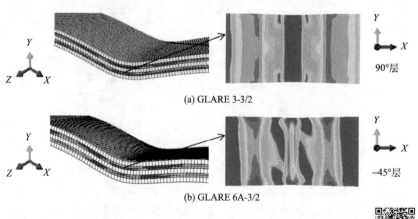

(a) GLARE 3-3/2

(b) GLARE 6A-3/2

图 5.31　GLARE 3-3/2 和 GLARE 6A-3/2 纤维层的基体损伤云图

　　GLARE 3/2 不同铺层角度的层间剪切载荷-挠度曲线如图 5.32 所示，达到最大载荷后的载荷-挠度曲线开始下降，所有试样的载荷-挠度曲线均具有两个特征峰值点，伴随实验过程中分别听到两声损伤裂开的脆响。截面实时观测表明，第一峰值点后，铝合金层与纤维层脱黏，分层起始，对应首次失效，承载能力部分下降；第二峰值点后，分层裂纹扩展沿横向扩展至试样边缘，对应最终失效。这是层合梁在三点加载下，载荷在各界面传递时导致的应力重新分布与界面分层破坏共同作用引起的结果。GLARE 2A-3/2 和 GLARE 3-3/2 试样塑性变形后还未发生大的弯曲变形即达到极限载荷而失效。GLARE 6A-3/2 层板发生较大挠度变形后才达到极限载荷，开始分层，具有显著的剪切抵抗力。失效破坏中除了界面分层外，还包括剪切应力导致的纤维层本身树脂开裂，微裂纹能吸收更多能量，导致失效前能量的高损耗。因此，首次失效后载荷并未立即降低，而是随着挠度增加而缓慢下降，表现出更明显的刚度软化行为。FEM 预测的载荷-挠度曲线同实测曲线相比，在初始弹性段吻合较好。铝合金进入塑性区后，一方面铝合金层与纤维层实际的变形不协调；另一方面纤维层内部各层之间由于缺陷可能存在部分分层，导致随后层板的非线性行为模拟曲线与实测有偏差。最终载荷达至最大值后，两条曲线基本保持一致，表明修正后的 FEM 模型可以很好地预测 GLARE 层板的分层破坏。

　　GLARE 的层间剪切强度（ILSS）采用载荷-挠度曲线的第一峰值点来计算，实质为 FMLs 的表观层间剪切强度。0°/0°、0°/90°和＋45°/－45°三种不同纤维铺层的 GLARE 3/2 层间剪切强度对比见图 5.33，实验测得的 ILSS 平均值分别为 52.84MPa、51.44MPa 和 50.41MPa。可以看到，改变纤维铺层角度，GLARE 3/2 层板的 ILSS 值并无显著的变化规律。使用修正的 Linde 模型预测的 ILSS 值分别为 55.09MPa、51.33MPa 和 48.63MPa，均在实测数据的离均差范围内。其中 GLARE 3-3/2 和 GLARE 6A-3/2 板的层间剪切强度预测值小于实测值，出现异常的原因可能是在多向层板的相邻纤维层间构建内聚力单元时，近似使用了跟铝合金层/纤维层界面相同的参数，实际上纤维层层间的断裂韧性大于铝合金层/纤维层界面的层间断裂韧性，从而导致模拟结果偏低。

5.4.4　开孔拉伸性能的模拟及损伤分析

　　飞机结构件包含大量的连接孔，这些孔附近产生应力集中，常导致飞机材料在服役过程中静载和动载力学性能下降。目前存在的预测层板缺口或开孔强度的理论有三种，分别基于应力失效、断裂力学和渐进损伤原理。应力失效可以用于预测强度，但不包括失效机制的预测。第二种原理中，Afaghi-Khatibi 模型[21]认为损伤起始于缺口根部的局部应力达到纤维层的极限强度或金属层的屈服强度时。Hao 等[22]将复合材料均一化近似，采用二维扩展有限元（XFEM）方法预测复合材料的断裂。第三种原理中，Joseph 等[23]提出以内部状态变量形式表示的增强 Schapery 理论，较准确地预测了碳纤维复合材料的开孔拉伸强度，其模型的有

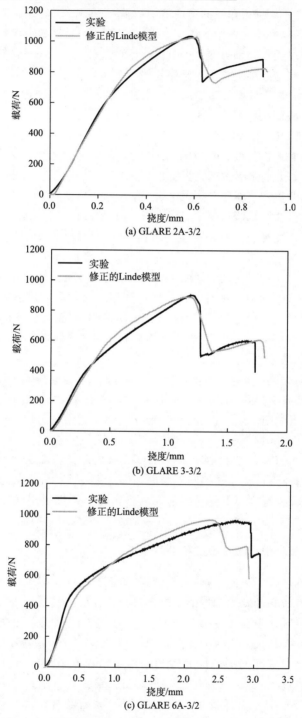

图 5.32　三种铺层的 GLARE 板层间剪切载荷–挠度曲线

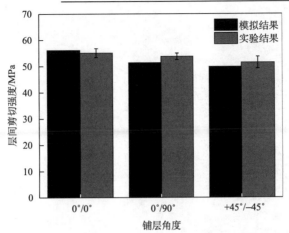

图 5.33　三种铺层角度的 GLARE 3/2 层间剪切强度对比

效性尚未在 FMLs 上得到验证。本节将在前期确定的层板本构关系和破坏准则的基础上，建立三维渐进失效有限元模型，预测 Ti/CF/PEEK-3/2 层板的开孔拉伸行为。

层板的几何尺寸如图 5.34 所示，为减小节点自由度和降低计算代价，这里只对 1/8 的层板进行建模和计算，一端沿 0°纤维方向采取拉伸位移加载，另一端施加对称性边界条件。考虑孔附近的应力集中现象，为提高计算精确度，孔周围进行了网格细化。

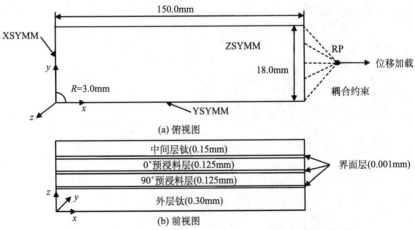

图 5.34　开孔 Ti/CF/PEEK 层板的几何尺寸和边界条件

XSYMM：对称边界条件，对称面为与 x 轴垂直的平面，即 $UR_1 = UR_2 = UR_3 = 0$；YSYMM：对称边界条件，对称面为与 y 轴垂直的平面；ZSYMM：对称面为与 z 轴垂直的平面

单向(0°/0°)、正交(0°/90°)和斜交(＋45°/－45°)的三种 Ti/CF/PEEK-3/2层板的开孔拉伸应力-应变曲线如图 5.35 所示，可知有限元预测的应力-应变行为

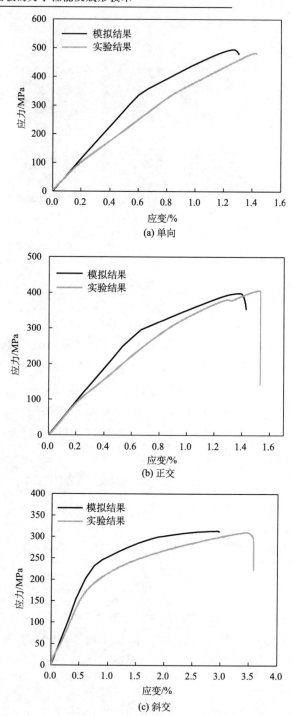

图 5.35 Ti/CF/PEEK-3/2 层板开孔拉伸的应力-应变曲线对比

同实测曲线吻合度较高，且计算的最大应力与实验值相近。初始阶段，预测的曲线斜率即层板刚度与实验保持一致，当层板开始屈服时，二者出现差异。其中一个可能的原因是层板固化后存在残余应力，此部分应力并未考虑在预测模型中。此外，实验中试样内部的空隙、缺陷等会导致加载方向实际的模量降低。图 5.36 为 Ti/CF/PEEK-3/2 层板开孔拉伸强度，三种铺层的层板 0°/0°、0°/90° 和＋45°/−45°预测强度同实测相比偏差分别为 0.4%、1.1% 及 1.9%，均在 5% 以内，说明该模型可以较合理地预测 FMLs 的开孔拉伸强度。＋45°/−45°铺层的层板开孔拉伸强度最低，这是由富树脂区首先发生剪切破坏引起的。

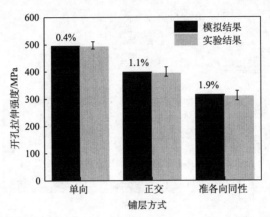

图 5.36　有限元预测的 Ti/CF/PEEK 层板开孔拉伸强度与实测值对比

　　有限元预测的 Ti/CF/PEEK 正交层板的开孔拉伸的损伤云图如图 5.37 所示，显示了不同层材料在中心孔附近的渐进破坏过程，包括钛合金的延性损伤、碳纤维的断裂和 PEEK 的损伤。损伤云图表明，在层板屈服后纤维首先开始断裂，当准静态加载至极限载荷后钛层单元迅速破坏，直至裂纹扩展至整个截面，层板完全拉伸断裂。图 5.38 的开孔试样断口截面 SEM 照片显示，应力水平为 65% 极限载荷时开始有少量纤维断裂。当 0°纤维层完全断裂的同时，90°层的树脂裂纹扩展至试样边缘，最终发生失效，如图 5.38(e) 和 (f) 所示。这里可看到，钛合金的断口为典型的延性断裂。钛层与 90°层之间有明显的分层现象，如图 5.38(f) 所示。

　　图 5.39 预测了中心开孔的 Ti/CF/PEEK 正交层板在不同加载时刻的分层扩展过程。因为模型沿横向对称，这里只取 1/2 进行分析。在准静态拉伸过程中，静态分层由钛层的应变梯度和塑性引起，由此降低碳纤维层的应变，并阻止了纤维断裂。因碳纤维的极限应变为 1.9%，远远小于 Ti 的 55% 断裂应变，纤维层控制裂纹的起始和进一步扩展。当纤维束发生断裂，储存其中的弹性能量瞬间通

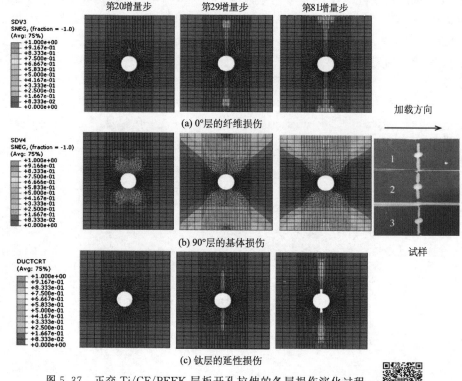

图 5.37　正交 Ti/CF/PEEK 层板开孔拉伸的各层损伤演化过程

过树脂基体转移至邻近的载荷承载区，这一过程产生纤维断裂分层。当纤维断裂分层扩展至试样边缘，相邻的钛层不能承受高载荷而断裂。断裂后的正交开孔拉伸试样的超声 C 扫描图像（图 5.40）显示出试样的实际分层形状，与模拟的分层形貌相吻合。

　　有限元预测的不同铺层的 Ti/CF/PEEK 开孔拉伸载荷–位移曲线如图 5.41所示。由图可知，单向层板能承载最高的载荷；0°/0°和0°/90°层板失效位移相近，而此时＋45°/−45°层板还未达到最大失效载荷。实验证实了±45°ₙFMLs 沿轴向加载方向展现出显著的塑性变形，同时与之相邻的钛层发生收缩现象。斜交层板±45°的开孔拉伸应力云图显示出中心孔附近的应力重新分布情况。应力重分配导致更多的应力释放从而延缓了斜交层板的失效。当加载方向同纤维轴向成大角度时，层板的失效主要由钛层控制。斜交层板开孔拉伸后的应力云图（图 5.42）证实了裂纹沿±45°方向，同预测的应力集中区域相一致。

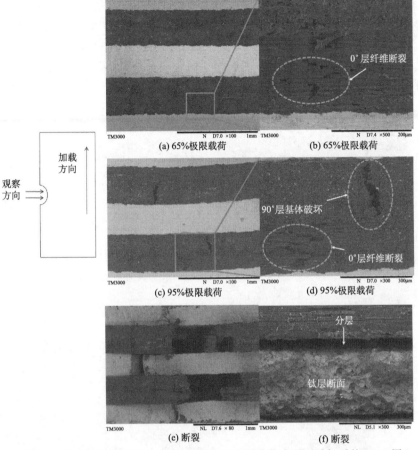

图 5.38 Ti/CF/PEEK 层板中心孔附近在不同载荷水平下破坏后的 SEM 图

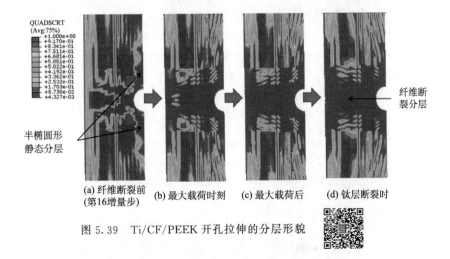

图 5.39 Ti/CF/PEEK 开孔拉伸的分层形貌

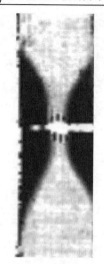

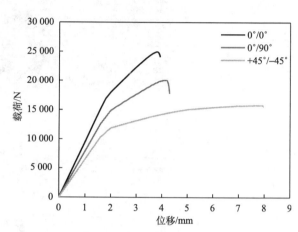

图 5.40 层板正交开孔拉伸后的断　图 5.41 有限元预测的三种铺层 Ti/CF/PEEK 层板
裂试样超声 C 扫描图像　　　　　　的开孔拉伸载荷-位移曲线

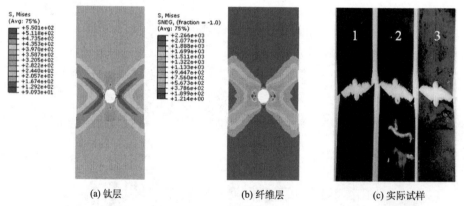

(a) 钛层　　　　　　　　(b) 纤维层　　　　　　　　(c) 实际试样

图 5.42　斜交 Ti/CF/PEEK 层板极限载荷时刻的应力集中形貌

5.4.5　层板结构从 3/2 依次扩展到 4/3、5/4 和 6/5 的力学性能演化

当 3/2 结构不能满足强度和损伤容限设计使用要求时，需要增加层板厚度以提高其力学性能。FMLs 增加厚度有两种方法：一种是在每两层金属之间增加纤维铺设层数，例如设计层板结构为 3/6、3/10、3/18 等；另一种为相似性结构扩展，即结构变为 $n/(n+1)$ 型，n 为每两层金属之间的纤维层数，$(n+1)$ 为金属层数，$n>3$。Cortes 等[24]研究发现，第一种厚度增加方式通过增大纤维含量，能显著提高其抗拉强度和疲劳寿命，但由于加剧了纤维层和金属层之间的分层，

反而加剧层板损伤失效；第二种结构扩展方式既能提高层板的抗拉强度，又降低了疲劳裂纹扩展速率。因此，以下采用相似性结构扩展方式，利用前期优化的有限元模型，对其基本力学性能进行预测。

由图 5.43 可知，对于铺层设计分别为 3/2、4/3、5/4 及 6/5 结构的 GLARE 2A 层板，其抗拉强度随着铝合金和纤维层数的增加而增大，拉伸弹性模量的变化规律与之相反。这与沿加载方向的 0° 玻璃纤维体积含量增加有关。4/3 结构层板与 3/2 结构相比显著提高了抗拉强度，而铺层配置扩展至 5/4 和 6/5 时，抗拉强度随着纤维体积分数的增加而增大的趋势变得平缓。这是由于结构扩展后，层数增加，一方面虽然破坏载荷增加，但厚度也增大，使得平均应力增量不明显；另一方面玻璃纤维层/铝合金层的界面增多，影响层板整体力学性能。基于体积分数的混合理论计算结果（MVF）与实测值相比，偏差较大，而考虑了界面层的渐进损伤 FEM 模拟值同实测结果较为吻合。

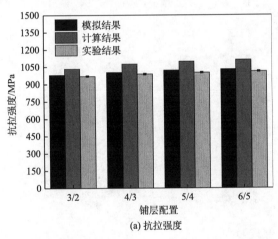

(a) 抗拉强度

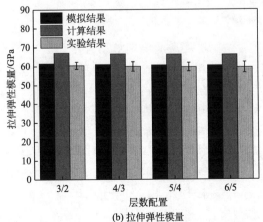

(b) 拉伸弹性模量

图 5.43　GLARE 2A 结构扩展后的拉伸性能对比

进一步考察了相同条件下的 4/3、5/4 和 6/5 结构的 GLARE 2A 层板弯曲性能和层间剪切性能，其弯曲强度模拟和实验值如图 5.44 所示。由图可知，与 3/2 结构相比，相似性结构扩展后随着纤维体积含量和层板总厚度的增大，GLARE 的弯曲强度稍有下降，随后的弯曲实验也验证了这一结果。对于弯曲性能，层合板截面正应力分布与离中性面的距离有关。假设层板沿长度方向的各部分曲率均与跨距中点曲率相等，中性面下部的拉伸应变 ε 和应力 σ 表示为[25]

$$\varepsilon = \frac{(\rho + x)\mathrm{d}\theta}{\rho\mathrm{d}\theta} \approx \frac{x}{\rho} \tag{5.26}$$

$$\sigma = E\varepsilon = E\,\frac{x}{\rho} \tag{5.27}$$

式中，E 为铝合金层或纤维层的拉伸弹性模量；x 为每层材料距中性面的距离；ρ 为中性轴的曲率。厚度增加后，相同加载条件下最外层所受正应力增加，因此厚度受弯矩时更易发生正应力引起的弯曲破坏，从而降低了弯曲强度。

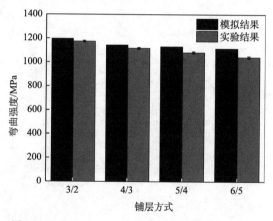

图 5.44　GLARE 2A 随结构扩展的弯曲强度对比

对于 GLARE 层板结构扩展后的层间剪切强度（ILSS），模拟值和实测值见图 5.45。结果表明，随着纤维体积含量和层板总厚度的增大，GLARE 层板的界面层增加。单一界面的结合性能只与上下层材料的表面状态有关，与材料本身的力学性能无关。而采用层间剪切方法来考察层板整体的界面结合性能时，应力波通过多个界面在各层材料间传递。当界面增多，在相同应力时，由于铝合金层和纤维层的变形不协调，层间剪应力增大，从而更易引起分层。厚度增加，截面积增大，载荷不变时，表现为层间剪切强度降低。虽然结构从 3/2 依次扩展到 4/3、5/4 和 6/5 后，纤维含量有所增加，提高了阻止裂纹扩展的纤维桥接作用，但较厚的层板趋于易分层，抵消了部分纤维桥接应力，提高了铝合金表面的应力集中程度，反而促进了裂纹扩展。

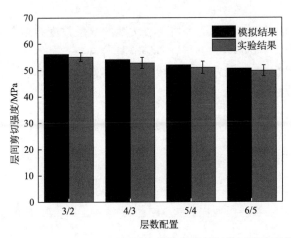

图 5.45　GLARE 2A 层板随结构扩展的层间剪切强度变化

5.5　本 章 小 结

（1）针对纤维金属超混杂结构，利用数值模拟与实验相结合的手段进行了力学性能的研究和损伤分析。构建了 FMLs 的三维渐进失效有限元模型，对金属层、纤维层和界面层分别选用延性损伤法则、Linde 模型和内聚力模型，模拟得到的单向(0°/0°)、正交(0°/90°)、斜交(+45°/−45°)层板的单向拉伸、三点弯曲、层间剪切和开孔拉伸性能曲线与实验曲线相吻合，抗拉强度和弯曲强度跟实测值相比误差较小，同时也预测了 FMLs 不同加载形式下的失效模式。

（2）从纤维层失效法则和几何建模两个方面修正了多向板的层间剪切有限元模型，模拟结果与实际测得的曲线从弹性段、软化段到失效后行为均比较一致，层间剪切强度与实测值的偏差在 5.0% 内，验证了修正模型的合理性。利用修正后的层板有限元模型，对 GLARE 2A 结构扩展后基本力学性能的变化规律进行预测。结果表明，当 GLARE 层板从 3/2 结构依次变为 4/3、5/4、6/5 结构时，其抗拉强度逐渐增大，弯曲性能稍有下降，而层间剪切性能显著下降，该演化规律可为 FMLs 从薄板到厚板的设计提供参考。

（3）研究金属层、纤维层以及纤维铺层角对混杂层合板结构响应的影响机制，此模型具有通用性，可用于其他材料体系不同铺层结构的 FMLs 失效行为预测，有助于构建层板力学性能的数据库。围绕 FMLs 的力学性能，从材料本构上模拟了其损伤破坏，然而层板固化过程中产生的残余热应力也会对失效行为有影响，今后需在模型中考虑并加入材料的热力学参数，以提高数值模拟的预测精度。

(4) 后续研究可将细观的渐进损伤与宏观的唯象强度相结合，对 FMLs 的损伤行为进行多尺度模拟分析，并通过有限元软件和程序接口实现两种模型数据之间的信息传递，以提高 FMLs 力学性能预测的效率，为层板的设计和进一步商业化应用提供分析工具。

参 考 文 献

[1] Du D D, Hu Y B, Li H G, et al. Open-hole tensile progressive damage and failure prediction of carbon fiber-reinforced PEEK-titanium laminates[J]. Composites Part B: Engineering, 2016, 91: 65-74.

[2] 杜丹丹. GLARE 层板力学性能的数值模拟与实验研究[D]. 南京：南京航空航天大学, 2016.

[3] Linde P, de Boer H. Modelling of inter-rivet buckling of hybrid composites[J]. Composite Structures, 2006, 73(2): 221-228.

[4] Chang K Y, Liu S, Chang F K. Damage tolerance of laminated composites containing an open hole and subjected to tensile loadings[J]. Journal of Composite Materials, 1991, 25(3): 274-301.

[5] Dutton R E, Pagano N J, Kim R Y, et al. Modeling the ultimate tensile strength of unidirectional glass-matrix composites[J]. Journal of the American Ceramic Society, 2000, 83(1): 166-174.

[6] Camanho P P, matthews F L. A progressive damage model for mechanically fastened joints in composite laminates[J]. Journal of Composite Materials, 1999, 33(24): 2248-2280.

[7] Shokrieh M M, Lessard L B. Progressive fatigue damage modeling of composite materials, Part I: Modeling[J]. Journal of Composite Materials, 2000, 34(13): 1056-1080.

[8] 叶碧泉, 羿旭明, 靳胜勇, 等. 用界面单元法分析复合材料界面力学性能[J]. 应用数学和力学, 1996, 17(4): 343-348.

[9] Achenbach J D, Zhu H. Effect of interfacial zone on mechanical behavior and failure of fiber reinforced composites[J]. Journay of the Mechanics and Physics of Solids, 1989, 37(3): 381-393.

[10] 陈陆平, 潘敬哲, 钱令希. 复合材料纤维/基体界面失效问题的参变量有限元数值模拟[J]. 复合材料学报, 1993, 10(1): 71-75.

[11] 周储伟, 杨卫, 方岱宁. 内聚力界面单元与复合材料的界面损伤分析[J]. 力学学报, 1999, 31(3): 372-377.

[12] 赵鹏, 石广玉. 层合板界面层的弹簧界面元等效刚度计算模型[J]. 计算力学学报, 2011, 28(zl): 131-135.

[13] Zhang Z J, Paulino G H. Cohesive zone modeling of dynamic failure in homogeneous and functionally graded materials [J]. International Journal of Plasticity, 2005, 21 (6): 1195-1254.

［14］Turon A，Dávila C G，Camanho P P，et al. An engineering solution for mesh size effects in the simulation of delamination using cohesive zone models［J］. Engineering Fracture Mechanics，2007，74(10)：1665-1682.

［15］Kulkarni M G，Matouš K，Geubelle P H. Coupled multi-scale cohesive modeling of failure in heterogeneous adhesives［J］. International Journal for Numerical Methods in Engineering，2010，84(8)：916-946.

［16］Xue J，Wang W X，Zhang J Z，et al. Progressive failure analysis of the fiber metal laminates based on chopped carbon fiber strands［J］. Journal of Reinforced Plastics and Composites，2015，34(5)：364-376.

［17］张龙，王波，矫桂琼，等. 纤维桥连对复合材料 I 型层间断裂韧性的影响［J］. 航空学报，2013，34(4)：817-825.

［18］Camanho P P，Dávila C G. Mixed-mode decohesion finite elements for the simulation of delamination in composite materials［R］. NASA/TM-2002-211737，2002.

［19］Egan B，Mccarthy C T，Mccarthy M A，et al. Stress analysis of single-bolt，single-lap，countersunk composite joints with variable bolt-hole clearance［J］. Composite Structures，2012，94(3)：1038-1051.

［20］陈新文，傅向荣，王翔，等. 芳纶/聚合物基复合材料层间剪切性能研究［J］. 失效分析与预防，2013，8(4)：226-231.

［21］Afaghi-Khatibi A，Lawcock G，Ye L，et al. On the fracture mechanical behavior of fibre reinforced metal laminates (FRMLs)［J］. Computer methods in applied mechanics and engineering，2000，185(2)：173-190.

［22］Hao A，Yuan L，Chen J Y. Notch effects and crack propagation analysis on kenaf/polypropylene nonwoven composites［J］. Composites Part A：Applied Science and Manufacturing，2015，73：11-19.

［23］Joseph A P K，Waas A M，Ji W，et al. Progressive damage and failure prediction of open hole tension and open hole compression specimens［C］// AIAA/ASCE/AHS/ASC the 56th Structures，Structural Dynamics，and Materials Conference. Florida，2015.

［24］Cortes P，Cantwell W J. The tensile and fatigue properties of carbon fiber-reinforced PEEK-titanium fiber-metal laminates［J］. Journal of Reinforced Plastics and Composites，2004，23(15)：1615-1623.

［25］Sun Y B，Chen J，Ma F M，et al. Tensile and flexural properties of multilayered metal/intermetallics composites［J］. Materials Characterization，2015，102：165-172.

第 **6** 章
FMLs疲劳性能的实验研究及预测

6.1 概　述

　　航空航天器服役过程中，其内部构件会受到疲劳载荷的反复作用，而导致其结构材料发生损伤失效。在航空航天材料的损伤容限评价体系中，疲劳性能最为重要。如前所述，FMLs综合了传统纤维复合材料和金属材料的优点，克服了单一复合材料或金属材料的不足。较传统金属材料，其最大的特点在于具有更为优异的疲劳和损伤容限性能。但FMLs中的纤维具有强度和刚度上的各向异性、内部构造上的不均匀性和不连续性等特点，这些特点致使其疲劳损伤和破坏机理比各向同性金属材料更为复杂。同时，FMLs的疲劳损伤并非单一的损伤模式，而是包括金属层的扩展、基体开裂、界面脱黏、层间分层和纤维断裂等损伤形式，且金属层的裂纹扩展和纤维层的层间分层扩展之间相互耦合，相互影响，使得层板的裂纹扩展与寿命预测变得更为复杂。在恒幅载荷下，FMLs被认为可保持恒定的裂纹扩展速率。尽管如此，建立准确的预测模型尚有诸多困难，加之飞机在实际服役过程中经常承受变幅载荷。由于FMLs在疲劳裂纹扩展过程中存在桥接应力，在变幅载荷下，可能会存在桥接效应与过载效应(或负载效应)之间的交互作用，二者相互影响，使得变幅载荷下FMLs的疲劳行为研究变得更加复杂。这也是目前FMLs诸多研究都集中于疲劳机理及预测研究的原因。

　　本书基于对FMLs疲劳裂纹扩展行为及疲劳寿命的研究[1]，在本章中重点探讨该类材料在不同温度、载荷条件下的疲劳裂纹扩展行为及其预测方法；同时，对GLARE及TiGr等层板的疲劳寿命研究进行介绍。

6.2 FMLs的疲劳裂纹扩展速率

　　疲劳裂纹扩展速率是评价材料疲劳性能的主要指标之一。典型的金属疲劳裂纹扩展速率如图6.1所示，主要分为三个区域，分别为：近门槛区(Ⅰ)、稳态扩展区(Ⅱ)和快速扩展区(Ⅲ)。其中第二区域即稳态扩展区，是目前研究最广泛、最深入，且是最重要的裂纹扩展区域。该区域裂纹扩展速率与应力强度因子之间符合 Paris 公式，计算过程如下所示：

$$\Delta K = K_{max} - K_{min} = Y\sigma_{max}\sqrt{\pi a} - Y\sigma_{min}\sqrt{\pi a} = Y\Delta\sigma\sqrt{\pi a} \tag{6.1}$$

$$\frac{da}{dN} = C\left(Y\Delta\sigma\sqrt{\pi a}\right)^m = C\left(\Delta K\right)^m \tag{6.2}$$

式中，ΔK 为应力强度因子范围，MPa $\sqrt{m}$；K_{max} 为最大应力强度因子，MPa $\sqrt{m}$；K_{min} 为最小应力强度因子，MPa $\sqrt{m}$；σ_{max} 为最大应力值，MPa；σ_{min} 为最小应力值，MPa；a 为裂纹长度，mm；N 为循环周次，cycle；Y 与试样裂纹尺寸有关，且 C 和 m 是试样中获得的材料常数，对于金属而言，m 值为 $2\sim4$。

对于 MT 试样，其应力强度因子范围 ΔK 计算公式如下：

$$\Delta K = \frac{\Delta P}{B}\sqrt{\frac{\pi\alpha}{2W}\sec\frac{\pi\alpha}{2}} \tag{6.3}$$

$$\begin{cases} \Delta P = P_{max} - P_{min}\,(R \geqslant 0) & \tag{6.4}\\ \Delta P = P_{max}\,(R < 0) & \tag{6.5} \end{cases}$$

$$\alpha = 2a/W \tag{6.6}$$

式中，P_{max} 为循环力最大值，N；P_{min} 为循环力最小值，N；W 为试样宽度，mm；B 为试样厚度，mm；a 为裂纹长度，mm。

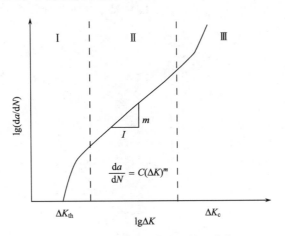

图 6.1　典型金属疲劳裂纹扩展曲线

研究表明，胶接金属板比等厚度的纯金属板的抗疲劳性能有较为明显的提高[2]。这主要基于两个因素，一方面，胶接金属板中单层薄板厚度小，更接近平面应力状态，其疲劳裂纹扩展速率比厚板低；另一方面，对于非穿透裂纹，胶层对裂纹有阻碍作用[3]。FMLs 在疲劳载荷作用下主要发生的是金属层的裂纹扩展和金属层/纤维层界面层的分层扩展，两者协调作用，Alderliesten[4]、Shim 等[5]、Chang 等[6]和郭亚军等[7]都基于经典 Paris 公式，用于计算 FMLs 的疲劳裂纹扩展速率。

6.2.1　FMLs 的疲劳裂纹扩展机制

由于纤维层的存在，使 FMLs 具有优异的抗疲劳性能。在疲劳载荷作用下，裂纹在金属层中不断扩展，而纤维层则通过金属层/纤维层界面将载荷由金属层转移到纤维层中，这部分转移的载荷导致层板产生桥接应力，桥接应力的存在使裂纹尖端的应力强度因子降低，达到对裂纹扩展的抑制作用。相应地，桥接应力从金属层传至纤维层的过程中会产生剪切变形，导致分层出现。因此，FMLs 在长周期的交替载荷作用下，具有两种损伤模式：金属层的疲劳裂纹扩展和金属层/纤维层界面的分层扩展。

整个疲劳过程中，FMLs 裂纹扩展中的纤维桥接和分层示意如图 6.2 所示，这三种机制相互影响，相互制约。一般认为，当疲劳裂纹在金属层中萌生和扩展时，纤维对裂纹起到桥接作用，使裂纹尖端的应力场强度因子减小，从而阻碍了疲劳裂纹扩展；当纤维起桥接作用时，应力从金属层传递至纤维层过程经由界面产生剪切力，周期性的层间剪切力会导致分层出现。分层现象的存在对疲劳性能的影响比较复杂，一方面，缓解了金属层的应力集中，使疲劳裂纹扩展速率降低；另一方面，大量的分层会降低纤维的桥接效率，反而促进了疲劳裂纹扩展。

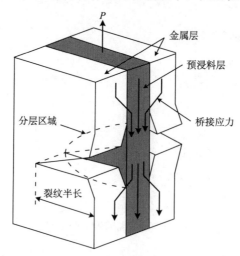

图 6.2　FMLs 裂纹扩展中的纤维桥接和分层机制示意图

6.2.2　FMLs 疲劳裂纹扩展的实验研究

由于国内外没有 FMLs 的疲劳裂纹扩展速率测试的相关标准，很多学者都参考金属材料的测试标准 ASTM E647，采用中心裂纹(MT)试样，尺寸如图 6.3 所示。通过 MTS 5KN 疲劳实验机和相关环境实验箱上进行疲劳裂纹扩展测试，采用应力比 $R=0.1$，频率 $f=10$Hz 的正弦波循环加载，并通过数码显微镜来实时观测疲劳裂纹扩展情况。实验过程如图 6.4 所示。

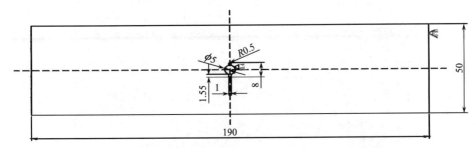

图 6.3　FMLs 疲劳裂纹扩展速率 MT 试样尺寸(单位：mm)

(a) 试验过程　　　　　　　　　　　　(b) 环境箱

图 6.4　FMLs 疲劳裂纹扩展实验过程及环境箱

采用超声波 C 扫描对层板进行无损检测(图 6.5)，观测层板的损伤情况。

1. 温度对层板疲劳裂纹扩展的影响

随着更高飞行速度与更久在轨时间的超音速飞机及空天运载飞行器的进一

图 6.5　无损检测实验设备及过程

步发展,航空航天领域对其结构材料耐高温和耐疲劳性能提出更为严苛的要求。同时为了确保服役中所用结构材料的安全,设计师们必须能够很好地解释与评价温度对飞行器结构材料的损伤容限影响。本节主要研究室温、120℃和150℃对单向 0°和±45°铺层的 3/2 结构 Ti/CF/PMR 聚酰亚胺层板的疲劳裂纹扩展速率影响。

图 6.6 显示的是单向 0°层板在应力水平 S_{max}＝100MPa 下的疲劳裂纹扩展形成的裂纹长度与循环周次之间的关系。可以明显看出,其中室温阶段曲线斜率小

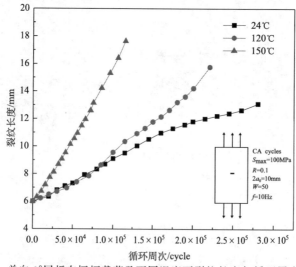

图 6.6　单向 0°层板在恒幅载荷及不同温度下裂纹长度与循环周次关系图

于其他两条高温下的曲线，且随着测试温度的升高，疲劳裂纹扩展速率随之不断增大。

图 6.7 为该层板疲劳裂纹扩展情况与裂纹长度和应力强度因子之间的关系。图 6.7(a) 显示单向 0° 的 Ti/CF/PMR 聚酰亚胺层板在三个温度下疲劳裂纹扩展速率大多数阶段都小于 1×10^{-4} mm/cycle，主要是由于纤维的存在，对载荷起到一定桥接作用，从而使其具有优异的抗疲劳性。同时随着温度的升高，该层板的疲劳裂纹扩展速率随之扩大，但仍能保持在 1×10^{-4} mm/cycle 附近，说明层板在高温下仍能保持较低的疲劳裂纹扩展速率。

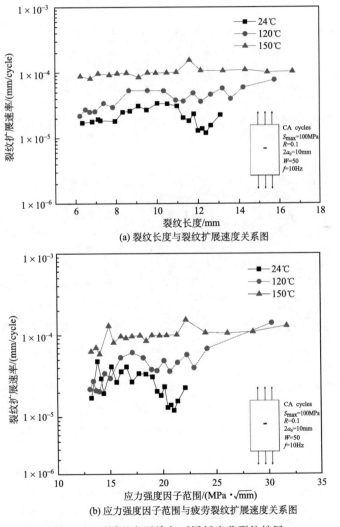

(a) 裂纹长度与裂纹扩展速度关系图

(b) 应力强度因子范围与疲劳裂纹扩展速度关系图

图 6.7　不同温度下单向 0° 层板疲劳裂纹扩展

从图 6.8 可以看出，裂纹都是起始于中间预制缺口处，这主要是因为该处应力最集中且最薄弱。裂纹扩展方向大致都垂直于力加载方向，其中的室温试样出现了一些偏移，但仍满足标准测试要求。

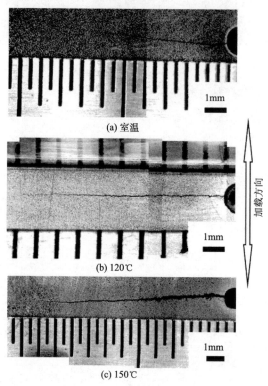

(a) 室温

(b) 120℃

(c) 150℃

图 6.8 不同温度下单向 0° Ti/CF/PMR 聚酰亚胺层板的疲劳裂纹扩展形式

图 6.9 是疲劳裂纹扩展试样超声 C 扫描形貌图，由图可知，随着温度的升高，分层扩展面积也随之增加，说明高温造成了该层板层间性能的减弱（图 6.10）。

为了更好地分析该层板的疲劳裂纹情况以及分析温度的影响，采用扫描电镜对其中心预制缺口处裂纹萌生位置与层间分层情况以及最外层金属层的疲劳断口形貌进行观察分析。对试样中心缺口处疲劳损伤进行观察，可知外层金属的裂纹起始于缺口根部位置，如图 6.11(b)、(d)和(e)所示。在邻近中心缺口区域，钛板与纤维层之间产生分层现象。同时由图 6.11(b)可知，碳纤维仍保持完好，未随着外层金属层的不断扩展而发生断裂。在疲劳载荷作用下，应力由金属层传递至纤维层，使得层板张开位移减小，即纤维"桥接"作用。在应力传递过程中会在树脂层产生周期性剪切应力，该应力同样与纤维层的"桥接"应力有直接关系。该

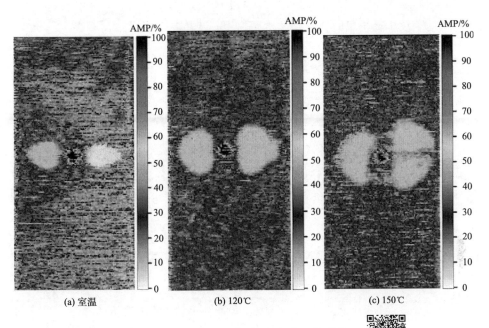

(a) 室温　　　　　　　　(b) 120℃　　　　　　　　(c) 150℃

图 6.9　不同温度作用下单向 0°层板的超声 C 扫描图

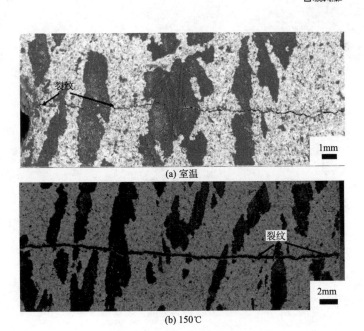

(a) 室温

(b) 150℃

图 6.10　不同温度下最内层金属的疲劳裂纹扩展路径

周期性剪切应力，会在金属层与树脂基复合材料层之间产生分层扩展。外层金属层的裂纹扩展与层间分层扩展协同作用，并相互牵制。

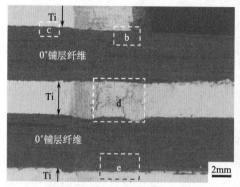

(a) 截面各种损伤破坏分布SEM图

(b) 图(a)中b处放大SEM图

(c) 图(a)中c处放大SEM图

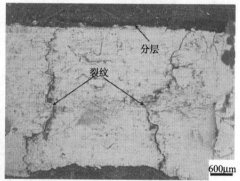

(d) 图(a)中d处放大SEM图

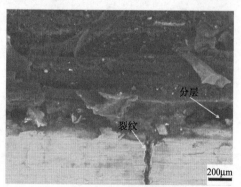

(e) 图(a)中e处放大SEM图

图 6.11　MT 试样的预制缺口处疲劳损伤破坏 SEM 图

对不同温度下外层钛板的稳态扩展区的疲劳断口进行 SEM 分析,从中可以发现解理断裂和条带循环机制共存。同时,比较室温下与高温下疲劳辉纹间距,可见两者的辉纹间距均匀,见图 6.12(a)、(c),这与测得的该层板在稳态扩展区中疲劳扩展速率相对恒定的现象相对应。同时对比观察可知 150℃ 的疲劳辉纹间距明显大于室温条件下的疲劳辉纹间距,见图 6.12(b)、(d),这与实验测得层板的疲劳裂纹扩展速率随着温度升高而降低相对应。

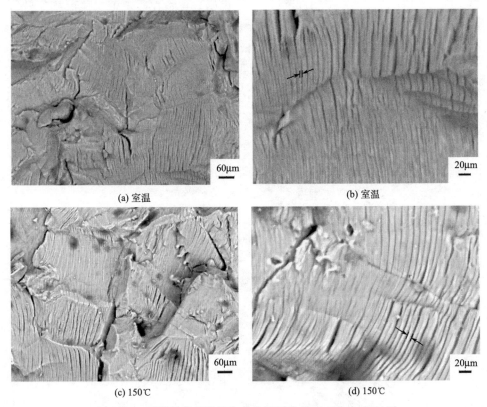

(a) 室温　　　　　　　　　　　　　　(b) 室温

(c) 150℃　　　　　　　　　　　　　(d) 150℃

图 6.12　不同温度下钛板稳态扩展区疲劳断口形貌 SEM 图

而 FMLs 外层钛板在 150℃ 的疲劳裂纹扩展速率较室温降低的这一现象,与一些研究者对钛合金疲劳裂纹扩展研究所观察到的现象相反。其中,于兰兰等[8]对 TC4-DT 损伤容限型钛合金进行高温疲劳裂纹扩展分析,发现 150℃ 下该钛合金的疲劳辉纹较室温下变得更细小,其得出 150℃ 高温疲劳裂纹扩展速率优于室温,给出的解释是在疲劳断口处发现较多的二次裂纹,二次裂纹分支扩展造成 150℃ 下疲劳裂纹扩展速率优于室温。Arakere 等[9]在 TC4 钛合金中也观察到此现象。FMLs 疲劳裂纹扩展机理与金属不同,FMLs 疲劳裂纹扩展中包括金属层的裂纹扩展和金属层/纤维层界面的分层扩展，二者协调进行，互相影响。同时，影响材料疲劳裂纹扩展的因素很多，在 FMLs 中纤维的存在使其本身疲劳性能优于金属材料。同时一些学者[10-12]研究了温度对 FMLs 疲劳裂纹扩展的影响，指出随着温度升高，造成其界面层树脂性能降低，引起分层扩展速率增大，进一步带动外层金属层裂纹扩展速率增加。

单向 0°铺层层板随着温度升高，其抗疲劳性能有所下降，但其疲劳裂纹扩展速率仍保持在 1×10^{-4} mm/cycle 附近，说明该层板在高温下仍能保持优异的抗疲劳性能。在疲劳载荷作用下，疲劳裂纹起始于金属层的预制缺口中心位置，随后垂直于加载方向进行裂纹扩展。钛板稳态疲劳扩展断口处的疲劳辉纹间距在高低温度下都很均匀，且高温下的辉纹间距大于室温下的辉纹间距，这与测得的该层板在稳态扩展区中疲劳扩展速率相对恒定的现象相对应，以及疲劳裂纹扩展速率随着温度升高而降低相对应。同时，随着温度的升高，该层板的分层面积增大。

图 6.13 所示为±45°层板在应力水平 $S_{\max} = 100$MPa 下的疲劳裂纹扩展形成的裂纹长度与循环周次关系图。±45°层板与单向 0°层板出现类似的规律，随着温度升高，疲劳裂纹扩展速率增大。

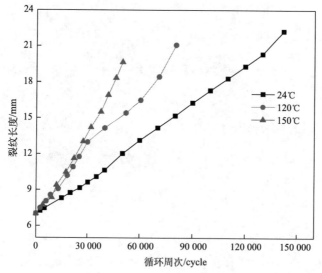

图 6.13　±45°层板在恒幅载荷及不同温度下裂纹长度与循环周次关系图

图 6.14 显示的为该层板疲劳裂纹扩展与裂纹长度和应力强度因子之间的关系，随着温度的升高，±45°层板的疲劳裂纹扩展速率也随之变高，相比于单向 0°铺层层板，±45°的纤维承载能力远远低于单向 0°纤维，从而造成该铺层层板

的抗疲劳性能较弱。同时树脂层随着环境温度的增加，本身性能也随之降低，进一步弱化了该铺层层板的抗疲劳性能。

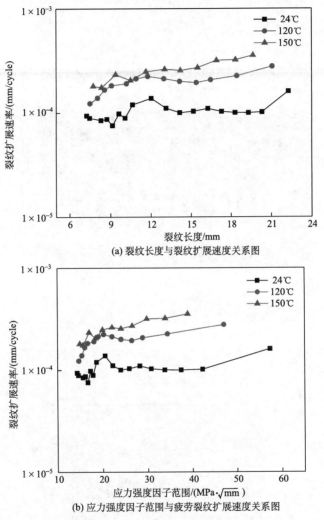

(a) 裂纹长度与裂纹扩展速度关系图

(b) 应力强度因子范围与疲劳裂纹扩展速度关系图

图 6.14　不同温度下 ±45°Ti/CF/PMR 聚酰亚胺层板疲劳裂纹扩展

由图 6.15 可以看出，裂纹同样都是起始于中间预制缺口处，扩展方向大致都垂直于力加载方向。同时，±45° 纤维层相比单向 0° 承载能力弱化很多，裂纹扩展很迅速。通过刻蚀金属层，可得 ±45° 铺层层间分层形貌，裂纹尖端处仍保持三角形扩展，但靠近中心孔处发生了分层交替，如图 6.16 所示，该现象明显不同于单向 0° 铺层。

图 6.17 是剥离掉外层纤维之后中间金属层的疲劳裂纹扩展情况。从图中可

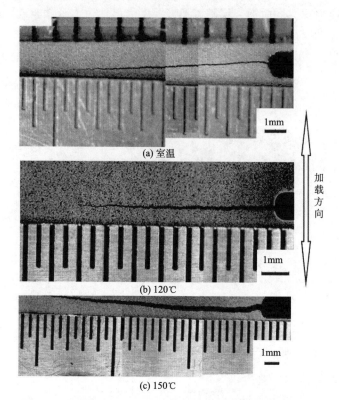

图 6.15　不同温度下±45°层板外层金属层疲劳裂纹扩展形式

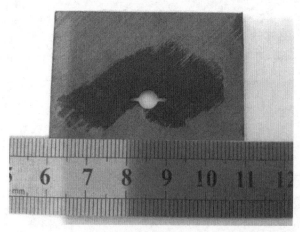

图 6.16　±45°Ti/CF/PMR 聚酰亚胺层板的分层形貌

以看出，150℃测试时中间层金属表面残留的树脂较室温阶段少，进一步验证了温度对界面的影响。随着温度升高，界面结合弱化，在疲劳载荷作用下分层扩展速率加快，导致金属层疲劳裂纹扩展速率加快。

(a) 室温　　　　　　　　　　　　　　(b) 150℃

图 6.17　±45°层板靠近金属层的疲劳裂纹界面

2. 过载对层板疲劳裂纹扩展的影响

实际上，飞机在实际服役过程中多承受各种各样的载荷，包括恒幅载荷和变幅载荷，因此恒幅、变幅载荷下疲劳裂纹扩展行为分析是损伤容限研究的关键。材料在恒幅和变幅载荷下疲劳裂纹扩展行为的主要区别是在变幅载荷下存在交互作用。由于 FMLs 在疲劳裂纹扩展过程中存在桥接应力，因此在变幅载荷下，可能会存在桥接效应与过载效应（或负载效应）之间的交互作用，二者相互影响，使得变幅载荷下 FMLs 的疲劳裂纹扩展行为研究变得更加复杂。本节针对新型 Ti/CF/PMR 聚酰亚胺层板，重点探究单峰过载、多峰过载和高低过载对 FMLs 疲劳裂纹扩展的影响。

1）单峰过载

如图 6.18 所示单峰过载会导致裂纹扩展迟滞现象，该迟滞是由在裂纹尖端所形成的塑性区和靠近裂纹尖端材料内的压缩残余应力导致。过载对裂纹扩展的影响如图 6.19 所示，可以分为以下三个区域。

第一区域（Ⅰ），由于过载周期中更高的最大应力和裂纹尖端的钝化，使其裂纹扩展速率增加。且该区域相对较小，裂纹的扩展增长更容易在新创建塑性区形成裂纹尖端。

第二区域（Ⅱ），裂纹扩展进入压缩残余应力区域，造成靠近尖端的裂纹闭合程度增强。有效应力范围和最终裂纹扩展速率都达到一个最小值，但最小的裂纹扩展速率并不是直接在过载后就达到，这个现象称为推迟延缓现象。

第三区域（Ⅲ），裂纹扩展速率逐渐增加到一个与恒幅载荷下相对应的稳定值。

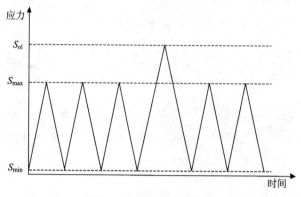

图 6.18　单峰过载示意图

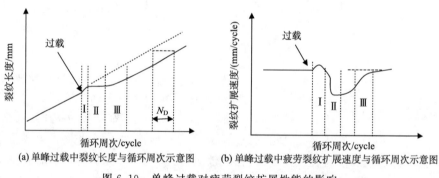

(a) 单峰过载中裂纹长度与循环周次示意图　(b) 单峰过载中疲劳裂纹扩展速度与循环周次示意图

图 6.19　单峰过载对疲劳裂纹扩展性能的影响

　　Ti/CF/PMR 聚酰亚胺层板过载实验的各个参数选择如表 6.1 所示，分别探究了不同加载方式、应力水平、过载比对裂纹扩展速率的影响。

　　表 6.1 表示的是单向 0°铺层层板单峰过载裂纹实验情况，图 6.20 表示的是在应力水平 $S_{max}=160$MPa，且过载比分别为 1.4、1.6、1.8 下的疲劳裂纹扩展情况。从图 6.20 可以看出，过载比对裂纹扩展所产生的迟滞现象，即疲劳裂纹扩展速率的降低，同时随着过载比的增加，造成迟滞更明显，且裂纹扩展速率也明显降低。当裂纹扩展出塑性区的时候，会恢复到原先应力水平下的疲劳裂纹扩展速率水平。塑性区大小跟过载比有关，过载比越大使其塑性区也扩大。

　　图 6.21 表示的是层板中间缺口一侧在疲劳载荷作用下疲劳裂纹扩展路径，裂纹主要起始于缺口中心线附近。裂纹随着循环疲劳载荷的不断作用，使其沿着缺口中心线继续扩展。实验中，裂纹扩展路径也会发生一定偏转，但偏转是在合理的范围之内。

表 6.1　单向 0°铺层层板过载实验

试样	加载类型	恒幅基线循环		a_{ol}/mm	R_{ol}
		S_{max}/MPa	R		
1	恒幅载荷 $S_{max}=160MPa$　$S_{min}=16MPa$	160	0.1	—	—
2	单峰过载 S_{ol}　$S_{max}=160MPa$　$S_{min}=16MPa$　$A_{ol}=12mm$	160	0.1	11.5	1.4
3		160	0.1	11.5	1.6
4				11.5	1.8
5	多峰过载 $S_{ol}=224MPa$　$S_{max}=160MPa$　$S_{min}=16MPa$　A_{ol}　$1000cycle$	160	0.1	12	1.6
6	高—低块载荷 $S_{ol}=140MPa$　$S_{max}=100MPa$　$S_{min}=10MPa$　A_{ol}	140~100	0.1	12	—
7	低—高块载荷 $S_{ol}=140MPa$　$S_{max}=100MPa$　$S_{min}=10MPa$　A_{ol}	100~140	0.1	12	—

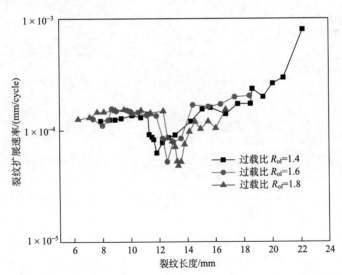

图 6.20　单向 0°铺层层板在 160MPa 且过载比分别为 1.4、1.6、1.8 下的疲劳裂纹扩展

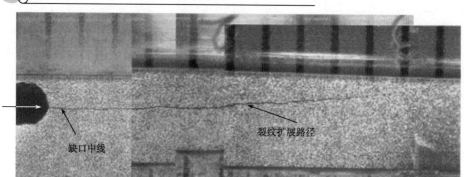

图 6.21　单向 0°层板中表面外层金属板疲劳裂纹扩展路径

从图 6.22 可以看到金属层与树脂层分层的形状与大小，靠近过载载荷施加处的分层弯折现象存在。并且靠近预制中心缺口处发现了单向 0°纤维层的纤维沿着载荷方向发生剥离现象，主要是在预制缺口加工过程中破坏了缺口根部的纤维，在承受与纤维方向一致的疲劳载荷时，该处纤维更易与基体分裂开。同时，未发现纤维增强复合材料发生像外层金属板一样的疲劳裂纹，仅发现树脂层开裂，但保持完好的碳纤维仍起到抑制疲劳裂纹扩展的作用。

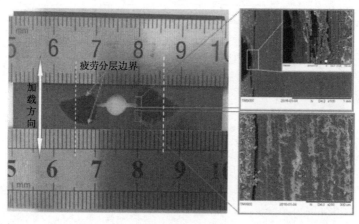

图 6.22　单向 0°层板在 160MPa 应力和 1.8 过载比作用下分层形状情况

单峰过载在层板中裂纹尖端附近产生塑性区引起裂纹扩展迟滞效应，使得层板的疲劳裂纹扩展速率在单峰过载施加之后会明显降低。当裂纹扩展超过过载所产生的塑性区后，疲劳裂纹扩展速率逐渐恢复至过载前恒幅应力水平下继续扩展。同时单峰过载比越大，其裂纹扩展迟滞现象越明显，疲劳裂纹扩展速率下降幅度更大。同时分析过载后的分层形状，主要是半椭圆状，且在过载施加处看到了分层形状的明显弯折现象。

2）多峰过载

多峰过载是在原先恒幅载荷作用下，增加一定周次的过载作用，然后恢复至原先应力水平，继续进行恒幅疲劳裂纹扩展（图 6.23）。其中多峰过载循环周次导致了塑性变形区增加，使得裂纹闭合效应增强，有效应力范围和裂纹扩展速率都降低，同时过载的大小对迟滞大小是非常重要的。

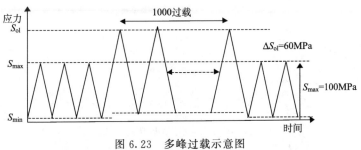

图 6.23　多峰过载示意图

图 6.24 表示的是单向 0°铺层层板在 160MPa 应力水平下，且过载比为 1.6 的多峰过载实验情况。其中图 6.24(a)显示裂纹长度与循环周次的关系，图 6.24（b）为裂纹长度与裂纹扩展速率的关系，图 6.24（c）表示的是应力强度因子范围与疲劳裂纹扩展速率之间的关系。可以看出在高低载荷转变处，裂纹扩展速率减慢，并且在低载荷区域中，其疲劳裂纹扩展速率小于高载荷区的裂纹扩展速率，如图 6.24 所示。当过载载荷结束后，其疲劳裂纹扩展速率仍没恢复到 160MPa 恒幅载荷作用下的疲劳裂纹扩展速率水平，仍以较低的裂纹扩展速率进行扩展。其分层形状如图 6.25 所示，大致为三角形，其中过载处出现了分层扭折，扭折产生了更大面积的分层。

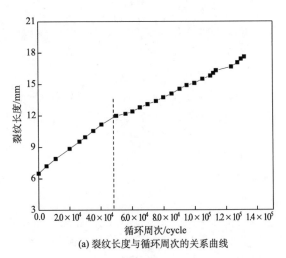

(a) 裂纹长度与循环周次的关系曲线

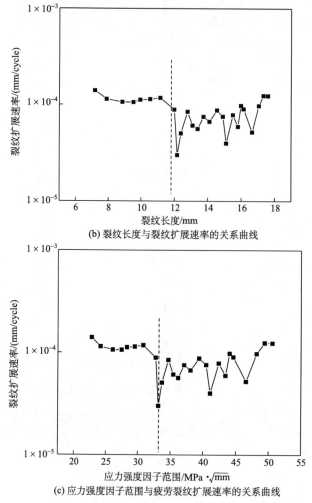

(b) 裂纹长度与裂纹扩展速率的关系曲线

(c) 应力强度因子范围与疲劳裂纹扩展速率的关系曲线

图 6.24　单向 0°铺层层板在 160MPa，过载比为 1.6 的多峰过载

　　多峰过载同样引起裂纹扩展迟滞效应，且该过载载荷持续 1000 循环周次，产生了更加明显的裂纹扩展迟滞效应。造成其疲劳裂纹扩展速率在多峰过载施加之后降低显著，以及在扩展出过载产生的塑性区后，疲劳裂纹扩展速率恢复到原来应力水平状态后继续不断扩展。该层板的分层形状为半椭圆状，在过载施加处看到了分层形状弯折现象。

　　3) 高-低块过载

　　随机变载常常可以近似等效为块载处理，块载作用下裂纹扩展规律的研究更具实际意义。高-低块过载示意图如图 6.26 所示，而且在高-低块载荷顺序下，

图 6.25　多峰过载试样刻蚀后的界面层分层情况

裂纹扩展速率随着最大应力水平的减小而降低。高-低块载荷中裂纹张开应力的改变，导致在最大应力转变到更高水平阶段时，产生了一个临时更大有效应力范围。在恒幅载荷下的低幅值循环中，断裂面主要处在拉伸模式下，包含少量剪切模式。但在高幅值循环中，断裂面主要是剪切模式。在高-低块载荷作用下，裂纹面从剪切模式转向拉伸模式，从而导致了很明显的裂纹扩展迟滞现象。同时，在低-高块载荷顺序中，裂纹表面从拉伸模式转变到剪切模式，导致了裂纹扩展加速。

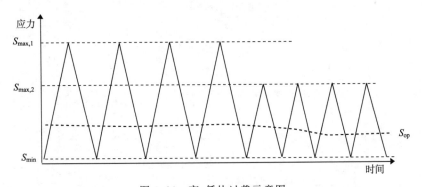

图 6.26　高-低块过载示意图

高-低块过载中，首先施加 140MPa 应力，应力比为 0.1，在裂纹扩展到 12mm 时，把应力降低到 100MPa 应力水平下，保持应力比仍为 0.1，通过改变所受载荷大小来改变应力水平。图 6.27 表示的是单向 0°铺层层板由 140MPa 应力水平转变到 100MPa 应力水平下的高-低块过载实验情况。其中图 6.27(a)显示的是裂纹长度与循环周次的关系，图 6.27(b)为裂纹长度与裂纹扩展速率的关系。可以看出在高-低块载荷转变处，裂纹扩展速率减慢，并且在低应力水平下，其疲劳裂纹扩展速率小于高载荷区的裂纹扩展速率。在高-低块载荷作用下，并没有发生裂纹迟滞现象，出现裂纹扩展速率降低是因为应力水平的降低。

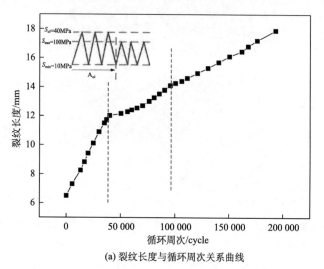

(a) 裂纹长度与循环周次关系曲线

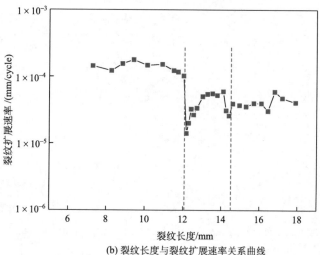

(b) 裂纹长度与裂纹扩展速率关系曲线

图 6.27　高-低块过载对单向 0°铺层层板疲劳裂纹扩展的影响

该层板在高-低块载荷作用下分层形状如图 6.28 所示，分层形状大致为半椭圆形状，可以看到在高低转变处出现了分层扭折现象，与高-低块载荷影响下的 GLARE 层板表现出相似现象。

低-高块过载中，先施加 100MPa 低应力，采用应力比为 0.1，在裂纹扩展

图 6.28　高-低块过载试样刻蚀后的界面层情况

到 11mm 时，把应力提高到 140MPa 高应力水平下，保持应力比仍为 0.1，只通过改变载荷大小相应改变应力大小。图 6.29 表示的是低-高块过载对其疲劳裂纹扩展的影响，当低应力水平转变至高应力水平时，疲劳裂纹扩展速率上升明显。造成此现象是应力水平改变导致的结果，同时低应力水平到高应力水平产生的迟滞现象也会对其产生一定影响。低-高块载荷对其分层形状影响如图 6.30 所示，发现其分层形状呈现明显的三角形状。

高-低块过载分析表明：高-低块过载在载荷转变处出现裂纹扩展迟滞现象，层板的疲劳裂纹扩展速率随之下降明显。而低-高块载荷中没有出现裂纹扩展迟滞现象，层板的疲劳裂纹扩展速率会随着应力水平的增大而提高。块载后的层板分层形状仍为半椭圆状，高-低块过载分层形状出现扭折，但低-高块过载中未发现此现象。

6.2.3　层板疲劳裂纹扩展速率的预测模型

对于 FMLs 复杂的疲劳裂纹扩展机制和分层行为的预测模型，国内外学者先后提出了多种分析模型，最典型的可归结为 3 种：唯象模型、解析模型和有限元模型。

1）唯象模型

唯象模型一般是对大量实验现象的概括和提炼，但无法给出详细的机理解释。郭亚军等[13]以 GLARE 层板疲劳裂纹稳定扩展的特性为基础，提出了GLARE 层板等效裂纹长度(l_0)的概念，其中 l_0 与层板的裂纹形态、几何尺寸、锯切裂纹长度和加载条件无关，只与层板的铺层有关。同时导出了疲劳过程中层板的有效应力强度因子方程来计算 FMLs 的疲劳裂纹扩展速率，该模型预测情况与实验对比如图 6.31 所示。该唯象模型不需要计算层板的桥接应力，也不需

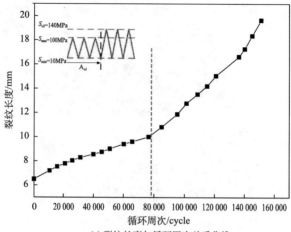

(a) 裂纹长度与循环周次关系曲线

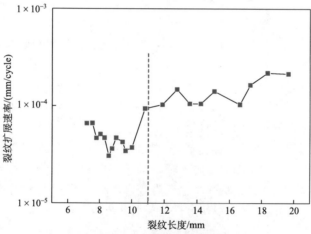

(b) 裂纹长度与裂纹扩展速率关系曲线

图 6.29　低-高块过载对单向 0°铺层层板疲劳裂纹扩展影响

图 6.30　低-高块过载试样刻蚀后的界面层情况

要研究层板的分层扩展，这些简化假设降低了计算工作量。但该模型提出的等效裂纹长度(l_0)并非仅仅是个常数，使得该预测模型通用性还不够。Tomlinson 等[14]基于该唯象模型计算有效应力强度因子和裂纹扩展速率，同时运用热弹性应力分析(thermoelastic stress analysis，TSA)技术确定裂纹扩展速率，两者分析结果吻合较好。

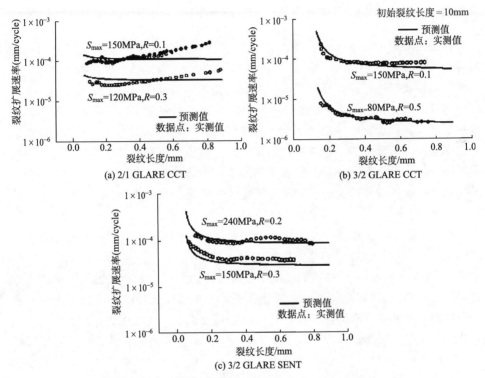

图 6.31　预测的疲劳裂纹扩展速率与实验对比[13]

　　Toi[15]基于修正因子能够修正 GLARE 层板中铝合金层裂纹尖端的应力强度因子的假设，提出了经验模型：

$$\Delta K_{GLARE} = \beta_{FLM} \times \Delta K_{ahm} = \beta_{FLM} \times \beta_{geom} \times \Delta S_{applied} \times \sqrt{\pi t} \qquad (6.7)$$

式中，β_{FLM}是几何修正因子，纤维金属层板看作单片的金属结构，合并到一个修正因子。他认为层板的修正因子 β_{FLM} 只与裂纹的长度有关，而与其他的负载和几何参数无关。

　　之后 Takamatsu 等[16]对 Toi 提出的模型进行了修正，见式(6.8)。

$$\beta_{FML} = C_0 + C_1 \ln a + C_2 \sigma_{max} \qquad (6.8)$$

式中，C_0、C_1 和 C_2 的值是在应力比 R 作用下从三个不同最大应力水平的测试结果中获得的。修正后的 Toi 模型，可以对 GLARE 3-5/4 结构的疲劳裂纹扩展行为进行分析，其与实验结果吻合较好。

Takamatsu 等[17]使用柔度法对 GLARE 3 层板的 2024-T3 铝合金层的裂纹的应力强度因子进行计算，但该方法并没有考虑玻璃纤维的失效和铝合金中的残余应力状况，且其多项式需根据最大应力、试样厚度（GLARE 类型和铺层）、缺口长度和纤维方向进行修正。

2）解析模型

为了更好地分析 FMLs 的疲劳裂纹扩展行为，在描述疲劳实验现象的机理过程中，很多学者提出解析模型。该类模型考虑了层板分层扩展、桥接应力、分层形状和裂纹扩展，能够很好地预测疲劳裂纹扩展的分层行为。

De Koning[18]假定裂纹扩展速率和分层增长率之间存在线性关系，同时假定分层形状为三角形，整合裂纹长度上桥接应力和三角形分层形状，得到铝层中裂纹尖端有效应力强度因子。该模型假设描述位移场在距离上准确地等于远离分层尖端的分层长度，四周完整的层板限制分层区域的伸长，实际上分层区域的伸长是受到低刚度区域影响，上述假设过于简单使得该模型并不完善。

郭亚军等[13]基于所施加的远场应力和存在的桥接应力，考虑裂纹张开形状，求得铝层中的裂纹尖端的应力强度因子。根据纤维伸长率、黏接剂的剪切变形和远程施加应力推导出裂纹张开位移的表达式。

Alderliesten 等[19, 20]描述了 GLARE 层板的铝层中疲劳裂纹的裂纹扩展和垂直于裂纹方向的铝/纤维界面相应的分层扩展。其裂纹尖端的应力强度因子是在铝层中远场张开应力和裂纹闭合的函数，沿裂纹长度的桥接应力计算并确定了任意分层形状裂纹尖端的应力强度因子，通过 Paris 经验公式计算 GLARE 层板的疲劳裂纹扩展速率，同时运用分层增长率和能量释放率之间的关系，对其分层扩展进行计算。Ma 等[21]根据该数值模型，基于桥接应力理论提出了计算 FMLs 桥接应力分布的公式。并通过 MTALAB 软件开发的一个程序计算在 FMLs 中桥接应力分布，同时获得疲劳裂纹扩展情况，如图 6.32 所示。其他一些学者也基于该解析模型，其预测的疲劳裂纹扩展情况与实验结果吻合较好。

3）有限元模型

运用计算机仿真代替大量耗时的实验工作而提出的有限元模型，近年来引起国内外很多学者的关注，但该方法还处于发展初始阶段，虽然目前该方法对 GLARE 层板的疲劳裂纹扩展和分层行为研究还不完善，但该模型是最有发展潜力的。

在分析 FMLs 的疲劳裂纹扩展情况时，很多学者运用到了有限元软件 Abaqus。Shim 等[22]利用三维有限元模型来获得模式 I 中的应力强度因子，并利用在单层铝合金基板上使用的 Paris 关系式来预测 GLARE 层板的疲劳裂纹

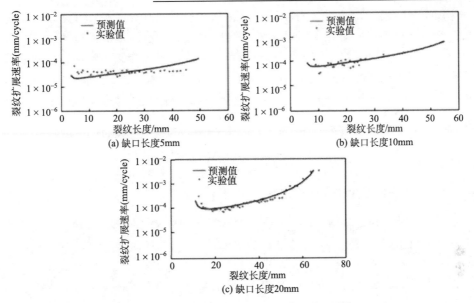

图 6.32　不同缺口实验疲劳裂纹扩展对比[21]

扩展速率。夏仲纯等[23]通过建立的有限元模型来获得裂尖节点应力和节点位移，根据 VCCT(虚拟裂纹闭合技术)计算裂尖有效应力强度因子，然后使用等效 Paris 公式对裂纹扩展速率进行预测。Chang 等[6]对缺口 FMLs 裂纹扩展中的分层形状进行有限元模拟研究，如图 6.33 所示，很直观形象地呈现层板的分层基本情况。

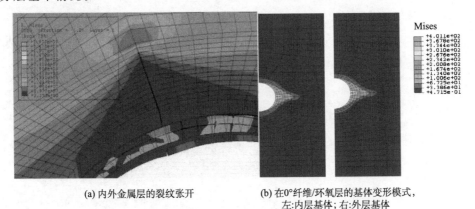

(a) 内外金属层的裂纹张开　　　　(b) 在0°纤维/环氧层的基体变形模式，
　　　　　　　　　　　　　　　　　　　左:内层基体; 右:外层基体

图 6.33　FMLs 各层的缺口处裂纹扩展云图[6]

Bhat 等[24]利用 ANSYS 分析受到单调和恒幅载荷作用下 GLARE 层板的分层行为，且对纤维桥接分层扩展参数和铝层中应力状态的影响进行研究。Fang 等[25]对疲劳载荷下 FMLs 结构中分层和基体裂纹的扩展有限元法的协同仿真进行研究。基于假定的应变方法的一个实心壳体，来实现在薄层中捕捉三维应力分布。该模型对元素法和虚拟裂纹闭合技术应用于提取在裂纹尖端的应力强度因子，虚拟扩展技术用于改善应力强度因子的预测。

6.3　FMLs 的疲劳寿命

6.3.1　疲劳裂纹萌生寿命的测定及估算

疲劳破坏过程包括裂纹萌生、稳定扩展和失稳扩展、断裂三个阶段。纤维增强复合材料由于内部缺陷和纤维断裂的概率性，疲劳裂纹萌生早于金属，但纤维桥接使得裂纹扩展速率较慢，裂纹扩展期很长。相比而言，金属从裂纹萌生、扩展到整个截面断裂的时间很短。根据 Homan 理论，假定 FMLs 的疲劳寿命只与层板中金属层的应力循环周次有关，利用经典层板理论可以计算出金属层中的真实应力，从而能够确定 FMLs 的疲劳裂纹萌生寿命，即 $N_{i,\mathrm{FML}}=N_{i,\mathrm{Al}}$。

由于 FMLs 的疲劳裂纹扩展主要在金属表面，为观察 GLARE 试样铝合金表面的裂纹，参考金属材料疲劳实验，并设计具有较低的应力集中因子（$K_t \approx 1.06$）的哑铃形 FMLs 疲劳裂纹萌生试样，如图 6.34 所示。对照的 2024-

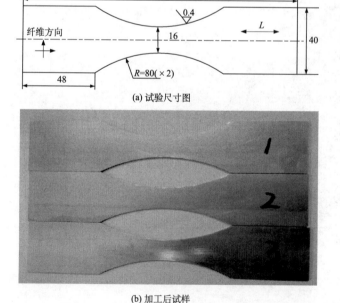

(a) 试验尺寸图

(b) 加工后试样

图 6.34　GLARE 和 2024-T3 的疲劳裂纹萌生寿命试样（单位：mm）

T3 试样的平面几何尺寸与之相同。测试前用 5♯ 和 6♯ 金相砂纸依次打磨圆弧截面，减少应力集中对疲劳裂纹萌生的影响。采用频率 $f=10\mathrm{Hz}$，应力比 $R=0.1$，波形为正弦波的载荷谱循环加载，实验过程中使用放大镜每隔一段时间观察裂纹，以试样表面出现宏观可见小裂纹（约 1mm）时的循环周次记为 GLARE 的疲劳裂纹萌生寿命。

GLARE 疲劳裂纹萌生测试的破坏试样如图 6.35 所示，通过放大镜观察可看出，所有试样表面裂纹均萌生于试样标距内圆弧的根部边缘，随循环应力的作用不断扩展，裂纹扩展路径曲折，大致垂直于载荷加载方向。

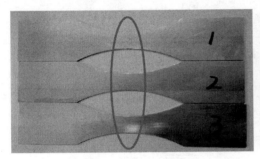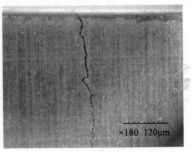

图 6.35　GLARE 疲劳裂纹萌生试样及其表面的起始裂纹

实验测得的 GLARE 2A-3/2 层板和 1.9mm 厚 2024-T3 铝合金试样在应力比为 0.1 下的疲劳裂纹萌生寿命及 $S\text{-}N$ 曲线如图 6.36 所示。GLARE 2A-3/2 和表面铝层的疲劳裂纹萌生寿命曲线对比见图 6.36(a)，发现当循环周次大于 2.1×10^5 左右时，相同加载条件下 GLARE 整体的应力水平低于表面铝层的应力水平，说明此阶段 GLARE 的疲劳裂纹萌生寿命可由其铝层决定；当循环周次大于 2.0×10^5 左右时，GLARE 2A-3/2 的应力水平开始高于表面铝层。由图可知，2.0×10^5 对应的应力水平正好位于铝合金 2024-T3 的屈服强度 360MPa 附近。在低周疲劳区，铝合金进入塑性区一定阶段后开始发生延性损伤，应力不再增加，0°纤维层由于尚未达到破坏极限，应力还会随着加载而增大。根据混合理论，此时 GLARE 层板整体的平均应力大于铝合金层。推测若继续增加疲劳循环的应力水平，当 0°纤维层的应变达到其极限应变时断裂，随后整个 GLARE 疲劳试样会发生瞬断。图 6.36(b)为 GLARE 的铝层同 2024-T3 的疲劳裂纹萌生寿命对比，可以看到，两条曲线在 2.0×10^5 循环周次后趋势基本一致。同应力水平下的单一铝合金的裂纹萌生寿命略小于 GLARE 2A-3/2 中的铝层，这是由于 GLARE 2A-3/2 内部对疲劳不敏感的 0°纤维与铝合金桥接，阻止了铝合金层的裂纹扩展。模拟所得曲线与测试结果的相对误差不超过 7.90%。因此，可以利用单一铝合金的 $S\text{-}N$ 曲线估算 GLARE 2A-3/2 在高周疲劳区的疲劳裂纹萌生寿命。

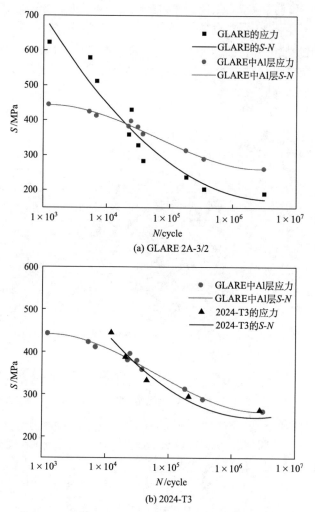

图 6.36　GLARE 2A-3/2 和 2024-T3(1.9mm)光滑试样的疲劳裂纹萌生寿命($R＝0.1$)

　　GLARE 3-3/2 层板和厚度为 1.9mm 的 2024-T3 铝合金试样在应力比为 0.1 下的疲劳裂纹萌生寿命及 $S\text{-}N$ 曲线如图 6.37 所示。其中，图 6.37(a) 为 GLARE 和外部铝层的疲劳裂纹萌生寿命曲线，GLARE 中铝层的 $S\text{-}N$ 曲线与 GLARE 的 $S\text{-}N$ 曲线具有相似性，相当于整体沿应力轴平移一段距离。同一循环周次时，GLARE 整体的应力水平高于其组分铝合金层的真实应力。相同条件下，GLARE 试样最外铝层和 2024-T3 试样的疲劳裂纹萌生寿命对比如图 6.37(b)所示，可以看到分别拟合出的两条 $S\text{-}N$ 曲线趋势吻合良好。在低周寿命段误差很小，高周寿命段的曲线差异稍微增加，这些差别可能是一方面由于疲劳实验仅测试了有限试样，数据具有离散性；另一方面所用的 GLARE 试样平均厚度为 1.50mm，不同于 2024-T3 的 1.9mm，厚度上的尺寸效应造成结果的差异。从图 6.37(b) 中曲线的对比我们发现两者间的误差最大处仅为 4.59%，证明了 GLARE 3-3/2 光滑试样的疲劳裂纹萌生寿命由其铝合金层决定，当铝合金的应力水平已知时，可以通过对应的 S-N 曲线预测 GLARE 3-3/2 的疲劳裂纹萌生寿命。

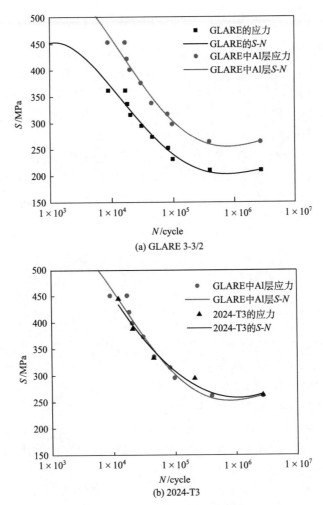

图 6.37　GLARE 3-3/2 和 2024-T3(1.9mm) 光滑试样的疲劳裂纹萌生寿命($R=0.1$)

本书对 GLARE 层板的疲劳分析，使用集成于有限元软件 MSC. Patran 中的 MSC. Fatigue 功能模块来实现。MSC. Fatigue 是一个通用性较强的疲劳分析软件，为根据前期的有限元计算结果实现各种构件疲劳寿命预测的简便工具。它拥有丰富的疲劳断裂相关的材料库、疲劳载荷以及时间历程库，能够便捷分析疲劳寿命，并可视化各类损伤和寿命结果。其主要特征包括：根据 $S\text{-}N$ 曲线进行全寿命分析、根据 $\varepsilon\text{-}N$ 曲线进行裂纹萌生寿命分析、根据线弹性断裂力学进行裂纹扩展分析、焊接和点焊疲劳寿命分析、基于频域或者时域的有效的振动分析和旋转件疲劳分析等，实用性非常强。MSC.Fatigue 可以从其他有限元软件如 MSC. Nastran、MSC. Marc、ANSYS 和 Abaqus 等调取所需要的几何模型和有限元结果，进行疲劳分析，具有很好的兼容性。材料信息可从软件自带的标准材料库中获得，也可由用户自定义。

GLARE 层板的复杂破坏机制，在较低应力水平的疲劳循环载荷下，由于纤维层中纤维的桥接作用，金属层的裂纹扩展速率较大，因此 FMLs 的高周疲劳断裂首先发生在金属层，GLARE 层板的疲劳测试中试样的失效模式也证实了这一结论，与 Homan 的假设一致。下面将依据 Homan 理论对 GLARE 的疲劳裂纹萌生寿命进行数值模拟和预测。

第一步是建立几何模型。静力分析所得的分析结果可继续用来进行疲劳分析，一般是利用疲劳软件读入静力中的几何信息以及分析后各节点或单元的应力、应变信息。这里输入的几何模型，采用前文中利用 Abaqus 软件建立的 FMLs 有限元模型。具体操作是在模型文件(.inp)末尾写入关键字：

```
* NODE FILE
  RF, U, V
* *输出节点作用力(RF)，位移(U，V)到 *.fil 文件中
* EL FILE
  S, E
* *输出单元应力(S)，应变(E)到 *.fil 文件中
```

重新提交运算，生成二进制结果文件(*.fil)，导入 MSC. Patran 中，得到 GLARE 层板静力学分析的应力结果，如图 6.38 所示。

采用 MSC.Fatigue 分析材料的疲劳裂纹萌生，以试样的应力和应变为基础，基于循环应力-应变模型和 Neuber 理论估算裂纹萌生寿命，通过提供的仿真结果图可以得到各部位的疲劳寿命。其疲劳分析流程如图 6.39 所示，即"五盒技术"(five-box trick)。其中载荷状况(loading)、材料属性(material)和解决方案 (solution)是前处理的三个必要的输入条件，分析后的结果用后处理模块 PFPOST 管理，还可以通过 MSC.Patran 的标准后处理模块 Results 把分析对象的损伤度及疲劳寿命的分布图视觉化，同时可清楚地发现可能的危险破坏区域。

载荷状况(loading)是指构件承受随时间变化的交变载荷，在 MSC. Fatigue 中通过 PTIME 模块实现管理，各种交变应力包括脉冲循环载荷、对称循环载荷以及随机载荷都可以用相应的设置来描述。载荷设置中，首先定义每一级应力水平，创建应力比为 0.1，频率为 50Hz 的常幅值正弦波载荷谱。将创建的随时间

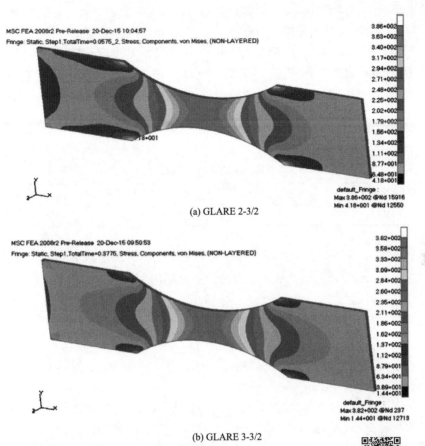

(a) GLARE 2-3/2

(b) GLARE 3-3/2

图 6.38　两种 GLARE 疲劳裂纹萌生试样的静力学模拟应力云图

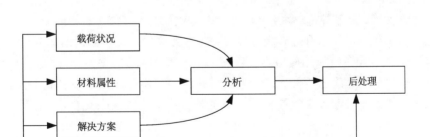

图 6.39　MSC.Fatigue 的"五盒技术"疲劳分析流程

变化的载荷同有限元具体载荷工况相关联，通过施加不同应力水平的疲劳载荷，计算铝合金在应力比为 0.1 的疲劳载荷作用下的疲劳寿命，对应 GLARE 层板铝合金的疲劳裂纹萌生寿命，并转化为 GLARE 层板的疲劳裂纹萌生寿命。将有限元结果与实测值对比分析，验证模拟计算的可行性。

材料属性（materials）需要定义两个方面：一方面为承受静载荷时的材料属性，主要参数为拉伸弹性模量 E 和最大拉力 UTS；另一方面为承受周期性交变载荷循环的材料属性，这里分析疲劳裂纹萌生寿命采用的是材料的应变疲劳性能参数。通过 PFMAT 模块来管理，其标准数据库中 2024-T3 在应力比为 -1 时的疲劳寿命 E-N 数据主要参数见表 6.2。

表 6.2   2024 - T3 的 E-N 曲线主要参数

疲劳强度系数 σ'_f	疲劳强度指数 b	疲劳延性系数 ε'_f	疲劳延性指数 c
976	-0.12	0.88	-0.88

解决方案（solution）是已知对称循环交变应力下材料的疲劳特性，根据修正的 Coffin-Manson 经验公式计算非对称疲劳循环应力下的应变疲劳寿命，计算公式为

$$\varepsilon_a = \frac{\sigma'_f - \sigma_m}{E} (2N)^b + \varepsilon'_f (2N)^c \qquad (6.9)$$

式中，ε_a 为应变幅值；σ_m 为平均应力。计算时，需要调取在应力比为 -1 时的铝合金标准疲劳寿命 E - N 曲线数据。

对于 GLARE 2A-3/2，计算得到应力比为 0.1 时，单向层板在不同应力水平下的对数疲劳寿命云图分布如图 6.40 所示，其中，图 6.40(a)～(f) 分别为最大应力 445MPa、387MPa、324MPa、291MPa、228MPa 和 197MPa 的寿命云图，由图可直观清楚地查看层板各部位在不同等级的许用应力水平下的疲劳寿命。由于试样几何模型为哑铃形，在对称性的跨距中点附近有应力集中，因此该处可明显观察到疲劳寿命小于其余各部分，为疲劳裂纹的萌生区域。在图 6.40(f) 中试件颜色均为深灰色，根据右边的疲劳寿命数值条带可知，所有部位的对数疲劳寿命均为 6.30，说明最大许用应力为 147MPa 的作用下 GLARE 2A-3/2 层板的循环周次已超过了预先假定的条件疲劳极限（即 2×10^6 循环周次），表明了此应力等级下的试件为无限寿命。随着应力水平的增大（图 6.40(c)～(d)），试件的疲劳寿命显著降低。

将应力比为 0.1 时模拟得到的 GLARE 2A-3/2 各应力寿命值与实验值进行对比，两者的 S-N 曲线如图 6.41 所示。由模拟值与实验值两者的 S-N 曲线对比可知，模拟得到的层板 S-N 曲线比实验值略高。一方面，由于铝合金从裂纹萌生到断裂虽然很快，但仍具有一定的扩展期，用铝合金的寿命估算 GLARE 表面铝层的寿命会使结果偏大；另一方面，这可能与在材料疲劳属性设置中的表面

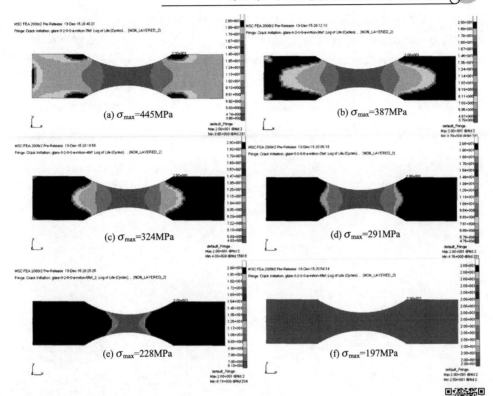

图 6.40　数值模拟的 GLARE 2A-3/2 表面铝层的疲劳裂纹萌生寿命云图($R=0.1$)

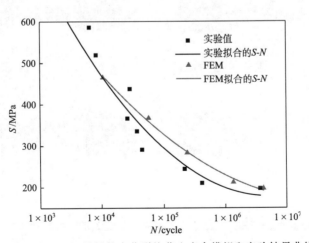

图 6.41　GLARE 2A-3/2 层板的疲劳裂纹萌生寿命模拟和实验结果曲线

加工、热处理状态和环境(温度、湿度)等因素的参数设置有关。从图中各点的对比我们发现两者的误差最大为 4.38%，考虑混杂层板性能数据本身的分散性，认为对于 GLARE 层板的疲劳寿命的模拟预测具有较好的有效性。

对于 GLARE 3-3/2，利用 MSC.Fatigue 计算得到的应力比为 0.1 时，正交层板在不同等级应力载荷作用下的应力寿命云图如图 6.42 所示。随着应力水平的增大，(a)～(e)中试件的疲劳寿命显著降低。在图 6.42(f)中试件颜色缺口根部部位的对数疲劳寿命达到 6.27，说明在 $R=0.1$ 时最大应力为 195MPa 的疲劳载荷作用下载荷的循环周次已经超过了设定的条件疲劳极限 $2×10^6$ 次，即此应力等级下的试样为无限寿命。由模拟和实验获得的 S-N 曲线(图 6.43)对比知道，和 GLARE 2A-3/2 一样，利用 MSC.Fatigue 模拟得到的 GLARE 3-3/2 层板 S-N 曲线比实验值要略高。通过图中各点的对比可知两者的误差最大为 3.69%，再次证明了数值模拟能够用来较好地预测层板的疲劳裂纹萌生寿命。

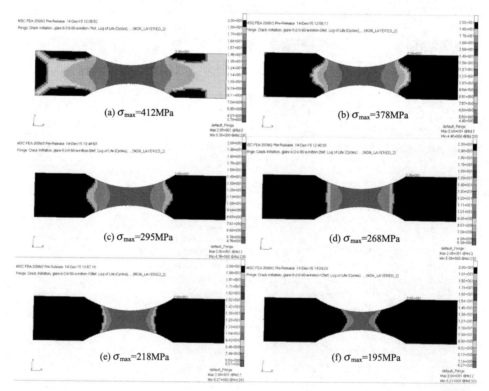

(a) σ_{max}=412MPa

(b) σ_{max}=378MPa

(c) σ_{max}=295MPa

(d) σ_{max}=268MPa

(e) σ_{max}=218MPa

(f) σ_{max}=195MPa

图 6.42 数值模拟的 GLARE 3-3/2 表面铝层的疲劳裂纹萌生寿命云图($R=0.1$)

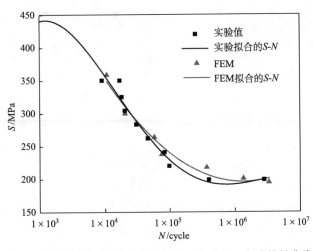

图 6.43　GLARE 3-3/2 层板的疲劳裂纹萌生寿命模拟和实验结果曲线

6.3.2　疲劳寿命

所谓疲劳寿命是指材料发生疲劳破坏以前所经历的应力或应变的循环周次，或从开始受载到发生断裂所经过的时间。在航空材料损伤容限及耐久性设计概念中，疲劳寿命是最为基本的考量指标，同时也是开展材料疲劳寿命预测的基础。通常用应力-寿命图(S-N 曲线)评价材料的疲劳寿命。S-N 曲线作为研究材料在循环载荷条件下疲劳破坏行为的重要手段，自 19 世纪 50 年代提出并发展至今。

FMLs 的 S-N 曲线测试方法也较为成熟，一般可参考 ASTM D3039 和 ASTM D3479 进行实验。与传统金属材料相比，FMLs 用于疲劳寿命测试的试样形式有很大差别。传统金属材料一般采用两端较宽而中间较窄的哑铃形试样。而若 FMLs 采用该种形式，单向纤维则已被切断，且因金属层较薄，容易在夹持端因应力集中而提前断裂。尽管哑铃形试样也可在研究 FMLs 裂纹萌生等特殊情况时使用，该类材料一般仍采用直条型试样，并需在两端粘贴加强片；也常采用带孔试样设计，如图 6.44 所示。

本书分别研究了 GLARE 层板及多种树脂体系 TiGr 层板的 S-N 曲线，发现 FMLs 在抗疲劳受载过程中具有较为一致的失效特征。以单向层板为例，首先，金属层首先产生裂纹并开始扩展，随后，裂纹处发生金属层/纤维层界面分层及纤维层本身因桥接作用导致的分层，桥接应力效力降低；随着循环周次的进一步增大，金属层表面的裂纹数量不断增多并扩展；金属层断裂后，纤维层仍发挥承载作用，直至纤维断裂并失去承载能力。图 6.45 即为 3/2 结构单向 GLARE 层板带孔试样的破坏形貌。铝合金层尽管在开孔处断裂，但其表面存在多条扩展

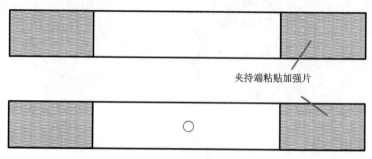

图 6.44　直条形试样

裂纹；金属层/纤维层界面及纤维层本身存在显著的分层现象，部分 0°纤维发生断裂。

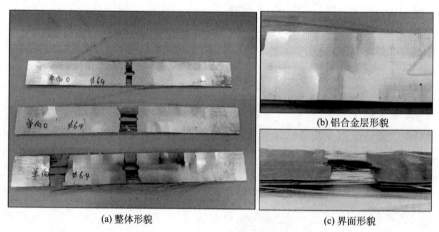

(a) 整体形貌　　　　　　　　　　　　(c) 界面形貌

图 6.45　3/2 结构单向 GLARE 层板带孔试样的拉-拉疲劳破坏形貌

　　为了便于读者的研究及参考，本节给出 GLARE 层板和两种树脂体系 TiGr 层板的 S-N 曲线。

1. GLARE 层板的 S-N 曲线

　　以 3/2 结构 GLARE 正交层板为例，在应力比 0.1 的条件下，取不同应力水平获得材料的 S-N 曲线，如图 6.46 所示。

　　考虑到超混杂复合材料在疲劳实验中可能出现的高离散性，作者在实验中选择了更多的应力水平，每个应力水平采取 3 个平行试样，以获取 S-N 曲线。由图 6.46 可知，该曲线更符合双对数线性关系，拟合程度较好。其公式为

$$\lg S = -0.21\lg N + 3.01 \ (R = 0.1) \tag{6.10}$$

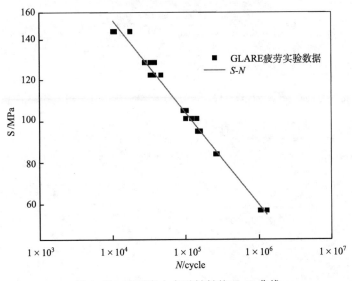

图 6.46　不同应力水平材料的 $S\text{-}N$ 曲线

而对于 3/2 结构 GLARE 单向层板，所获得的 $S\text{-}N$ 曲线则在采用单对数拟合时，表现出更好的线性关系，如图 6.47 所示。

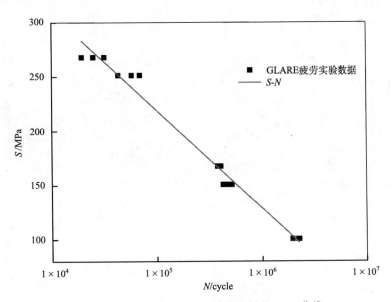

图 6.47　3/2 结构 GLARE 单向层板的 $S\text{-}N$ 曲线

所获得的公式为

$$S = -90.02 \lg N + 668.97 \ (R = 0.1) \tag{6.11}$$

单向 GLARE 层板在应力幅值低于 150MPa 时，即可认为达到无限寿命；而正交 GLARE 层板则需将应力幅值降至 60MPa 以下。从该角度亦证明了纤维层桥接作用在提高 FMLs 疲劳寿命中的贡献。

2. TiGr 层板的 S-N 曲线

同样以 3/2 单向层板结构为例，本节给出了两种树脂体系 TiGr 层板即 Ti/CF/PMR 与 Ti/CF/PEEK 层板的 S-N 曲线，分别如图 6.48、图 6.49 所示。

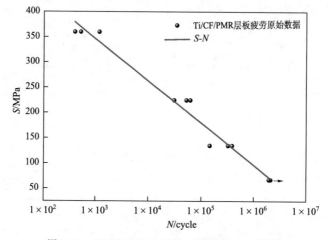

图 6.48　Ti/CF/PMR 聚酰亚胺层板 S-N 曲线

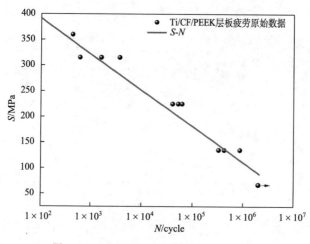

图 6.49　Ti/CF/PEEK 层板的 S-N 曲线

图 6.48 中，通过单对数关系拟合所获得的公式为

$$S = -83.13\lg N + 595.46\ (R = 0.1) \tag{6.12}$$

图 6.49 中，通过单对数关系拟合所获得的公式为

$$S = -70.12\lg N + 531.66\ (R = 0.1) \tag{6.13}$$

由于 FMLs 中纤维、树脂及金属材料的选材、层板制备工艺及测试条件都会导致获得 $S\text{-}N$ 曲线的不同，故本节所提供的曲线仅可起到参考作用。

6.4　本章小结

（1）在 FMLs 疲劳裂纹扩展行为方面，随着温度升高，FMLs 单向 0°铺层和 ±45°铺层的两种层板疲劳裂纹扩展速率都有一定增加，但与金属材料相比，其疲劳裂纹扩展速率相对较低，在高温下仍具有优异的抗疲劳性能。对比两者，可得单向 0°铺层较 ±45°铺层疲劳裂纹扩展速率更低。随着温度升高，FMLs 纤维层的分层面积增大，层间结合能力降低，桥接效力下降。

（2）FMLs 在过载区域中出现了裂纹扩展的迟滞现象，导致了疲劳裂纹扩展速率的降低。通过化学腐蚀外层金属方法观测，得到过载对疲劳分层扩展的形状也产生影响，其中单峰过载、多峰过载与高-低块载荷都在过载处发现分层扭折现象，而低-高块载荷中未发现此现象。

（3）在 FMLs 疲劳裂纹扩展速率的预测方面，基于 Homan 的 FMLs 疲劳裂纹萌生理论，对 GLARE 层板单向和正交两种疲劳裂纹萌生试样进行拉伸应力分析，可判断破坏位置及破坏强度，并计算得到层板整体和铝合金层在同样受载下对应的应力。利用前期有限元模拟的结果并结合疲劳软件数值预测了 FMLs 铝合金层的疲劳裂纹萌生寿命，分析计算获得的 $S\text{-}N$ 曲线与实验曲线对比误差较小。

（4）疲劳全寿命的预测方法包括唯象模型、解析模型和有限元模型，但多数是对预制裂纹试样的寿命预测，光滑试样的疲劳失效由于具有概率性和突发性，至今尚无很好的宏观预测模型。通过实验得到 GLARE 和 TiGr 两种材料体系层板的 $S\text{-}N$ 曲线显示，正交层板的疲劳寿命比单向层板具更大离散性，达到无限寿命所需的应力水平低于单向层板，证明了纤维层桥接作用在提高 FMLs 疲劳寿命中的贡献。

参 考 文 献

[1] 陈凯，Ti/CF/PMR 聚酰亚胺层板高温力学性能与疲劳裂纹扩展速率的研究[D]，南京：南京航空航天大学，2016.

[2] Schijve J，Van Lipzig H T M，Van Gestel G，et al. Fatigue properties of adhesive-bonded

laminated sheet material of aluminum alloys[J]. Engineering Fracture Mechanics，1997，12(4)：561-579.

［3］吴学仁，郭亚军. 纤维金属层板疲劳寿命预测的研究进展[J]. 力学进展，1999，29(3)：304-316.

［4］Alderliesten R C. Analytical prediction model for fatigue crack propagation and delamination growth in GLARE[J]. International Journal of Fatigue，2007，29(4)：628-646.

［5］Shim D J，Alderliesten R C，Spearing S M，et al. Fatigue crack growth prediction in GLARE hybrid laminates［J］. Composites Science and Technology，2003，63（12）：1759-1767.

［6］Chang P Y，Yang J M. Modeling of fatigue crack growth in notched fiber metal laminates［J］. International Journal of Fatigue，2008，30(12)：2165-2174.

［7］郭亚军，吴学仁. 纤维金属层板分层扩展的优化分析[J]. 航空材料学报，1999，19(2)：8-12.

［8］于兰兰，毛小南，李辉. 温度对 TC4-DT 损伤容限型钛合金疲劳裂纹扩展行为的影响[J]. 稀有金属快报，2008，26(12)：20-23.

［9］Arakere N K，Goswami T，Krohn J，et al. High temperature fatigue crack growth behavior of Ti-6Al-4V[J]. High Temperature Materials and Processes，2002，21(4)：229-236.

［10］Rans C D，Alderliesten R C，Benedictus R. Predicting the influence of temperature on fatigue crack propagation in fibre metal laminates[J]. Engineering Fracture Mechanics，2011，78(10)：2193-2201.

［11］Schut J E，Alderliesten R C. Delamination growth rate at low and elevated temperatures in GLARE[C]//Proceedings of the 25th International Congress of the Aeronautical Sciences，2006：3-8.

［12］Beumler T. Flying GLARE[M]. Delft：Delft University of Technology，2004.

［13］郭亚军，吴学仁. 纤维金属层板疲劳裂纹扩展速率与寿命预测的唯象模型[J]. 航空学报，1998，10(3)：275-283.

［14］Tomlinson R A，Amjad K，Urra G G. Crack Growth Study of Fibre Metal Laminates Using Thermoelastic Stress Analysis[M]//Rossi M，Sasso M，Connesson N，et al. Residual Stress，Thermomechanics& Infrared Imaging，Hybrid Techniques and Inverse Problems，Volume 8. Springer International Publishing，2014.

［15］Toi R. An empirical crack growth model for fiber/metal laminates[C]//Proceedings of the 18th symposium of the international committee on aeronautical fatigue，Melboume，Australia. 1995.

［16］Takamatsu T，MatsumurA T，Ogura N，et al. Fatigue crack growth properties of a GLARE3-5/4 fiber/metal laminate[J]. Engineering Fracture Mechanics，1999，63（3）：253-272.

［17］Takamatsu T，Shimokawa T，Matsumura T，et al. Evaluation of fatigue crack growth behavior of GLARE3 fiber/metal laminates using a compliance method[J]. Engineering fracture mechanics，2003，70(18)：2603-2616.

[18] De Koning A U. Analysis of the fatigue crack growth behaviour of "through the thickness" cracks in fibre metal laminates（FML's）[J]. NLR Contract Report NLR-CR-2000-575，National Aerospace Laboratory NLR，Amsterdam，2001.

[19] Alderliesten R C. Analytical prediction model for fatigue crack propagation and delamination growth in GLARE[J]. International Journal of Fatigue，2007，29（4）：628-646.

[20] Alderliesten R C，Schijve J，Zwaag S. Application of the energy release rate approach for delamination growth in GLARE[J]. Engineering fracture mechanics，2006，73（6）：697-709.

[21] Ma Y E，Xia Z C，Xiong X F. Fatigue crack growth in fiber-metal laminates[J]. Science China（Physics，Mechanics and Astronomy），2014，57(1)：83-89.

[22] Shim D J，Alderliesten R C，Spearing S M，et al. Fatigue crack growth prediction in GLARE hybrid laminates[J]. Composites Science and Technology，2003，63（12）：1759-1767.

[23] 夏仲纯，马玉娥，云双，等. 玻璃纤维增强铝合金层板的裂纹扩展特性研究[J]. 西北工业大学学报，2013，（6）：891-895.

[24] Bhat S，Patibandla R. Computational investigation of GLARE with several cracks and delaminations under monotonic and cyclic loads of constant amplitude[J]. Mechanics of Advanced Materials and Structures，2014，21(8)：607-630.

[25] Fang E，Stuebner M，Lua J. X-FEM Co-simulation of delamination and matrix cracking in fiber metal laminated structures under fatigue loading[J]. American：AIAA，2000.

第 7 章

GLARE层板的成形性能及自成形技术

7.1 概　述

FMLs 的成形方法与金属材料相近，但由于纤维的破坏应变小，致使该类材料的成形极限远小于相应的金属材料，并易产生层间破坏，成形难度大。选择适合于 FMLs 的成形方法尤为重要。

在开展成形方法的选择和研究前，需对 FMLs 的成形性能有深入的认识。成形性能是指材料对成形工艺的适应性，反映其塑性变形能力。成形性能的获取对制定材料的成形工艺、判定其成形能力具有重要的意义，也是进行材料成形工艺仿真计算的基础。目前，成形性能的概念一般针对于金属材料，传统金属材料具有成熟的成形性能评价体系及标准。而 FMLs 失效形式复杂，变形规律与金属材料有较大差别，对其进行成形特性评价的过程本身也是有待研究的课题。

除了常规的成形性能，与金属材料相比，FMLs 还具有一种独特的成形特性，即自成形(self-forming technique)。自成形作为 FMLs 的特有成形方式，是其成形性能的重要组成部分。

FMLs 构件的成形一般具有两个思路，在热压固化前或固化的同时，成形出目标形状；或针对已制造的 FMLs 平板开展后续成形[1]。根据第一种思路，TU Delft 提出了所谓的自成形技术(self-forming technique)[2]，并将其广泛应用于飞机机身、机翼壁板用 GLARE 构件的成形，如图 7.1 所示。自成形技术是将 GLARE 层板在具有目标形状尺寸的模具中铺贴、热压罐固化，以在 GLARE 层板制备的同时获得有曲率的形状。该工艺可成形曲率较小的单、双曲率构件。在自成形前，根据目标构件的复杂形状，可对铺贴前的铝合金基板进行滚弯或拉伸成形，以利于铺贴时的贴模。同时，由于目前铝合金的最大制造宽度仅为 2m，可在自成形过程中，借助拼接技术(splicing technique)实现大尺寸机身壁板的整体成形，如图 7.2 所示。不仅如此，对于机身壁板等需加强的部位，可在自成形的同时将加强筋或多层的 GLARE 结构同时胶结、固化，达到补强效果[3]。

图 7.1　采用自成形技术制造的 GLARE 机身壁板[3]

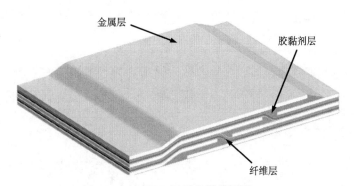

图 7.2　GLARE 层板的拼接原理

　　自成形技术也存在自身的局限。该方法无法成形更复杂的双曲率或多曲率构件；且需在层板热压罐固化的同时进行成形，成形加工的灵活性小，模具成本高；同时，回弹问题是自成形工艺无法避免的，且超混杂复合材料的回弹规律复杂，难以精确计算或控制，而根据其回弹特点经验性的反复修模，会显著增大制造成本。然而，GLARE 层板的重要应用均集中于大型飞机机身、机翼壁板，且机身蒙皮壁板居多，这些构件一般为曲率较小的单曲率或双曲率构件，成形难度低，采用自成形技术是较为理想的选择。

　　目前，随着碳纤维相关技术的发展，大型飞机的机身结构已开始设计并使用碳纤维复合材料。然而，碳纤维复合材料的冲击性能较金属材料差，在机翼前缘等需耐冲击的部位，GLARE 层板更具优势。而对于机翼前缘等构件，其曲率更大，成形难度更高，残余应力的分布或更加复杂并易于导致显著的回弹及分层失效。对于该类结构，探讨其自成形制造技术更具工程意义。作者也将在本章中分析研究 GLARE 层板机翼前缘构件的自成形制造方法及特点。

7.2 成形性能

成形性能是指材料对各种成形方式的适应能力，即材料在指定加工过程中产生塑性变形而不失效的能力。本书分析研究多种 GLARE 层板的成形技术，而同一种材料在不同的成形工艺条件下，其成形性能各不相同，因此必须了解材料的基本成形性能。

7.2.1 基本成形性能

成形性能实验包括单向拉伸实验、弯曲成形实验、扩孔成形实验和液压胀形实验等。而拉伸、弯曲是材料成形性能实验中最常见、最重要的测试方法。

1. 拉伸成形性能

1) 工程应力-应变曲线

应力-应变曲线表征材料受外力作用时的行为。图 7.3 中分别为单向 0°、单向 90°、正交 0°层板的工程应力-应变曲线，由工程应力-应变曲线可得三种层板的屈服强度 $\sigma_{0.2}$ 分别为 296.3MPa、207.2MPa、252.3MPa，低于 2024-T3 铝合金（约为 345MPa）。

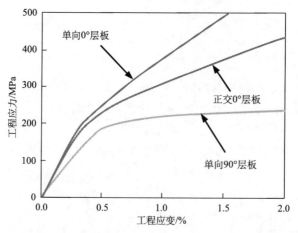

图 7.3　不同铺层 GLARE 层板的工程应力-应变曲线

2) 真实应力-应变曲线

利用公式将不同铺层 GLARE 层板的工程应力-应变曲线转化为真实应力-应变曲线。

如图 7.4 所示，在塑性变形阶段，产生相同的应变时，单向 0°层板的应力最大，单向 90°层板的应力最小，正交 0°层板介于两者之间，说明由于纤维的增强作用，单向 0°层板抵抗拉伸变形的能力强于单向 90°层板。

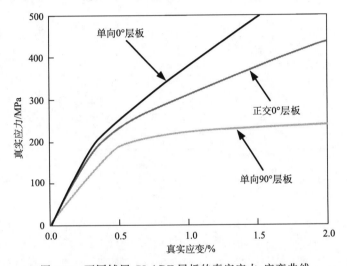

图 7.4　不同铺层 GLARE 层板的真实应力-应变曲线

3) 应变硬化指数

应变硬化指数(n 值)，又称加工硬化指数，可用来度量材料拉伸时塑性变形阶段的应变硬化能力，是评价材料成形性能的重要参数[4]。因实验所获得的应力-应变曲线不能准确地表征材料的塑性变形行为，一般需采用合适的本构方程对其进行准确描述。目前常用的形式有以下三种[5]：

$$\sigma = K\varepsilon^n \tag{7.1}$$

$$\sigma = K\left(\varepsilon_0 + \varepsilon\right)^n \tag{7.2}$$

$$\sigma = \sigma_y + K\varepsilon^n \tag{7.3}$$

对于三种本构方程，单向 0°层板的 n 值均最大，单向 90°层板最小，正交 0°层板介于两者之间，见表 7.1，说明单向 0°层板抵抗塑性变形的能力最强。对比不同铺层 GLARE 层板的拟合数据，采用本构方程 $\sigma = \sigma_y + K\varepsilon^n$ 拟合所得到的变形抗力曲线，其相关系数最大，拟合结果最好。

表 7.1   不同铺层 GLARE 层板的本构方程拟合结果

本构方程	参数	单向 0°层板	单向 90°层板	正交 0°层板
$\sigma = K\varepsilon^n$	K	379.9	222.5	315.8
	n	0.721 45	0.134 21	0.482 91
	R	0.999 02	0.999 65	0.997 88
$\sigma = K(\varepsilon_0 + \varepsilon)^n$	ε_0	0.004 39	−0.037 69	0.214 2
	K	275.0	223.5	212.5
	n	0.917 91	0.131 65	0.758 23
	R	1	0.999 67	0.999 98
$\sigma = \sigma_y + K\varepsilon^n$	σ_y	122.2	−59.3	148.6
	K	262.1	277.5	166.0
	n	0.935 56	0.109 67	0.854 39
	R	1	0.999 68	0.999 99

4）塑性应变比

塑性应变比(r 值)也是评价材料成形性能的重要指标,是钣金成形性能中最为基本和重要的参数。r 值是板料试件单向拉伸实验中宽度应变 ε_b 与厚度应变 ε_t 之比,因此也常被称为厚向异性系数。由于 GLARE 试样厚度较薄,变形前后的厚度变化不明显,为了提高实验结果的准确性,根据塑性变形体积不变的原则,可通过测量宽度和长度方向的应变值,利用式(7.4)计算 r 值。

$$r = \frac{\ln\left(\dfrac{b}{b_0}\right)}{\ln\left(\dfrac{L_0 b_0}{Lb}\right)} \tag{7.4}$$

由表 7.2 可知,不同铺层 GLARE 层板的 r 值不同,而 r 值越大,板材抵抗厚向变形的能力越强。由此可判定,单向 0°层板难以发生厚向变形,单向 90°层板则相对容易。拉伸过程中,单向 0°层板中的纤维承担了大部分拉伸载荷,故而不易变形;而单向 90°层板中的纤维几乎不承受载荷,铝合金的承载能力有限,较易变形。

表 7.2   不同铺层 GLARE 层板的 r 值

铺层方式	b_0/mm	b/mm	L_0/mm	L/mm	r
单向 0°层板	25.11	25.02	50	50.4913	0.58
单向 90°层板	25.02	24.95	50	50.6777	0.26
正交 0°层板	25.22	25.15	50	50.5035	0.38

2. 弯曲成形性能

弯曲实验主要反映材料承受弯曲载荷时的变形极限，材料弯曲时，受到拉应力、压应力及剪应力作用。由于纤维的增强作用，单向 0°层板的弯曲强度最大（表 7.3），抵抗弯曲变形的能力最强。而不同铺层 GLARE 层板的弯曲模量相近，即在弹性极限内抵抗弯曲变形的能力相当。

表 7.3　GLARE 层板弯曲强度和弯曲模量

铺层方式	P_1/N	弯曲强度/MPa	P_2/N	δ/mm	弯曲模量/GPa
单向 0°层板	261.5	609.7	116.7	0.51	57.99
单向 90°层板	180.8	430.8	98.9	0.49	52.68
正交 0°层板	217.3	550.6	118.9	0.62	54.82

注：P_1 为挠度为 1.5 倍试样厚度时的载荷；P_2 为载荷一位移曲线上初始直线段的载荷增量。

成形性能最重要的指标为成形极限，本节研究了不同铺层 GLARE 层板的最小相对弯曲角，即发生失效破坏时的相对弯曲角。

如图 7.5 所示，最小相对弯曲角与弯曲变形极限和弯曲回弹量有关，单向 90°层板的弯曲变形极限较大，而回弹量最小，因此其最小相对弯曲角也最小。

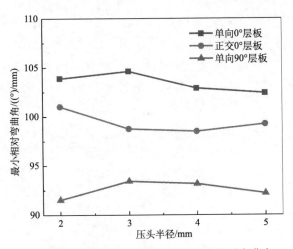

图 7.5　不同铺层 GLARE 层板的最小相对弯曲角

同种铺层 GLARE 层板的弯曲变形极限变化规律并不明显。对于同种铺层层板，不同压头半径导致层板的变形极限不同，压头半径小容易造成应力集中，压头半径大就扩大了变形区域，均容易引起破坏；而且不同压头半径下层板的回弹量也不同，导致压头半径对最小相对弯曲角的影响规律不明显。

3. 弯曲回弹

1) GLARE 层板回弹机理

三点弯曲过程中，在弯曲变形区内，试样内表层（靠近压头一侧）受压，外表层受拉，由于各部分变形不均匀，一段时间后，试样内外表层首先发生塑性变形，而中心层仍处于弹性变形状态，当压头上升卸除外载荷后，则要经过一个卸载和反向加载的过程，就会产生弹性恢复，如图 7.6 所示。

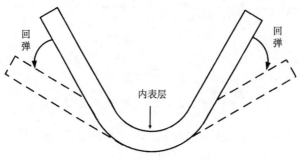

图 7.6 弯曲回弹示意图

2) 压头半径对回弹的影响

不同压头半径下层板的回弹量并不一致。图 7.7 表明，单向 0°、单向 90°、正交 0°层板的载荷-位移曲线趋势相同，但不同的纤维铺层方式决定了层板承载能力不同。显然，单向 0°层板由铝合金层和纤维层共同承受载荷，承载能力强；单向 90°层板主要由铝合金层承受载荷，承载能力弱；而正交 0°层板介于两者之间，由铝合金层和单层 0°纤维层承载。

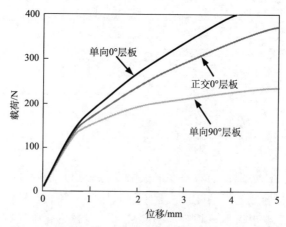

图 7.7 不同铺层 GLARE 层板的弯曲载荷-位移曲线

　　图 7.8 表明，单向 90°层板弯曲回弹量最小，单向 0°层板弯曲回弹量最大，正交 0°层板介于两者之间。原因是不同铺层 GLARE 层板的拉伸弹性模量相差较大，抵抗变形的能力不同。对于单向 0°层板，在大挠度弯曲时，铝合金已发生塑性变形，而 0°纤维抵抗变形能力强，发生弹性变形，导致弹性变形量占弯曲总变形量的比例大，回弹量大；对于单向 90°层板，应力超过铝合金的屈服极限后，铝合金发生较大塑性变形，而 90°纤维抵抗变形能力差，导致弯曲总变形量中弹性变形量所占比例小，回弹量小；正交 0°层板抵抗变形能力介于两者之间，故回弹量也介于两者之间。

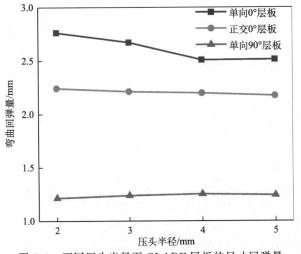

图 7.8　不同压头半径下 GLARE 层板的尺寸回弹量

　　随着压头半径增大，单向 0°层板的回弹量减小，单向 90°层板的回弹量增大，而当压头半径达到 5mm 时，单向 0°层板的回弹量变大，单向 90°层板的回弹量变小。对于单向 0°层板，当压头半径小时，弯曲变形时容易造成压头附近应力集中，导致基体皲裂，应力传递受阻，阻碍回弹的能力下降，因此回弹量大；随着压头半径增大，应力集中得到缓解，应力得以阻碍回弹，回弹量变小；而当压头半径达到 5mm 时，应力集中进一步缓解，基体破坏变少，回弹本应减小，但此时弯曲变形区域进一步扩大，致使直边变形区的 0°纤维受到拉伸力影响发生弹性变形，同时纤维拉伸力促使铝合金回弹，导致回弹量增大。

　　单向 90°层板的纤维铺层方向与弯曲变形时应力方向垂直，纤维并不承受载荷，应力集中对其影响不大，基体对铝合金层弹性恢复的阻碍作用较小。随着压头半径增大，弯曲变形的区域变大，而弯曲成形过程中板料变薄，弹性变形量占总变形量的比例变大，回弹量变大；当压头半径达到 5mm 时，弯曲变形区域进一步扩大，复合材料层与树脂基体协同变形能力较差，基体破坏程度增加，导致弹性变形量占总变形量的比例变小，回弹量变小。

正交 0°层板受 0°纤维和 90°纤维共同作用，两者相互约束。压头半径小时，回弹主要受 0°纤维影响，90°纤维承受载荷的能力不强，因此回弹量减小；当压头半径达到 5mm 时，0°纤维使回弹量增大，但 90°纤维使回弹量减少，0°纤维增加的回弹量不足以弥补，因此正交方向的层板回弹持续减小。

7.2.2 成形过程的失效

不同于金属材料，GLARE 层板作为一种超混杂复合材料，其失效方式较为复杂，包括纤维脱黏、纤维断裂、金属断裂、基体裂纹和金属层/纤维层界面分层等[6,7]，且不同的失效存在多种次序和作用关系。作者在前期的工作中，一直致力于 GLARE 层板的失效行为及评价方法研究，取得了一定的研究成果，但其复杂的损伤过程仍使该项研究具有很大的挑战性。

1. 拉伸变形失效分析

如图 7.9 所示，不同铺层 GLARE 层板界面上树脂基体与铝合金层之间均没

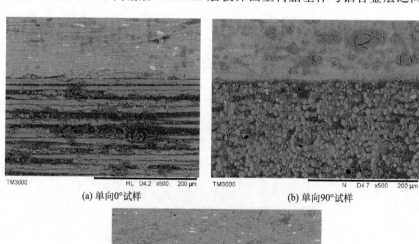

(a) 单向0°试样　　　　　　　　　　(b) 单向90°试样

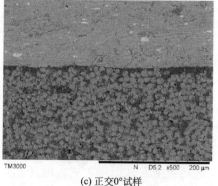

(c) 正交0°试样

图 7.9　金属层/纤维层界面 SEM 图

有分层。与单向 0°层板和正交 0°层板相比，单向 90°层板易被拉伸，铝合金发生较大的塑性变形，导致基体开裂，但基体与铝合金层之间并未脱黏，说明拉伸过程中界面黏接良好。

如图 7.10 所示，单向 0°层板中仅少数纤维断裂，为铣切过程导致，不是拉伸断裂；单向 90°层板拉伸过程中，除了局部区域基体破坏，其他区域的纤维与树脂黏接良好；正交 0°层板的破坏情况与单向 0°层板类似。

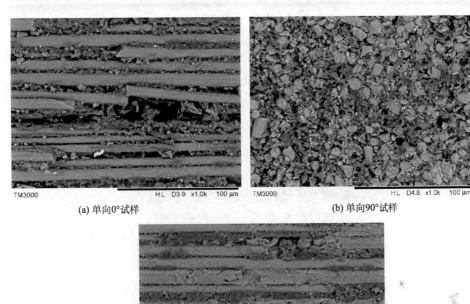

(a) 单向0°试样　　　　　　　　　　(b) 单向90°试样

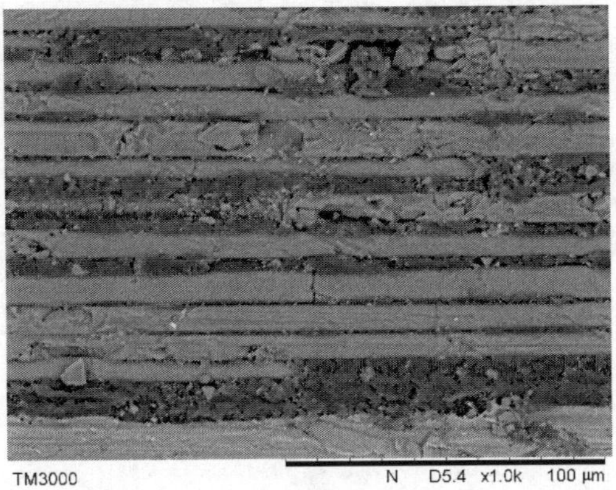

(c) 正交0°试样

图 7.10　纤维层 SEM 图

2. 弯曲变形失效分析

铝合金、纤维和树脂构成了 GLARE 层板材料体系，当层板受外力作用时，由铝合金、纤维和树脂基体共同承载，而这三者承载能力不同，一般情况下，纤维的承载能力最强，铝合金次之，树脂承载能力最弱。

图 7.11(a)、图 7.12(a)为单向 0°层板，其主要破坏形式是金属皱缩、纤维

断裂和分层。内表层（靠近压头一侧）受到挤压，试样不断弯曲过程中，由于压应力的作用，铝合金发生皱缩，纤维断裂，继而分层；外表层纤维受到拉伸作用，随着弯曲程度增大，达到承载极限，随后纤维发生大量断裂，继而分层。

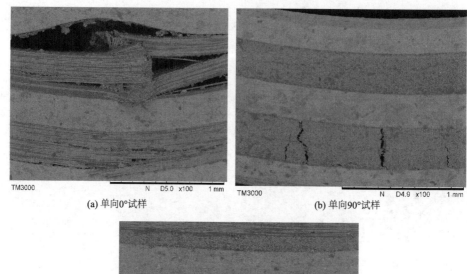

(a) 单向0°试样　　　　　　　　　　　(b) 单向90°试样

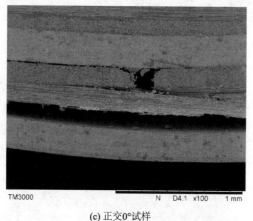

(c) 正交0°试样

图 7.11　金属层/纤维层界面 SEM 图

图 7.11(b)、图 7.12(b)为单向 90°层板，其主要破坏形式是基体破坏。该层板在弯曲过程中，纤维并不承受载荷，主要是铝合金和树脂基体承载，而铝合金容易发生塑性变形，纤维不发生塑性变形，基体受到挤压，引起破坏。

图 7.11(c)、图 7.12(c)为正交 0°层板，其主要破坏形式为 0°方向纤维发生断裂，90°方向基体挤压破坏。正交层板综合了单向 0°层板和 90°层板的破坏形式，弯曲过程中外层受拉，当载荷超过层板承载极限时，基体受压开裂，纤维发生拉伸破坏，并伴随着界面的分层失效。

(a) 单向0°试样　　　　　　　(b) 单向90°试样

(c) 正交0°试样

图 7.12　纤维层 SEM 图

7.3　自成形技术

7.3.1　成形方法

    针对性地选取某大型商用飞机机翼前缘 1∶1 典型件作为目标构件，以自成形最为常用的阴模成形方式进行制造[8]。其模具如图 7.13 所示，构件展开尺寸为 750mm×350mm。

    GLARE 自成形制造工艺与其平板的制造工艺相近，首先，在阴模内铺脱模布后进行 GLARE 的铺贴，由图 7.14(a) 可知，尽管成形曲率较大，但铺贴后金属层基本与模具贴合；随后，在 GLARE 构件内表面铺柔性环氧板，以改善表面质量；利用真空袋对层板预抽真空后可完全贴模，如图 7.14(b) 所示。最后，对

GLARE 自成形构件进行热压罐固化。

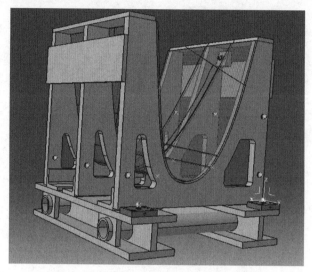

图 7.13　GLARE 自成形模具示意图

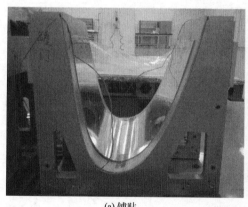

(a) 铺贴

(b) 预抽真空

图 7.14　GLARE 自成形过程

　　采用自成形制造的 GLARE 构件如图 7.15 所示。

　　本书尝试针对尺寸更大、曲率更小的飞机平尾前缘构件，采用 GLARE 进行自成形。研究发现，铝合金基板在未预成形条件下，均可实现基本贴模，如图 7.16 所示；利用真空压完全贴模后，所制造的构件贴模度高。这说明，针对商用飞机的机翼前缘典型构件，GLARE 可在不实施铝合金基板预变形的前提下，完成自成形制造。

图 7.15　GLARE 自成形构件实物图

图 7.16　GLARE 平尾前缘自成形典型件

7.3.2　成形质量分析

宏观上，所制造的自成形构件表面光洁度及平整度好，无显著分层或其他缺陷。本节根据图 7.17(a)分别截取 3 个剖面以分析 GLARE 自成形构件的厚度均匀性。如图 7.17(b)所示，构件各处的厚度差在 ±0.1mm 以内，未出现树脂因自重流动而导致的厚度不均匀现象。

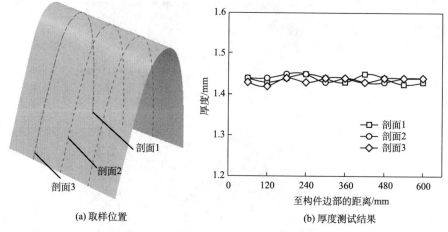

(a) 取样位置   (b) 厚度测试结果

图 7.17   GLARE 自成形构件的厚度均匀性分析

基于截取的剖面 2，采用 SEM 观察构件不同曲率处的界面形貌。以构件曲率最大处为例，由其截面形貌(图 7.18)可知，金属层/纤维层界面结合较好，未出现显著的分层等缺陷。

200μm

图 7.18   GLARE 自成形构件曲率最大处的截面形貌

7.3.3   残余应力分析

在 GLARE 构件自成形前，未对铝合金基板预成形，主要通过合金自重及真空负压使 GLARE 各层完全贴模。在此条件下，铝合金层会产生一定的残余应力并影响 GLARE 构件的回弹及服役性能，本节开展其残余应力的分析和讨论。

一般而言，GLARE 等 FMLs 类材料，采用 X 射线测试金属层的残余应力最为便捷。本节利用 μ-X360n X 射线残余应力分析仪测试 GLARE 构件的残余应力，如图 7.19 所示。与金属材料相似，X 射线照射到样品后，通过全二维探测器收集到来自样品 360° 全方位衍射信息，并在探测器上形成德拜环；因无应力的德拜环是标准的圆形，受残余应力作用的样品所产生的德拜环则发生变形，通过德拜环的变化并采用 cosα 方法计算出残余应力。尽管 X 射线法仅能测试铝合金层表面深度约 10μm 处的残余应力，但可作为直观定性分析手段。

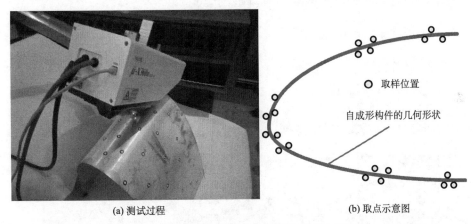

(a) 测试过程　　　　　　　　　　　　　(b) 取点示意图

图 7.19　GLARE 自成形构件的残余应力测试

通过 X 衍射获得各点的德拜环非常完整（图 7.20），说明铝合金晶粒尺寸较为均匀。根据各点的德拜环，计算其残余应力，均为 $-18\sim50$MPa，但无显著规

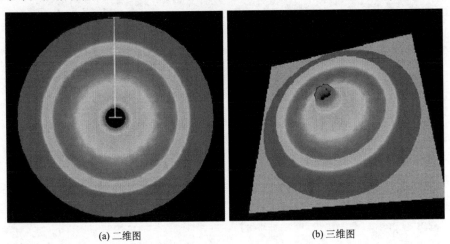

(a) 二维图　　　　　　　　　　　　　(b) 三维图

图 7.20　铝合金层的德拜环

律；将构件放置一周后，其残余应力依然在该范围内。在 GLARE 自成形构件中，其残余应力主要来自于两个方面。一方面，由于金属层与纤维层热膨胀系数的差异，在树脂固化并冷却后产生金属层受拉、纤维层受压的残余应力；另一方面，在通过真空负压使 GLARE 贴模的过程中，铝合金发生的弹性变形使材料产生一定的应力。通过以上的实验结果可见，铝合金弹性形变产生的残余应力并不十分显著，GLARE 自成形构件中的残余应力在可接受的范围内。由于残余应力在 GLARE 中分布复杂、数值较小且这种测试方法存在一定的离散性，本实验并未获得该构件残余应力分布的规律性结果。

7.3.4 回弹分析

尽管 GLARE 自成形构件在各个部位的残余应力数值不大，但作为薄壁结构件，其回弹问题仍需重点关注。

本节采用 ATOS Compact Scan 5M 蓝光三维扫描仪对 GLARE 自成形构件放置不同时间后的形状尺寸进行测试，以分析其回弹行为，如图 7.21 所示。

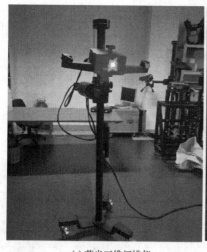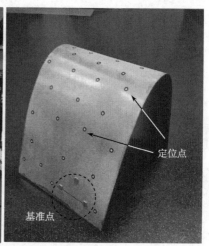

(a) 蓝光三维扫描仪   (b) 待测构件

图 7.21　GLARE 自成形构件的形状尺寸测量

将刚制造的 GLARE 构件再次放至模具中，依然可以完全贴模，说明在固化后的冷却过程中，构件的回弹并不显著，如图 7.22(a) 所示。随后，将此构件在常温下自由放置，随着放置时间的延长，回弹现象出现，其"张开"式变形趋势如图 7.22(b) 所示。在放置一周后，构件的回弹现象已十分显著，由图 7.22(c) 可知，个别部位的变形最大可达 15～20mm。将该构件继续放置至四周后，回弹现象依然存在，但构件回弹量较小，大部分位置的位移量均在 1mm 以内

（图 7.22(d)）。说明 GLARE 自成形构件的应力释放和回弹变形基本在一周以内即完成。考虑飞机的实际装配，构件放置一周以上的时间很难避免，而显著的回弹变形将影响到飞机的装配精度，并对其整体强度产生不利影响。

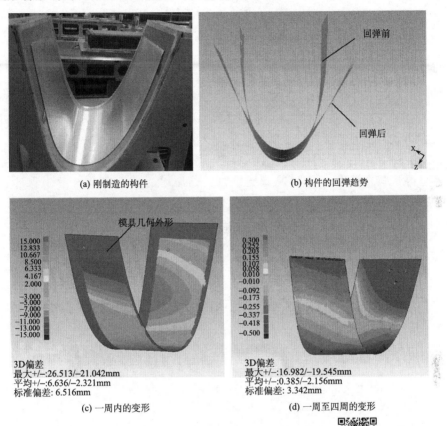

(a) 刚制造的构件　　　　　　　　(b) 构件的回弹趋势

3D偏差
最大+/−:26.513/−21.042mm
平均+/−:6.636/−2.321mm
标准偏差: 6.516mm

3D偏差
最大+/−:16.982/−19.545mm
平均+/−:0.385/−2.156mm
标准偏差: 3.342mm

(c) 一周内的变形　　　　　　　　(d) 一周至四周的变形

图 7.22　GLARE 自成形构件放置过程的回弹变形

依靠自成形工艺本身解决回弹问题具有一定的难度。GLARE 自成形构件中的残余应力极为复杂，很难通过解析计算或有限元仿真精确预测其回弹变形量。在系统研究 GLARE 回弹特性的基础上，可依靠经验性修模予以解决，但该过程效率低下且成本过高。也可以考虑在自成形后采用其他成形方式对 GLARE 进行校形，该过程变形量小，不易造成材料的损伤。但校形的对象是已完成大曲率变形的构件，校形方法的选择是需要探讨的问题。

7.4　本 章 小 结

（1）纤维的铺层方向对 GLARE 层板的成形性能具有显著影响。单向 0°层板抵抗拉伸和弯曲变形的能力高于单向 90°层板，正交 0°层板介于两者之间，即单向 90°层板的塑性成形能力优于单向 0°和正交 0°层板。

（2）GLARE 层板弯曲成形后会产生回弹。纤维铺层方向和压头半径对弯曲回弹的影响较为复杂，总体来说，单向 0°层板的弯曲回弹量最大，单向 90°层板的弯曲回弹量最小。最小相对弯曲角与弯曲变形极限和弯曲回弹量有关，单向 0°层板的弯曲变形极限较小，回弹量又最大，因此其最小相对弯曲角最大，成形性能较差。

（3）单向 0°层板弯曲变形破坏时，内表层受压应力，以皱缩和压缩断裂为主，外表层受拉应力，以纤维拉伸断裂和分层为主；单向 90°层板主要的破坏形式是基体破坏；而正交 0°层板综合了单向 0°层板和 90°层板的破坏形式。

（4）采用自成形工艺可实现 GLARE 机翼前缘等大曲率构件的成形，且贴模度高，厚度均匀性好，无显著分层缺陷，成形后的表面残余应力仅为 －18～50MPa，但其成形后放置一周内即发生显著的"张开"式回弹现象。

（5）自成形技术的模具成本高，无法成形复杂的双曲率或多曲率 GLARE 构件，并需在 GLARE 热压罐固化的同时进行成形，其灵活性小，限制了 GLARE 的应用。研究和发展 GLARE 的先进成形方法也是亟待解决的问题。而无论是采用"自成形＋校形"的成形工艺，还是在完成 GLARE 板材的制造后对其进行后续成形，喷丸成形技术都是一个理想的选择。FMLs 在喷丸成形方面的研究将在第 9 章详述。

参 考 文 献

［1］De Jong T W. Forming of laminates[D]. Delft：Delft University of Technology，2004.

［2］Alfaro C. Multiscale analyses of fibre metal laminates[D]. Delft：Delft University of Technology，2008.

［3］Vlot A，Gunnink J W. Fibre metal laminates—an introduction[M]. Dordrecht：Springer Science and Business Media，2011.

［4］常东华，周晓，魏佰友. 应变硬化指数 n 值的测定和应用[J]. 理化检验-物理分册，2006，42(5)：242-244.

［5］彭鸿博，张宏建. 金属材料本构模型的研究进展[J]. 机械工程材料，2012，36(3)：5-10.

［6］Afaghi-Khatibi A，Lawcock G，Ye L，et al. On the fracture mechanical behaviour of fibre reinforced metal laminates (FRMLs)[J]. Computer Methods in Applied Mechanics and Engineering，2000，185(2)：173-190.

［7］Park S Y，Choi W J，Choi H S. The effects of void contents on the long-term hygrothermal behaviors of glass/epoxy and GLARE laminates[J]. Composite Structures，2010，92(1)：18-24.

［8］李华冠. 玻璃纤维-铝锂合金超混杂复合层板的制备及性能研究[D]. 南京：南京航空航天大学，2016.

第 *8* 章
GLARE层板的滚弯成形技术

8.1 概　　述

目前 GLARE 层板在航空产品上应用最多的部位是飞机机身和机翼蒙皮类零件[1]。飞机蒙皮主要有单曲率和双曲率两种形式。利用纤维金属层板来制造飞机蒙皮和传统的金属机身蒙皮制造方法类似[2]。对于单曲率机身蒙皮来说，滚弯成形也是最合适的成形方式，这种成形方法可以制造出圆筒和圆锥状的壳体部件[2]，纤维方向和层板结构的不同，回弹差别较大，同时纤维失效也是需要关注的问题；双曲率机身蒙皮的成形方式较为复杂，金属蒙皮通常采用拉弯成形方法来制造，GLARE 机身蒙皮仍然可以采用这种方法[2]，拉弯过程中，变形方式为平面应变，由于 GLARE 层板的纤维极限应变很小，所以要防止纤维断裂。另外，机身蒙皮还可以同普通纤维复合材料一样采用自成形方法，将纤维金属层板的每一层逐层放置在成形模具中，然后采用真空加温加压[3]。

GLARE 层板的滚弯成形同其他弯曲成形一样，回弹问题是一直存在的现象，需要进行研究探讨，另外由于 GLARE 层板是典型的超混杂复合材料，其中纤维层和金属层极限应变不同，在成形过程中就会容易出现纤维断裂、界面失效等相关问题，因此要想成形出符合实际生产需求的零件，就需要进行合理的工艺设计。

本章针对 GLARE 层板的滚弯成形技术，对以下四个方面问题进行探索和研究。

（1）建立水平下调式三辊滚弯机的层板数学模型。在参考金属板材的滚弯力学理论分析的基础上，对层板的弯曲过程进行简单的理论分析，建立上辊下压量与理论成形半径的数学模型。

（2）研究影响 GLARE 层板回弹规律的主要因素。先从力学角度分析回弹产生的原因和回弹机理，接着从层板的几何参数和滚弯机的工艺参数两个因素考虑，分别研究分析它们对层板滚弯成形回弹规律的影响，最后探讨控制回弹的相关措施。

（3）研究滚弯后层板的残余应力产生的原因和残余应力分布情况。

（4）研究层板滚弯成形后界面的失效规律。研究分析不同条件下层板界面失效机制和破坏形式，讨论层板的有效成形曲率半径，为实际生产提供理论依据和指导。

8.2 滚弯成形原理与模型建立

8.2.1 滚弯成形过程分析

滚弯成形是一种大位移、小应变的冷弯曲成形工艺，滚弯工艺包括两个过程：上辊的压下与两个下辊的旋转。操作时首先将板材送入上、下辊之间，然后上辊向下移动，与板材上表面相接触，板材受到辊轮的挤压而发生弯曲变形。当两下辊做旋转运动时，由于辊轮与板材之间摩擦力的作用，板材连续通过上辊与下辊之间，获得沿其全长的弯曲变形，从而获得具有一定曲率的圆筒件[4]。

滚弯成形过程是一种较为复杂的弯曲变形，整体来讲，如图 8.1 所示，成形过程包括两个阶段[5]。第一个过程是加载阶段：板材由弹性弯曲开始，随着板材弯曲变形力继续增大，内外表层所受的应力超过了屈服强度，发生塑性变形。由于 GLARE 层板是超混杂结构层板，弯曲过程中不能发生完全塑性变形，中性层附近仍然处于弹性变形阶段。第二个过程是卸载阶段：也称为回弹阶段。这一阶段外加弯曲力矩消失，由于材料弹性变形区以及塑性变形区中的弹性变形部分发生弹性恢复，材料外观尺寸发生变化，产生了回弹。板材在处于下辊垂直中心线处的弯矩最大，板材最终的成形曲率取决于此处对应的成形曲率和成形后的回弹量。

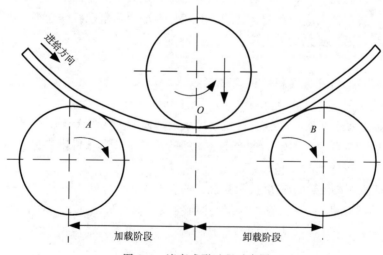

图 8.1 滚弯成形过程示意图

8.2.2　滚弯成形过程的应力-应变分析

板材在滚弯成形过程中，不断地与上下辊进行接触与分离，随着外加弯曲力矩的逐步增大，弯曲变形程度随之增大。通常，滚弯成形过程可分为弹性弯曲和弹塑性弯曲两个阶段[6]。

1. 弹性弯曲阶段

板材在弯曲变形过程中，外层的材料受到拉伸变形，内层材料受到压应变形。通过弹塑性力学分析可知[7]，可以沿板材厚度方向以应力中性层(应力为零的层次)为界将整个变形区划分为拉伸变形区和压缩变形区两个部分，如图 8.2(a)所示。板材中任意一点可以近似认为处于线性关系，即认为板材所受应力和应变成正比关系，如图 8.2(b)所示。

弹性弯曲阶段的特点是：相对弯曲半径 R/t(表示板材弯曲变形度的重要指标，其中 R 为实际成形曲率半径，t 为板材厚度)很大时，当移走上辊时，即外加到板材上的弯曲力矩卸掉之后，板材立即恢复原状。

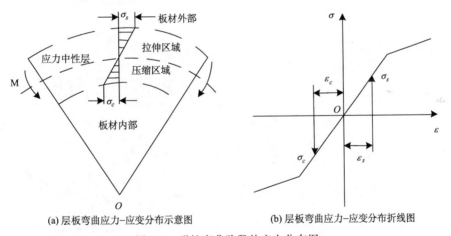

(a) 层板弯曲应力-应变分布示意图　　　(b) 层板弯曲应力-应变分布折线图

图 8.2　弹性弯曲阶段的应力分布图

2. 弹塑性弯曲阶段

随着弯曲力矩的继续增大，外层和内层材料首先开始进入塑性变形状态，但中性层附近的板材仍处于弹性变形中。随着弯矩的继续增大，塑性变形区域逐渐增大，弹性变形区域则逐渐减小，在弹性区与塑性区的分界处，其所受应力等于铝合金的屈服强度，如图 8.3(a)所示。此时板材中任意一点的应力状态，采用折线形近似应力曲线时，沿板材厚度方向应力呈折线分布，如图 8.3(b)所示。

弹塑性弯曲阶段的特点是：金属板材在滚弯成形过程中，塑性变形区的材料将保留残余变形使板材发生弯曲变形，而弹性变形区材料因为发生弹性恢复而导致回弹[8]。对于 GLARE 层板而言，铝合金层属于弹塑性材料，而纤维层中的玻璃纤维和树脂基体在弹塑性弯曲阶段也会产生回弹现象。当移走上辊时，即外加弯曲力矩卸掉之后，塑性变形区域的铝合金产生残余变形，但是由于纤维层材料的弹性恢复以及铝合金层材料弹性变形部分的弹性恢复，在弯曲阶段引起了回弹。

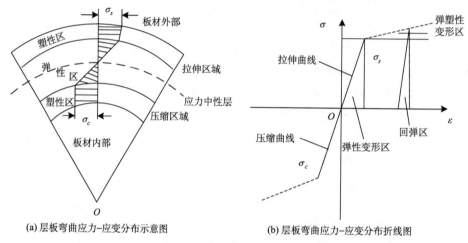

(a) 层板弯曲应力-应变分布示意图　　　(b) 层板弯曲应力-应变分布折线图

图 8.3　弹塑性弯曲阶段的应力分布图

8.2.3　滚弯成形数学模型的建立

1. 滚弯成形过程中几何关系的简化

根据板材弯曲成形的相关理论[9]，在进行理论分析前，对滚弯成形过程作如下假设。

(1) 滚弯为平面应变问题，即在弹塑性弯曲变形和弹塑性卸载过程中，板材始终保持平面状态。

(2) 板料处于单向应力状态，即在弯曲变形过程中，横截面所受的剪切应力和轴向纤维层之间的挤压力忽略不计。

(3) 复合层板弯曲变形服从板壳理论中的 Kirchhoff 假设，忽略铝合金层的包申格效应[5]，也就是板料经过预先加载产生少量塑性变形(残余应变为 1%～2%)，卸载后再同向加载，规定残余应力(弹性极限或屈服强度)增加。

基于上述假设，在滚弯成形过程中，板料与滚弯机的两个下辊的接触点设为点 A 和点 B，建立适当的坐标系，如图 8.4 所示。

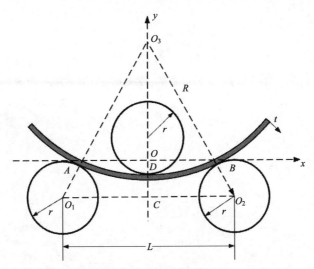

图 8.4　滚弯成形在理想圆弧假定下的几何关系

2. 滚弯成形过程中理论半径的推导

根据之前假设的条件以及对其滚弯过程应力-应变分析可知，板料在成形过程中，当接触点位于上辊的正下方时，成形曲率 $1/R$ 最大，板内弯矩也达到最大[10]。因此可以推导出上辊下压量与回弹前成形曲率半径之间的理论关系式。由图 8.4 的滚弯模型可知，通过几何关系，推导出上辊下压量 h 与回弹前成形曲率半径 R（中性层）的关系。

在直角三角形 $O_2 O_3 C$ 中，有

$$O_2 O_3{}^2 = O_2 C^2 + O_3 C^2$$

即

$$\left(R + \frac{t}{2} + r \right)^2 = \left(\frac{L}{2} \right)^2 + \left(R + r - h - \frac{t}{2} \right)^2 \tag{8.1}$$

整理得回弹前板材理论成形半径的表达式为

$$R = \frac{L^2}{8(h+t)} + \frac{(h-2r)}{2} \tag{8.2}$$

8.3　滚弯成形后层板的回弹规律研究

8.3.1　GLARE 层板回弹机理

在滚弯成形过程中，在弯曲变形区内，板材内表层（靠近上辊一侧）受压，外表层受拉。由于各部分变形不均匀，当弯曲变形由弹性阶段变为弹塑性阶段时，板材内外表层首先发生塑性变形，而中心层仍处于弹性变形状态。当辊轮上移即外加弯曲力矩卸载后，板材沿板厚方向上的应力或应变就会分布不均匀，从而导致弯曲件的几何形状发生变化，要经过一个卸载和反向加载的过程，就会产生弹性恢复，这就是回弹现象，如图 8.5 所示。

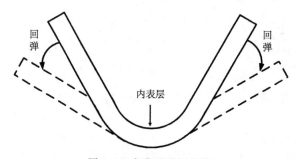

图 8.5　弯曲回弹示意图

回弹是板材冷弯曲成形时必然会产生的问题。滚弯成形技术已经被看作是加工 GLARE 机身蒙皮的一种可行方案之一。然而，层板滚弯过程中回弹的存在严重影响了蒙皮加工的尺寸精度。为了降低回弹带来的影响，就需要研究具体的回弹影响因素，同时探讨控制回弹的具体措施和方法。在层板的滚弯成形过程中，上辊下压量、层板的纤维铺层方向以及层板的结构是影响回弹的主要因素。因此，本节在参考现有金属弯曲回弹理论基础上，借助理论分析和实验相结合的方法，深入探究层板在滚弯过程中的回弹规律。

8.3.2　上辊下压量对回弹规律的影响

1. 上辊下压量的选取

在滚弯成形过程中，板材最终成形曲率的大小都取决于上辊成形力的控制，而成形力的改变就是通过调整上辊下压量来实现的，因此需要分析上辊下压量对层板滚弯回弹规律的影响。GLARE 层板中环氧树脂的极限应变在 3% 左右，玻璃纤维的极限应变在 4% 左右[11]，而铝合金层的极限应变为 19%。需要注意的是，GLARE 层板中间的玻璃纤维环氧复合材料层是由其预浸料固化而得，其中，固化后的环氧树脂主要起到黏接剂的作用，而由于玻璃纤维的存在，使得 GLARE 层板相对于其他纤维金属层板具有两个方面优势。第一，由于 GLARE 层板之间有玻璃纤维层，它能够有效地抑制铝合金疲劳裂纹的扩展[12]，即使在 GLARE 层板上产生了疲劳裂纹，但只要玻璃纤维没有发生失效破坏，层板构件仍能承受很大的载荷；第二，由于玻璃纤维对腐蚀不敏感，所以腐蚀只会发生在最外层的铝合金层并会在紧挨着的纤维层终止，因此 GLARE 层板中的大部分材料都能够保持完整和耐久性[13]。

综合来看，在弯曲成形过程中，不同材料的极限应变不同，环氧树脂脆性较大，会最先发生破坏，接着会是玻璃纤维发生破坏，最后是金属层的破坏失效。但大量实验和理论研究表明[14-17]，纤维复合材料层中的玻璃纤维和铝合金层承担着 GLARE 层板的大部分受力作用，因此 GLARE 层板的最终失效取决于玻璃纤维的断裂失效、铝合金层的失效以及纤维层与金属层之间界面分层失效这三种情况。在实际滚弯成形过程中，为了保证成形件能够达到实际应用的目的，需要确定有效的成形曲率半径，即在这个曲率半径范围内，纤维层保存完好，没有发生破坏失效。因此，可以根据实际的滚弯机参数和等式(8.2)，推算出相对应的极限理论下压量的大小，如图 8.6 所示。

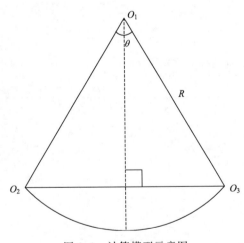

图 8.6 计算模型示意图

由图可知，$O_1O_2 = O_1O_3 = R$，$O_2O_3 = L = 130\text{mm}$，圆心角为 θ，则弧长

$$l = \frac{O_2O_3}{(1-0.04)} = \frac{130\text{mm}}{0.96} = 135.42\text{mm} \tag{8.3}$$

根据弧长与圆心角的关系，设置方程组：

$$\begin{cases} \sin\dfrac{\theta}{2} = \dfrac{L}{2R} \\ \theta = \dfrac{180}{\pi} \times \dfrac{l}{R} \end{cases} \tag{8.4}$$

代入 $L=130\text{mm}$，$l=135.42\text{mm}$，解得 $R=130.06\text{mm}$。再根据式(8.2)，已知层板厚度 $t=1.5\text{mm}$，辊轮半径 $r=38\text{mm}$，求得极限下压量 $h\approx11.3\text{mm}$。

因此，根据实际三辊滚弯机的参数大小和上辊下压量的理论计算值，分别选取上辊下压量 $h=2\text{mm}$、4mm、6mm、8mm、10mm、12mm 六组数据进行滚弯实验。

2. 上辊下压量对回弹的影响

1)上辊下压量与回弹后曲率半径的关系

将上辊下压量作为滚弯成形中的变量参数，下辊间距与辊轮转速等工艺参数保持不变。分别以厚度为 1.5mm 的 GLARE-3/2 单向 0°层板、正交 0°层板和±45°层板为研究对象，首先利用对称式三辊滚弯机对不同下压量下层板进行滚弯实验，然后利用弧高仪分别测量出对应的回弹后曲率半径也就是实际成形曲率半径值。由表 8.1 可以看出，对于同种铺层的 GLARE 层板，随着上辊下压量的增大，成形曲率半径减小，曲率增大。随着上辊下压量增大，根据三点定圆原理，弦长一定，弧高越大，圆的半径就越小，曲率越大。

表 8.1　GLARE 层板滚弯成形上辊下压量与回弹后曲率半径

上辊下压量/mm	回弹后成形曲率半径值/mm		
	单向 0°层板	正交 0°层板	±45°层板
2	1456.08	1348.44	1258.37
4	744.91	706.62	602.84
6	429.21	407.01	334.12
8	267.49	250.53	205.46
10	197.42	182.35	165.50
12	150.62	144.40	134.09

有关研究提出[18]，就金属板材滚弯成形来说，当下辊间距和辊轮转速等工艺参数不变，仅上辊下压量 h 变化时，滚弯件的成形曲率半径和上辊下压量之间呈近似幂函数关系：$R=a\times h^b$（a，b 为参数，其中 $b<0$），因此本书将幂函数作为函数模型来对上辊下压量与成形曲率半径之间的函数关系进行验证分析。首先分别就三种铺层方向层板作出曲率半径与上辊下压量的曲线图，接着通过

Origin软件进行函数拟合，得出如图 8.7 所示的函数拟合曲线，然后生成拟合函数报告，由拟合度可以确定所选拟合函数的正确性或是数据的优劣，拟合度越高，说明拟合函数的正确性越高。

由图 8.7 可知，单向 0°层板、正交 0°层板和 ±45°层板的成形曲率半径与上辊下压量拟合曲线的拟合度分别为 0.989、0.987 和 0.994，这也验证了 GLARE 层板滚弯成形曲率半径与上辊下压量之间的关系曲线同样符合幂函数关系。在实际进行滚弯成形过程中，当需要进行大批量的滚弯件生产时，常见的材料性质和下辊间距等参数一旦确定就不再变动，加工过程中仅靠调整上辊下压量来控制成

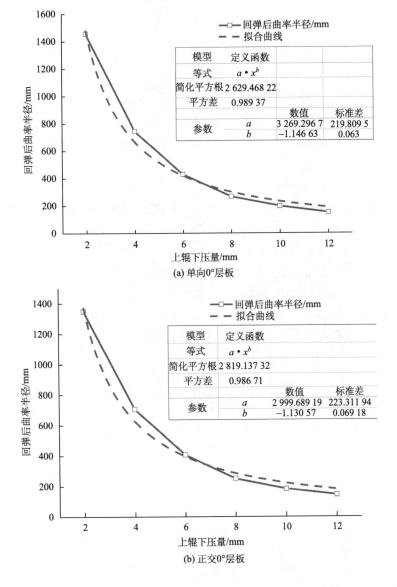

(a) 单向0°层板

(b) 正交0°层板

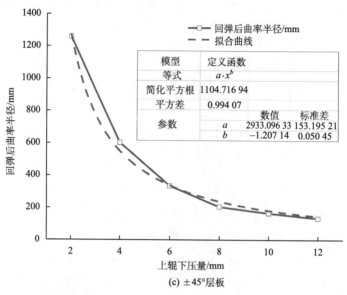

图 8.7 三种不同纤维铺层的 GLARE 层板上辊下压量与回弹后曲率半径关系的拟合曲线

形曲率半径。若要得到所需的成形曲率半径，可以直接通过幂函数关系式，来快速计算出成形这种曲率半径所对应的上辊下压量，这样就可以大大提高成形效率。

2) 上辊下压量对回弹的影响

以 GLARE 3/2 单向 0°层板为研究对象，其他参数保持不变，利用式(8.2)计算出回弹前不同下压量下曲率半径值也就是理论成形曲率半径值，对理论计算值和实验值两组数据进行比较分析。本节定义回弹前后的曲率半径差值与回弹前曲率半径之比为回弹量，表 8.2 为不同上辊下压量时板材回弹前后的曲率半径值和回弹量的大小。

表 8.2 单向 0°层板回弹前后曲率半径值

上辊下压量/mm	回弹前曲率半径/mm	回弹后曲率半径/mm	回弹量
2	566.57	1456.08	1.57
4	348.09	744.91	1.14
6	246.67	429.21	0.74
8	188.37	267.49	0.42
10	150.70	197.42	0.31
12	124.48	150.62	0.21

图 8.8 为单向 0°层板不同下压量下的回弹量大小。从图中可以看出，对于同种 GLARE 层板，当下辊间距和辊轮转速等工艺参数保持不变时，随着上辊下压量的增大，回弹量逐渐减小，并且减少的幅度也逐渐降低。回弹主要由弯曲变形中的部分弹性变形造成，上辊的下压量越大，成形力随之增加，变形程度越大，因此弯曲变形中的塑性变形就越多，回弹量越小。当层板下压量达到一定值以后，弹性变形的比例变得非常小，回弹变得微弱，所以回弹降低的幅度也会逐渐变小，直至趋向于稳定。

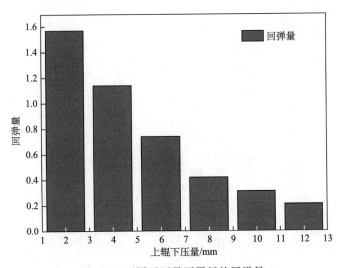

图 8.8　不同下压量下层板的回弹量

8.3.3　层板铺层方向对回弹规律的影响

在 GLARE 层板中，纤维铺层方向的不同设计，对于层板体系的成形性能和力学性能起到了很大的作用，本节分析研究纤维铺层方向对层板滚弯回弹规律的影响。分别以单向(0°/0°)、正交(0°/90°)和斜交(＋45°/－45°)三种纤维铺层方向 3/2 结构层板为研究对象，对其进行滚弯成形实验。

图 8.9 为三种铺层方向的层板在不同上辊下压量下的回弹量大小。由图中可以看出，随着上辊下压量的增大，三种不同纤维铺层方向的 GLARE 层板回弹量都逐渐减小，这是由于塑性变形区域增大，弹性变形区域减小，弹性恢复变小，回弹量随之减小；另外，由于不同铺层 GLARE 层板的拉伸弹性模量相差较大，抵抗变形的能力不同，因此在相同下压量下不同铺层方向的层板的回弹量也有差异，其中单向 0°层板的回弹量最大，±45°层板的回弹量最小，正交 0°层板的回弹量介于两者之间。对于单向 0°层板，在大挠度弯曲时，铝合金已发生塑性变

形，而两层 0°纤维抵抗变形能力强，发生弹性变形，导致弹性变形量占弯曲总变形量的比例大，因此回弹量大；对于±45°层板，应力超过铝合金的屈服极限后，铝合金发生较大塑性变形，而 45°纤维抵抗变形能力较差，导致弯曲总变形量中弹性变形量所占比例小，回弹量小；正交 0°层板抵抗变形能力介于两者之间，故回弹量也介于两者之间。

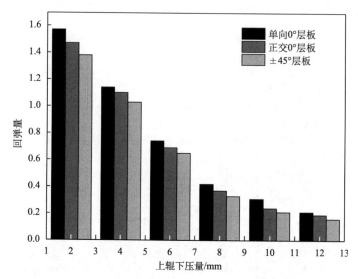

图 8.9　三种纤维铺层方向的层板不同上辊下压量下的回弹量

8.3.4　层板结构对回弹规律的影响

相关研究指出[19]，在金属板材滚弯成形过程中，板料的厚度对板料的回弹量以及最终的曲率半径都有着非常重要的影响。同样对于 GLARE 层板而言，结构的变化也就是层板厚度的变化对于滚弯后回弹有着重要的影响。本节分别以厚度为 1.5mm、2.1mm、2.7mm 和 3.3mm 的 3/2、4/3、5/4 和 6/5 结构GLARE 单向 0°层板为研究对象，比较分析厚度的变化对其回弹规律的影响。

保持滚弯机工艺参数不变，表 8.3 是在相同的上辊下压量(取上辊下压量 $h=8\text{mm}$)情况下，四种不同结构层板回弹前后成形曲率半径值。

图 8.10 为不同结构 GLARE 层板的回弹量大小。由图可以看出，层板的回弹量是随着厚度的增加而逐渐减小的，并且减小的幅度随着厚度的增加有一个趋向于稳定的趋势。这主要是因为层板越厚，其变形抵抗力越大，当上辊下压量一定时，成形相同曲率时的弯矩越大，导致塑性成形的比例增加，因此回弹越来越小。当厚度达到足够大时，回弹量减小的幅度逐渐降低，最后趋于一个稳定值，并且呈现出指数函数的变化规律。

表 8.3　不同结构 GLARE 层板回弹前后成形曲率半径值

层板结构	板厚/mm	回弹前曲率半径/mm	回弹后曲率半径/mm	回弹量
GLARE-3/2	1.5	188.37	267.49	0.42
GLARE-4/3	2.1	175.16	231.21	0.32
GLARE-5/4	2.7	163.43	209.19	0.28
GLARE-6/5	3.3	152.95	192.72	0.26

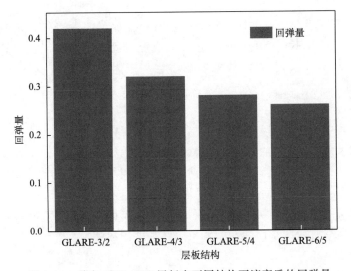

图 8.10　单向 0°GLARE 层板在不同结构下滚弯后的回弹量

8.3.5　回弹的影响因素和控制方法

1. 影响回弹的因素

1) 层板自身的性质

GLARE 层板因为纤维铺层方向的多样性和结构的可设计性，使得每一种层板的力学性能都有所差异，这就影响了滚弯时板材的弯矩大小。由 8.3.1 节对层板回弹机理的分析可知，弯矩和回弹的大小息息相关，层板的拉伸弹性模量、密度、屈服极限和剪切模量都影响层板横截面上的应力分布，从而间接影响层板的弯矩大小，进而使层板滚弯时的回弹量产生变化。

2) 相对曲率半径 R/t

相对曲率半径的不同，反映了滚弯时层板变形程度大小的不同。相对曲率半径越小，则表明层板的弯曲变形程度越大，弹塑性变形区域所占的比例越小，因而成形曲率半径的回弹量越小。

3）滚弯机自身的工艺参数

滚弯机由于种类的不同，实际的工艺参数肯定会有所差异，在实际滚弯操作过程中，比如下辊轮的间距、辊轮与层板之间的摩擦力以及辊轮的转速等，这些工艺参数的改变会造成层板发生不同程度的回弹，从而一定程度上影响弯曲件的成形质量与精度。

2. 控制回弹的方法

由于层板在塑性变形的同时总是存在着弹性变形，所以要完全消除弯曲变形中的回弹几乎是不可能实现的。在滚弯成形过程中，根据层板在卸载过程中的回弹规律，可以采用以下方式来减小回弹产生的误差，提高滚弯成形的精度。

1）选择合适结构的层板

滚弯过程中层板回弹量的大小与层板的力学性能有着直接的关系，采用拉伸弹性模量大、屈服点低的板料，可以减小回弹。另外，由本章 8.3 节对层板的回弹影响因素的研究发现，纤维铺层方向垂直于金属层轧制方向的层板回弹量小于纤维方向平行于金属层轧制方向的层板；同时，厚度越大，回弹量就越小。因此，在考虑实际生产的情况下，充分利用这些影响因素，选择合适铺层方向和层厚的层板，能够有效减小回弹对滚弯成形件精度的影响。

2）补偿法

滚弯成形过程中，成形曲率半径主要是由上辊下压量来控制。考虑到回弹对成形件最终曲率半径的影响，可以使上辊的下压量稍微增大，以补偿回弹对成形半径的影响。但需要注意的是，补偿法虽然可以减小甚至消除回弹，但是随着下压量的增大，层板中的纤维层会达到极限应变，就会发生纤维断裂失效，从而使层板成形质量下降甚至失效。所以在采用补偿法进行回弹控制的同时要在保证成形质量的前提下进行，可以与上辊下压量一起来综合考虑进行层板的滚弯成形实验。

3）选取最优化的工艺参数

层板在滚弯成形过程中，主要受到的外力有上辊的压力、两下辊的支撑力、三辊与层板之间的摩擦力。充分考虑各种因素，选择最优的工艺化参数，另外，在条件允许的情况下，增大层板滚出端的辊轮与层板之间的摩擦力和上辊与层板之间的摩擦力，这样就相当于在层板的卸载区增加了一个与板料回弹方向相反的弯矩，可以达到减小回弹的目的。

8.4　滚弯成形后层板的残余应力分布

8.4.1　滚弯成形残余应力产生原因分析

滚弯成形后 GLARE 层板中残余应力主要由以下三部分组成。

(1) 原材料本身的残余应力。铝合金在热处理和轧制过程中产生残余应力；玻璃纤维环氧树脂预浸料在制备过程中，树脂基体在固化过程中会发生收缩，而玻璃纤维几乎不发生变化，这种基体的收缩就会造成预浸料中残余应力的产生。

(2) GLARE 层板固化时产生的残余应力。GLARE 层板热压罐固化后需要自然冷却至室温，冷却过程中由于树脂与纤维界面的约束作用，使纤维与树脂无法自由收缩，因而纤维和树脂中产生残余应力。除此之外，铝合金的热膨胀系数远大于玻璃纤维层的热膨胀系数，在固化过程中，铝合金层的膨胀变形大于纤维层的膨胀变形，由于变形不均匀，产生了残余应力[20]。

(3) GLARE 层板滚弯成形过程中，层板的内表层(靠近上辊一侧)受到压缩作用，外表层受拉伸作用，而原材料本身存在残余应力，固化过程中界面产生了残余应力，与滚弯时的拉压应力相互抵消或者叠加，产生了更为复杂的残余应力分布。

8.4.2　滚弯成形残余应力的测试

1. 测试方法

国内外的研究表明，目前对于层板残余应力的测试方法主要由三种：X 光衍射法[21]、解析法[22]和腐蚀去层法[23]。其中腐蚀去层法应用较为广泛，结果较准确，本节采用此种方法来探究滚弯后层板的残余应力分布情况。

3/2 结构的 GLARE 层板是五层的对称层板结构，固化后残余应力处于自平衡状态。腐蚀去层法是用腐蚀液腐蚀掉层板单侧的金属层，由于内部残余应力分布不均匀，层板的曲率将发生变化。对于 3/2 结构的 GLARE 层板，滚弯后层板内铝合金板的残余应力计算公式为[23]

$$\sigma_1 = \frac{D_{11} - \dfrac{B_{11}^{~2}}{A_{11}}}{t_1(1.5t_1 + t_2) - \dfrac{B_{11}}{A_{11}}t_1} \left| \frac{1}{\rho} - \frac{1}{\rho'} \right| \tag{8.5}$$

式中，σ_1 为铝合金层的残余应力，MPa；t_1 为单层铝合金层厚度，mm；t_2 为复合材料层单层厚度，mm；ρ 为试样腐蚀前曲率半径，mm；ρ' 为试样腐蚀后曲率半径，mm；其中，$A_{11} = 2(E_1t_1 + E_2t_2)$，$B_{11} = t_1t_2(E_1 - E_2)$，$D_{11} =$

$$\frac{1}{3}\left[E_1 t_1 \left(2t_1{}^2 + 3t_1 t_2 + 3t_2{}^2\right) + E_2 t_2 \left(2t_2{}^2 + 3t_1 t_2 + 3t_1{}^2\right)\right]。$$

为验证腐蚀去层法的稳定性与可靠性，准备四个同一批次相同铺层、相同尺寸的试样进行局部腐蚀，腐蚀后的试样如图 8.11 所示。

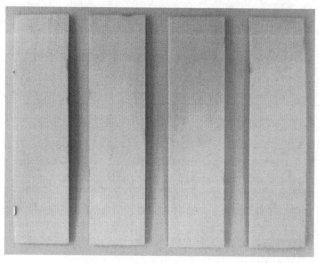

图 8.11   单面铝合金被腐蚀后的 GLARE 层板试样

由表 8.4 的结果可知，通过腐蚀去层法测得的结果较为稳定，离散系数仅为 2.26%，可以采用腐蚀去层法探究 GLARE 层板滚弯成形后的残余应力。

表 8.4   单面铝合金腐蚀后 GLARE 层板试样的曲率半径

序号	腐蚀后曲率半径/mm	平均曲率半径/mm	标准差	离散系数/%
1	606			
2	632	615	13.92	2.26
3	601			
4	619			

2. 测试结果分析

分别将平直的单向 0°层板、正交 0°层板和±45°层板的一侧铝合金腐蚀后，层板略微发生了翘曲。通过弧高仪测得腐蚀后试样的曲率半径，代入式(8.5)，结果如表 8.5 所示。

表 8.5　不同铺层 GLARE 层板铝合金层残余应力

铺层方式	腐蚀后曲率半径/mm	残余应力/MPa
单向 0°层板	619.0	55.88
正交 0°层板	988.0	24.90
±45°层板	763.3	39.66

将表 8.6 中数据与表 8.5 中平板腐蚀后的残余应力结果对比，发现不同铺层 GLARE 层板在不同成形曲率下，内外表层的残余应力规律性并不明显，因为残余应力的大小受很多因素的影响，材料本身、加工方式、人工操作方法、环境等对残余应力均有较大影响[24]。

表 8.6　不同铺层 GLARE 层板、不同成形曲率内外表层残余应力

上辊下压量/mm	单向 0°层板残余应力/MPa		正交 0°层板残余应力/MPa		±45°层板残余应力/MPa	
	外表层	内表层	外表层	内表层	外表层	内表层
12	82.82	93.79	22.43	50.33	66.14	81.23
11	48.82	71.58	35.25	51.01	82.05	54.83
10	63.32	40.74	12.89	6.241	39.53	44.33

通过腐蚀去层法可以判断 GLARE 层板滚弯成形后内层金属基板的残余应力为拉应力，而外层金属基板的残余应力为压应力。经过滚弯成形后的试样，腐蚀单侧金属层后曲率均变小。内表层的残余应力为拉应力，而其他四层受到压应力，当内表层腐蚀后，四层原先受到的压应力消失，因此曲率变小；同理，对于外表层金属基板，残余应力为压应力。

残余应力易引起低应力脆性断裂、应力腐蚀开裂等破坏，由于航空用构件对材料的要求更为严格，因此需消除构件中的残余应力。近年来发展迅猛的磁振动消除残余应力技术，是将工件在固定频率下进行一段时间的振动处理，产生微小的塑性变形，以释放其残余应力[25]，这是广泛使用的消除残余应力的一种方法。

8.5　滚弯成形后层板界面失效规律研究

在 GLARE 层板的滚弯成形过程中，当成形曲率半径增大到一定程度时，层板会发生失效破坏，其中包括纤维断裂、基体开裂和纤维-金属界面分层等。工程应用中必须确保层板零件在滚弯成形过程中不增加缺陷和损伤，也就是玻璃纤维不发生断裂和界面不发生分层破坏，因此需要确定造成滚弯成形发生破坏的临

界失效曲率半径，在工程应用中选择大于临界失效曲率半径进行滚弯成形，对工程应用具有重要指导意义。

8.5.1 上辊下压量对界面失效规律的影响

根据对上辊下压量的理论计算，当上辊下压量在 12mm 左右时，玻璃纤维会达到极限应变，纤维层可能会产生一定程度的失效破坏，下面以 GLARE-3/2 单向 0°层板为研究对象，利用扫描电镜对不同下压量下层板界面失效情况进行观察分析。

图 8.12 是上辊下压量分别为 10mm、11mm、12mm、13mm 时对应的层板弯曲件的铝合金/纤维层滚弯截面 SEM 照片。从图中可以看出，当上辊下压量为 10mm 和 11mm 时，树脂已经有了轻微的损伤，但纤维没有发生破坏；当上辊下压量继续增大到 12mm 时，有极少部分纤维开始出现断裂现象，大部分纤维仍然完好无损，与上面所计算的理论极限下压量结果相吻合；当上辊下压量达

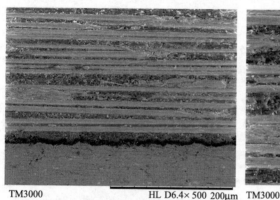

TM3000　　　　　　　　HL D6.4×500 200μm

(a) h=10mm,R=197.42mm

TM3000　　　　　　　　HL D6.4×1.0k100μm

(b) h=11mm,R=172.47mm

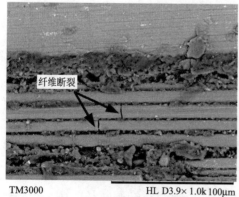

纤维断裂

TM3000　　　　　　　　HL D3.9×1.0k100μm

(c) h=12mm,R=150.62mm

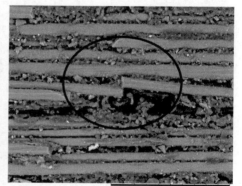

TM3000　　　　　　　　HL D3.9×1.0k100μm

(d) h=13mm,R=142.23mm

图 8.12　单向 0°层板铝合金/纤维层的滚弯截面 SEM 照片

到 13mm 时，树脂基体和纤维都出现大面积的断裂破坏，此时滚弯成形件质量会大大降低，但界面没有出现分层现象。因此可以总结出层板的临界上辊下压量在 11mm 左右，对应的成形曲率半径就是临界曲率半径，对于在实际生产过程中层板滚弯成形件的加工可以此作为参考和指导。

8.5.2　层板铺层方向对界面失效规律的影响

保持下压量相同的情况下，分别以 GLARE-3/2 单向 0° 层板、正交 0° 层板和 ±45° 层板三种纤维铺层方向层板为研究对象，通过扫描电镜观察分析三种不同纤维铺层方向层板滚弯后的界面失效情况。图 8.13 是上辊下压量为 10mm 时三种纤维铺层方向层板的铝合金/纤维层滚弯截面 SEM 照片。从图中可以看出，三种不同纤维铺层方向的层板界面都没有发现纤维断裂破坏和界面分层现象，说明上辊下压量为 10mm 时对应的成形曲率半径满足三种层板的实际应用需要。

TM3000　　　　　HL D4.2× 500 200μm

(a) 单向0°层板

TM3000　　　　　HL D4.8× 500 200μm

(b) 正交0°层板

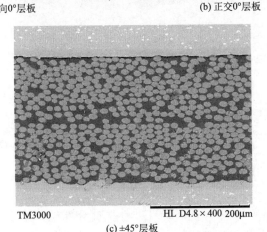

TM3000　　　　HL D4.8 × 400 200μm

(c) ±45°层板

图 8.13　下压量为 10mm 时三种铺层层板铝合金/纤维层滚弯截面 SEM 照片

图 8.14 是上辊下压量为 11mm 时三种纤维铺层方向层板的铝合金/纤维层滚弯截面 SEM 照片。从图中(a)和(b)可以看出，单向 0°层板和正交 0°层板的界面树脂基体开始发生一定程度的损伤，但基本没有产生纤维断裂破坏以及界面分层现象，但是从(c)图可以发现，±45°层板树脂基体开始发生挤压破坏，树脂基体与纤维脱黏，但基体破坏产生的裂缝间隙不大。这也说明，±45°层板在滚弯过程中最先发生破坏，它的失效形式主要是树脂基体发生断裂和纤维与基体的脱黏；而单向 0°层板和正交 0°层板在滚弯过程中由于都有 0°方向的纤维的存在，使它们的抗弯能力更强，能承载更大的弯曲变形。

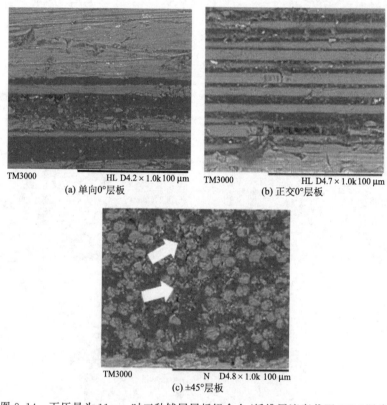

TM3000   HL D4.2 × 1.0k 100 μm
(a) 单向0°层板

TM3000   HL D4.7 × 1.0k 100 μm
(b) 正交0°层板

TM3000   N D4.8 × 1.0k 100 μm
(c) ±45°层板

图 8.14   下压量为 11mm 时三种铺层层板铝合金/纤维层滚弯截面 SEM 照片

图 8.15 是上辊下压量为 12mm 时三种层板的铝合金/纤维层滚弯截面 SEM 照片。可以看出，三种纤维铺层方向的层板都发生了一定程度的破坏，图(a)中，单向 0°层板树脂基体破坏严重，但只有极少部分纤维开始发生断裂；图(b)中，正交 0°层板 0°方向的树脂基体和玻璃纤维都发生了较为严重的破坏损伤；图(c)中，±45°层板的树脂基体发生了较为严重的挤压破坏，并且基体产生的裂纹也

开始增大。虽然三种层板都发生了不同程度的纤维和树脂基体的破坏，但三种层板的金属层与纤维层之间的界面都没有发生分层破坏现象。

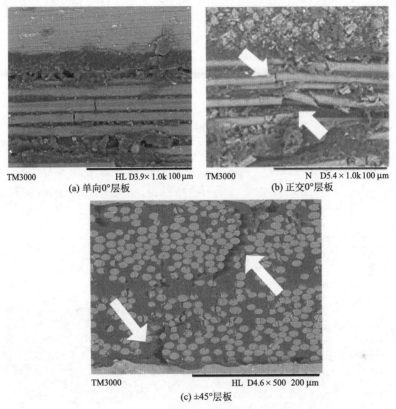

(a) 单向0°层板　　　　(b) 正交0°层板

(c) ±45°层板

图 8.15　下压量为 12mm 时三种铺层层板铝合金/纤维层滚弯截面 SEM 照片

保持下压量相同的情况下，从不同纤维铺层方向 GLARE 层板的铝合金/纤维层截面 SEM 照片来看，±45°层板在滚弯过程中最先发生破坏，这是由于多向层板的纤维相对 x 轴具有一定的偏轴角度，纵向拉伸强度较低，弯曲载荷下更易失效，它的失效形式主要是树脂基体发生断裂和纤维与基体的脱黏；而单向0°层板和正交0°层板在滚弯过程中由于都有0°方向的纤维的存在，使它们的抗弯能力更强，能承载更大的弯曲变形，但正交0°层板中只有单层0°方向纤维承载，90°方向的纤维不承担载荷，而单向0°层板中有两层0°方向纤维承载，因此相同上辊下压量下，正交0°层板纤维破坏的程度会比单向0°层板要大。然而，三种铺层方式的层板胶层都没有完全破坏，即层板尚未出现分层现象，这也验证了此种下压量下进行滚弯成形，GLARE 层板的失效模式为弯曲破坏，符合弯曲成形失效理论。

通过上面的分析可以得知，在实际生产过程中，充分考虑不同纤维铺层方向对 GLARE 层板滚弯成形所带来的影响，利用理论和实验相结合的方法，判断出每一种层板的临界成形曲率半径，对于提高生产效率、优化成形精度有很好的理论支撑和指导意义。

8.5.3 层板结构对界面失效规律的影响

为了研究分析不同结构下 GLARE 层板的界面失效规律，以上辊下压量为 11mm 和 12mm 两种情况，分别以 3/2、4/3、5/4、6/5 四种 GLARE 单向 0°层板为研究对象，观察分析界面失效情况随着结构变化的演变规律。

图 8.16 是上辊下压量为 11mm 时四种结构层板的铝合金/纤维层滚弯截面 SEM 照片，可以看出，四种结构的层板都没有出现纤维断裂和界面分层现象，说明在这一上辊下压量范围内，四种结构的层板都可以用来进行实际的滚弯成形。

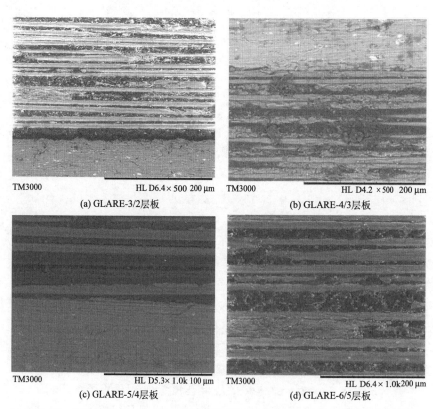

图 8.16 下压量为 11mm 时四种结构的层板铝合金/纤维层滚弯截面 SEM 照片

　　图 8.17 是上辊下压量为 12mm 时四种结构层板的铝合金/纤维层滚弯截面 SEM 照片，由图中可以看出，随着结构的增加即厚度的增加，纤维断裂的程度也随之变得更加严重，图(d)中甚至出现了树脂基体脱落的现象。这是因为在上辊下压量增大的情况下 GLARE 层板中的玻璃纤维已经达到极限应变，所以都发生了纤维断裂破坏；另外，与 3/2 结构层板相比较，随着结构的演变即随着纤维体积含量和层板总厚度的增大，GLARE 层板的弯曲强度会稍有下降，更容易发生弯曲破坏。

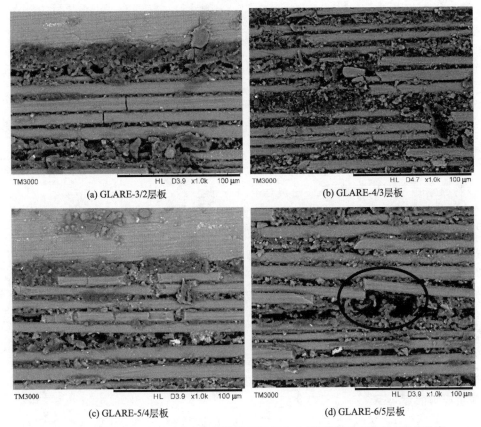

(a) GLARE-3/2层板　　　　　　　　　(b) GLARE-4/3层板

(c) GLARE-5/4层板　　　　　　　　　(d) GLARE-6/5层板

图 8.17　下压量为 12mm 时四种结构的层板铝合金/纤维层滚弯截面 SEM 照片

　　根据相关研究[26]，对于弯曲强度，层板截面正应力分布与离中性面的距离有关，因此中性轴下部的拉伸应变 ε 和应力 σ 可以表示为

$$\varepsilon = \frac{(\rho + x)\,\mathrm{d}\theta}{\rho\,\mathrm{d}\theta} \approx \frac{x}{\rho} \tag{8.6}$$

$$\sigma = E\varepsilon = E\frac{x}{\rho} \tag{8.7}$$

式中，E 为 Al 或者 CFRP 的拉伸弹性模量；x 是每层材料距中性层的距离；ρ 为中性层曲率。当厚度增加时，相同载荷条件下最外层所受正应力增大，因此厚度受到弯矩时更容易产生由正应力引起的弯曲破坏，从而降低了弯曲强度。

8.6 本 章 小 结

本章以纤维金属层板 GLARE 层板作为研究对象，首先利用理论分析的方法建立了层板滚弯成形的数学模型，然后利用实验和理论相结合的方式研究分析了GLARE 层板滚弯成形工艺的回弹规律和残余应力分布情况，最后研究了层板的界面失效相关规律。主要有如下结论。

（1）基于金属板料滚弯成形原理，建立了层板滚弯成形数学模型，验证了上辊下压量与成形曲率半径同样符合幂函数关系，对于提高生产效率有一定的理论指导意义。

（2）利用实验和理论相结合的方法，研究了层板的回弹规律，同时也提出了控制回弹的一些方法。结果表明：对于同一种层板，其他参数保持不变时，上辊的下压量越大，即弯曲程度越大时，GLARE 层板的回弹越小；不同铺层方向的GLARE 层板在同一上辊下压量时板材的回弹量不同。其中单向 0°层板由于有两层变形能力强的 0°纤维的存在，回弹量最大，其次是正交 0°层板，回弹量最小的是±45°层板；层板的回弹量是随着厚度的增加而逐渐减小的，当厚度达到足够大时，回弹减小的幅度逐渐降低，最后趋于一个稳定值，并且呈现出指数函数的变化规律。这种回弹随着结构的演化规律可为纤维金属层板从薄板到厚板的弯曲成形提供参考。

（3）利用腐蚀去层法研究滚弯成形后 GLARE 层板的残余应力，内层金属基板的残余应力为拉应力，外层金属基板的残余应力为压应力。另外，滚弯后层板残余应力的大小受多方面因素共同影响。

（4）利用实验和理论相结合的方法，对层板滚弯后的界面失效规律进行了研究。结果表明：当上辊下压量达到 12mm 时，玻璃纤维达到极限应变，三种GLARE 层板界面会出现纤维断裂和树脂基体脱黏等现象，但界面没有出现分层现象；不同铺层方向的层板在同一上辊下压量下界面失效形式是有差异的，±45°层板在滚弯过程中最先发生破坏，它的失效形式主要是树脂基体发生断裂和纤维与树脂基体之间的脱黏；而单向 0°层板和正交 0°层板的失效形式主要是基体损伤和纤维断裂，另外，正交 0°层板纤维破坏的程度比单向 0°层板要大，但都没有出现分层现象；当 GLARE 层板从 3/2 结构依次演变为 4/3、5/4、6/5

结构时，弯曲性能稍有下降，随着结构层数的增加，同一上辊下压量下界面的破坏失效程度也会随之变大，相对应的临界成形曲率半径也会随之变大。

通过上面的研究分析，可以得知，在实际生产过程中，需要充分考虑不同铺层方向和结构变化对层板滚弯成形的回弹和界面失效所带来的影响，利用理论和实验相结合的方法，可以预测出每一种层板的临界成形曲率半径，对于提高生产效率、优化成形精度有很好的指导意义。

参 考 文 献

[1] Sinmazçelik T，Avcu E，Bora M Ö，et al. A review：fibre metal laminates，background，bonding types and applied test methods[J]. Materials and Design，2011，32(7)：3671-3685.

[2] Sinke J. Manufacturing of GLARE parts and structures[J]. Applied composite materials，2003，10(4)：293-305.

[3] 陶刚. GLARE 层板滚弯成形的数据模拟与实验研究[D]. 南京：南京航空航天大学，2017.

[4] Feng Z，Champliaud H. Modeling and simulation of asymmetrical three-roll bending process [J]. Simulation Modelling Practice and Theory，2011，19(9)：1913-1917.

[5] Fu Z M，Tian X L，Chen W，et al. Analytical modeling and numerical simulation for three-roll bending forming of sheet metal [J]. The International Journal of Advanced Manufacturing Technology，2013，69(5)：1639-1647.

[6] Reddy J N. Mechanics of laminated composite plates and shells：theory and analysis[M]. Boca Raton：CRC press，2004.

[7] Hosford W F，Caddell R M. Metal forming：mechanics and metallurgy[M]. Cambridge University Press，2011.

[8] Esat V，Darendeliler H，Gokler M I. Finite element analysis of springback in bending of aluminium sheets[J]. Materials and design，2002，23(2)：223-229.

[9] Zhang D，Cui Z，Chen Z，et al. An analytical model for predicting sheet springback after V-bending[J]. Journal of Zhejiang University Science A，2007，8(2)：237-244.

[10] 李森. 四辊卷板机数控系统的设计与研究[D]. 南京：南京航空航天大学，2012.

[11] Kim S Y，Choi W J，Park S Y. Spring-back characteristics of fiber metal laminate (GLARE) in brake forming process[J]. The International Journal of Advanced Manufacturing Technology，2007，32(5)：445-451.

[12] Alexopoulos N D，Dalakouras C J，Skarvelis P，et al. Accelerated corrosion exposure in ultra thin sheets of 2024 aircraft aluminium alloy for GLARE applications[J]. Corrosion Science，2012，55：289-300.

[13] Alderliesten R C，Homan J J. Fatigue and damage tolerance issues of Glare in aircraft structures[J]. International Journal of Fatigue，2006，28(10)：1116-1123.

[14] Wu G C，Yang J M. The mechanical behavior of GLARE laminates for aircraft structures [J]. JOM，2005，57(1)：72-79.

[15] Vlot A. Glare：History of the Development of A New Aircraft Material[M]. Springer Sci-

ence and Business Media, 2001.

[16] Roebroeks G H J J. Glare Features[M] //Vlot A, Gunnink J W. Fibre Metal Laminates. Springer Netherlands, 2001: 23-37.

[17] Dursun T, Soutis C. Recent developments in advanced aircraft aluminium alloys[J]. Materials and Design, 2014, 56: 862-871.

[18] Cai Z Y, Li M Z, Lan Y W. Three-dimensional sheet metal continuous forming process based on flexible roll bending: principle and experiments [J]. Journal of Materials Processing Technology, 2012, 212(1): 120-127.

[19] Groche P, Beiter P, Henkelmann M. Prediction and inline compensation of springback in roll forming of high and ultra-high strength steels[J]. Production Engineering, 2008, 2(4): 401-407.

[20] Abouhamzeh M. Distortions and residual stresses of GLARE induced by manufacturing[D]. Delft: Delft University of Technology, 2016.

[21] Balasingh C, Kanakalatha P, Sridhar M K, et al. Residual stresses in aluminium alloy sheet/aramid fiber laminated composites[J]. National Aeronautical Laboratory, 1988.

[22] Blichfeldt B, McCarty J E. Analytical and experimental investigation of aircraft metal structures reinforced with filamentary composites. Phase 2. Structural Fatigue, Thermal Cycling, Creep, and Residual Strength[R]. Boeing Co Seattle WA, 1972.

[23] 郭亚军, 郑瑞琪. 玻璃纤维铝合金层板 (GLARE)的残余应力[J]. 材料工程, 1998(1): 28-30.

[24] Weiss M, Rolfe B, Hodgson P D, et al. Effect of residual stress on the bending of aluminium[J]. Journal of Materials Processing Technology, 2012, 212(4): 877-883.

[25] 王秋成, 柯映林. 航空高强度铝合金残余应力的抑制与消除[J]. 航空材料学报, 2002, 22(3): 59-62.

[26] Sun Y B, Chen J, Ma F M, et al. Tensile and flexural properties of multilayered metal/intermetallics composites[J]. Materials Characterization, 2015, 102: 165-172.

第**9**章

FMLs喷丸成形技术

9.1 概　述

喷丸是利用高速喷射的弹丸流撞击金属构件表面，使其产生变形、表面强化及表面清理的技术，是一种多次表面冲击形式的冷处理过程[1,2]。根据喷丸的目的，主要可分为喷丸成形[3]和喷丸强化[4,5]两种。其中，喷丸成形是在弹丸高速撞击金属薄板表面的过程中，使受喷表面发生塑性变形，形成残余应力，并逐步使构件达到目标曲率要求的成形方法。其作为一种无模成形工艺，具有准备周期短、成本低、加工长度不受设备规格限制、工艺过程稳定及再现性好、加工件抗疲劳寿命长和抗应力腐蚀性能等优点[6]。该工艺被波音公司、空中客车公司广泛采用，也是大中型飞机金属机翼整体壁板首选的成形方法[7,8]，如图9.1所示。

FMLs的表层均为金属层，也具有喷丸成形的可行性。目前，已有针对FMLs层板喷丸成形的探索性研究报道。Russig 等[9]采用静态和动态下的压痕实验，探索了 GLARE 层板的喷丸变形行为，并探讨了纤维对铝合金层塑性变形过程的阻碍作用；该研究建立了 GLARE 层板的喷丸工艺窗口，所成形的 GLARE实验件在曲率半径小于 2500mm 时未发现明显的失效。然而，此项研究仍停留在 GLARE 层板喷丸变形的机理分析阶段，且所使用的弹丸直径为 4.13～10.48mm，与工业化喷丸的弹丸尺寸相差甚远，无法有力地论证 GLARE 层板喷丸成形的可行性。不仅如此，所获得的 GLARE 实验件曲率小，限制了喷丸成形技术的工程化应用。其他的两项研究集中于 GLARE 层板的激光喷丸成形。Carey 等[10]针对 GLARE 层板的低功率激光成形，探索了纤维铺排方向、金属与纤维层厚度、激光成形参数以及复合材料的热效应等因素对成形工艺的影响。Hu 等[11]也开展了相近的工作，认为 GLARE 层板易于在垂直纤维方向产生变形，增加激光扫描时间有助于层板成形曲率的提高并最终导致其发生分层失效。与 Russig 等的研究结果相比，此项研究显著提高了 GLARE 层板的喷丸成形曲率，以 GLARE 3 标材为例，最小曲率半径为 177.3mm。较传统喷丸工艺，激光喷丸用于薄壁零件可获得更大的变形能力，并在用于金属零件的表面强化（激光冲击强化）时可显著提高材料的抗疲劳及应力腐蚀能力。但迄今为止，激光喷

(a) A380机翼下壁板

(b) 国产ARJ21机翼下壁板

图 9.1　喷丸成形技术在飞机机翼壁板上的应用

丸的相关研究还处于实验室探索阶段，尤其在零件的成形方面，未有应用实例，设备成本及成形效率是制约其实际应用的最主要因素[12]。

根据上述介绍，FMLs 层板的喷丸成形缺乏理论基础。同时，与铝合金相比，FMLs 的喷丸成形还存在以下问题。

首先，喷丸成形的机理是利用高速弹丸流撞击金属板材表面，使受撞击的表层材料产生塑性变形及残余应力，带动内层材料发生变形。该过程强调材料的整体性，内外层之间的相互牵制作用使板材发生弯曲变形。而 FMLs 作为一种多界面的层状复合材料，在内外层协调变形的过程中易发生层间破坏，其在喷丸成形过程中的失效行为有待揭示。

其次，尽管已有研究涉及传统 GLARE 层板的喷丸成形或激光成形研究，但仍处于理论探索阶段，在工程化实施方面仍有待进一步探究。通常采用喷丸成形的铝合金机翼壁板，其厚度为 2～6mm，而常用的 3/2 结构 GLARE 层板总厚度仅为 1.4～1.5mm，已不能采用传统的弹丸及强度进行成形。是否可以找到适合于纤维金属层板成形的弹丸及成形工艺，是实现该类材料喷丸成形工程化的必要条件。

最后，喷丸成形过程中，弹丸撞击其表面导致压应力的产生，有利于提高材料的抗疲劳性能；但喷丸导致材料脆化、组织损伤及表面粗糙度的增大，亦有可能加速疲劳裂纹的萌生和扩展[13, 14]。对于一定厚度的金属材料，压应力的作用占主导地位，使材料的疲劳性能得到普遍改善。而对于 GLARE 层板，其金属层的厚度仅为 0.3mm，弹丸直径/金属层厚度的比值大，弹丸撞击其表面产生的凹坑，可视为一个明显的缺陷并可能在受力过程中作为诱发断裂的缺口；同时，喷丸过程可能导致的组织损伤及表面粗糙度增大在材料性能中的影响作用也将愈加显著，对层板的疲劳性能产生不利影响。

近年来，作者及研究团队在 FMLs 的喷丸成形方面开展了诸多研究工作，本章以铝锂合金为金属基板的 GLARE 为例介绍已取得的研究进展，并对 TiGr 层板的喷丸成形做简要讨论。

9.2　喷丸工艺的选择及优化

铝合金飞机壁板一般选取铸钢丸在覆盖率为 50%～80%条件下进行成形，并选用铸钢丸或陶瓷丸在 100%覆盖率下进行强化。由于本项研究是针对 GLARE 喷丸工艺的初次尝试，且 GLARE 的单层铝合金厚度仅为 0.3mm，总厚度仅为 1.5mm 左右，本书选取了适于薄板的低强度喷丸强化工艺(A～F)及成形工艺(G～I)，对其进行探索性实验，见表 9.1。

表 9.1　GLARE 喷丸成形工艺的初步实验方案

工艺	弹丸类型	压力 /MPa	流量 / (kg/min)	喷丸距离 / mm	喷丸角度 /(°)	机床速度 / (mm/min)	喷丸强度
A	AZB210	0.20	6	500	45	1471	0.226N
B	AZB210	0.35	6	500	45	1471	0.314N
C	AZB425	0.15	8	500	45	368.3	0.102A
D	AZB425	0.20	5	500	45	505.5	0.155A
E	ASH230	0.17	8.8	500	45	414.5	0.198A
F	ASH230	0.27	10	500	45	1382	0.313A
G	ASH230	0.50	10	500	45	1382	—
H	ASH660	0.10	12	500	90	5000	—
I	ASH660	0.10	12	500	90	1000	—

由表 9.1 可知，喷丸成形的工艺过程复杂，其影响因素包括弹丸材质及尺寸、喷丸压力、喷丸流量、喷嘴形式及角度、喷丸距离、喷丸时间及机床速度

等，这些因素单独或相互作用都会对材料的成形效果有显著影响。一般采用国际上较为常用的 Almen 试片法[15, 16]，以建立喷丸成形预期效果与复杂工艺参数间的唯一对应关系。该方法由 J. O. Almen 发明并被规范，即利用特定的金属试片在 100％覆盖率的喷丸作用下，用弧高值表示喷丸的强度。Almen 试片根据厚度不同，可分为 N、A 和 C 三种类型，其数值换算关系为 A 型等于 N 型的 3 倍，C 型等于 A 型的 3 倍。喷丸强度综合了上述所有的影响因素，可直观反映材料的喷丸效果。

对于典型喷丸强化工艺 A～F，其试片达到喷丸饱和状态，覆盖率达 100％，喷丸效果可直接用喷丸强度衡量。而对于选取的喷丸成形工艺 G～I，未达饱和状态，喷丸效果仅能通过弧高衡量。

本章以 3/2 结构单向及正交层板为例，采用 70mm×19mm 的试片(图 9.2)，介绍 FMLs 的喷丸成形特性。

图 9.2　待喷丸的 GLARE 试片

9.2.1　失效行为分析

采用 A～F 典型强化工艺喷丸后的试片，无宏观失效现象(图 9.3(a))；在典型成形工艺 G～I 中，仅 G 工艺出现了显著的宏观失效，如图 9.3(b)所示。在 G 工艺下，GLARE 靠近喷丸面的金属层/纤维层界面发生分层失效，喷丸面的铝合金层在无层间约束的条件下，因喷丸导致的表面压应力，由边部发生翘曲并产生宏观失效。

一般采用 C 型超声波进一步探测 GLARE 在喷丸过程中可能产生的微小缺陷，如图 9.4 所示。经过 A～F 工艺喷丸后的试片，其透射的超声波未发现明显衰减现象，试样完整度较好，无显著缺陷；除了经 G 工艺喷丸后的试片整体已发生显著的分层等缺陷外，在 H 和 I 工艺中经 ASH660 大尺寸铸钢丸喷丸后的试片，其无损检测结果也显示缺陷的存在。

为了进一步揭示 GLARE 在喷丸过程的失效形式及行为特征，作者选取陶瓷丸喷丸强度最高的 D 工艺、发生显著宏观失效的 G 工艺以及采用了大尺寸铸钢

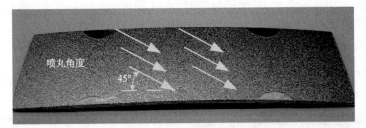

(a) 无宏观失效

(b) 显著宏观失效

图 9.3　喷丸后试片的宏观形貌

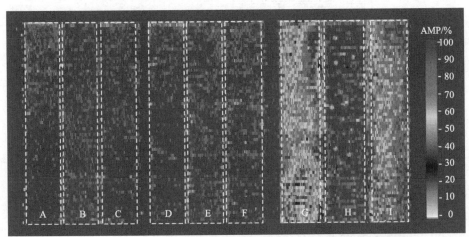

图 9.4　经 A～I 工艺喷丸后试片的 C 型超声波扫描图像

丸的 I 工艺试片，分析了试片的微观形貌。

　　经过 D 工艺喷丸后的试片，其截面整体形貌如图 9.5(a)所示。除喷丸面外，其他各铝合金及纤维层均保持规整、完好，厚度均一，未因弹丸的击打在界面或各层材料中出现局部的变形。喷丸面的铝合金层可观察到显著的塑性变形，且塑性变形的深度较单层铝合金厚度的比例较大，如图 9.5(b)所示；与 C 型超声波的扫描结果一致，GLARE 的每个金属层/纤维层界面未发现分层失效，沿变形方向的纤维保持完好，未出现断裂的现象，分别如图 9.5(c)、(d)所示。

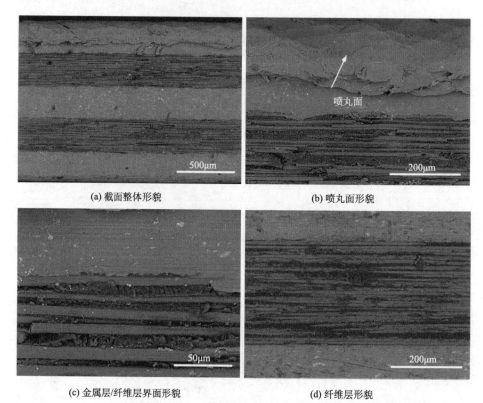

(a) 截面整体形貌

(b) 喷丸面形貌

(c) 金属层/纤维层界面形貌

(d) 纤维层形貌

图 9.5　经 D 工艺喷丸后试片的 SEM 照片

经过 G 工艺喷丸后，GLARE 发生了多种形式的失效(图 9.6)。为了便于描述试片的失效现象，图 9.6(a)将靠近喷丸面的金属层/纤维层界面及 0°纤维/90°纤维界面依次命名为界面Ⅰ、Ⅱ、Ⅲ，并分别分析其失效特点。界面Ⅰ作为受喷铝合金层与纤维层的直接作用面，其分层最为显著，如图 9.6(b)所示，也是图 9.3(b)中铝合金分层并发生翘曲的界面。一般而言，铝合金壁板喷丸后所发生的塑性变形仅处于厚度方向的表层。而由于 GLARE 中的铝合金层仅为0.3mm 厚，ASH230 弹丸的直径却已达 0.584mm，在较大的喷丸强度及较高的覆盖率下，铝合金在整个厚度方向上都会发生塑性变形。在金属层/纤维层界面处，铝合金的塑性变形易于导致分层现象的发生。本书采用 X 射线的方法对GLARE 在喷丸前后的应力状态进行了分析。在喷丸前，待喷丸铝合金表面沿试片长度方向存在 56MPa 的拉应力；而采用 G 工艺喷丸后则受到 151MPa 的压应力。尽管所测数值仅为铝合金层表面约 10 μm 深度的残余应力，但可看出 GLARE 靠近喷丸表面存在显著的残余应力变化，该应力的变化自然也会以剪应力的形式作用于金属层/纤维层界面处，加速试片的分层失效。

此外，邻近喷丸面的纤维层本身也发生了失效破坏。在图 9.6(b) 中还可观察到邻近喷丸面的部分 0°纤维断裂现象；而在 0°与 90°纤维层的界面处(界面Ⅱ)，也发生了分层失效，如图 9.6(c) 所示，尽管其分层程度较界面Ⅰ处小得多。纤维层本身的分层现象在 GLARE 中并不多见，或因为 0°与 90°纤维层变形特征差异导致。在界面Ⅲ处，金属层/纤维层界面保持良好的结合，未受到喷丸过程的影响，说明 GLARE 在喷丸过程中的失效破坏易发生在喷丸面附近，沿厚度方向的影响程度逐渐降低。

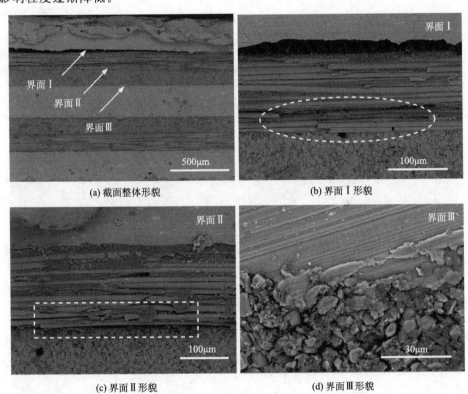

(a) 截面整体形貌　　　　　(b) 界面Ⅰ形貌

(c) 界面Ⅱ形貌　　　　　(d) 界面Ⅲ形貌

图 9.6　经 G 工艺喷丸后试片的 SEM 照片

为了凸显 GLARE 的失效行为并验证其喷丸能力，本节在进行工艺实验设计时，特别选择了喷丸压力可达 0.5MPa 的 G 工艺并延长喷丸时间，很好地揭示了 GLARE 的喷丸失效特征。而对于 H 和 I 工艺，特别选取了弹丸尺寸可达 1.670mm 的 ASH660 铸钢丸，在极短的时间内完成喷丸，使其仅在小覆盖率下获得有限的变形，单纯研究大尺寸弹丸对 GLARE 失效行为的影响。

尽管 H 和 I 工艺在小覆盖率下获得了较 C～F 组更小的变形(将在 9.2.3 节中详述),大尺寸弹丸依然导致了失效现象的产生(图 9.7)。图 9.7(a)、(b)分别显示了在 I 工艺下 GLARE 试片在不同区域的截面形貌。由图可知,单个 ASH660 弹丸在试片表面留下的弹坑尺寸较 A～G 工艺显著增大,在每个被弹丸击打的位置,界面 I 处都发生显著的分层失效,且已造成附近纤维层沿厚度方向的变形。将图 9.7(a)放大以仔细观察界面 I、II 处的破坏情况,如图 9.7(c)所示。除了界面 I 处的分层现象,其附近的 0°纤维产生了更大比例的断裂,且树脂基体在此处的连续性遭到严重破坏,部分断裂的纤维已脱离树脂基体。但该工艺并未造成界面 II、III 处的分层破坏。如前所述,I 工艺喷丸时间较短,在低覆盖率下,喷丸后的铝合金层在平面内的塑性变形并不显著,且不会导致较大的压应力,对 GLARE 的层间损伤较小。而此工艺中大尺寸弹丸导致的局部严重塑性变形,导致周围纤维层及其界面处发生失效。

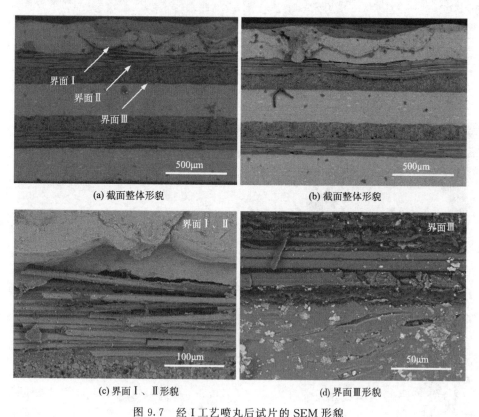

(a) 截面整体形貌 (b) 截面整体形貌

(c) 界面 I、II 形貌 (d) 界面 III 形貌

图 9.7 经 I 工艺喷丸后试片的 SEM 形貌

综上所述,GLARE 的喷丸失效主要包括喷丸面附近金属层/纤维层界面的分层及纤维的断裂。由于弹丸尺寸与铝合金层厚度的比例小,当喷丸强度过高或

弹丸尺寸较大时，受喷的金属层较薄，在击打过程中除了自身发生严重的塑性变形外，还易于导致邻近纤维层的变形及断裂；受喷金属层因塑性变形产生的残余应力以剪应力形式，造成金属层/纤维层界面的分层失效。较金属材料而言，GLARE 适用小尺寸弹丸在较低强度水平下的喷丸成形及强化；同时，因其失效行为复杂，需在喷丸后借助无损检测等方法确认其损伤情况。

9.2.2　粗糙度分析

喷丸形成的大量球面凹坑会提高材料的表面粗糙度，易于造成应力集中，对其疲劳、耐磨及抗腐蚀性能产生不利影响[17, 18]，故在对 GLARE 喷丸实验时，需特别关注其表面粗糙度的变化。

未喷丸的试样，其铝合金层表面的 R_a 仅为 0.19μm；喷丸后，粗糙度显著提高，以 F 工艺为例，其 R_a 为 6.05μm，如图 9.8 所示。

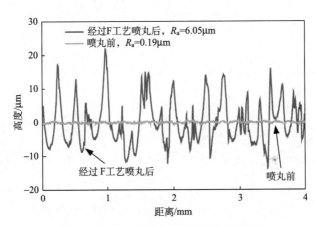

图 9.8　GLARE 喷丸前后的表面粗糙度

同样以 F 工艺为例，每个试片在不同位置的表面粗糙度均一，离散系数小（图 9.9(a)），说明喷丸工艺过程的均匀性好。通过 F 工艺分别对 5 组试片进行喷丸实验并表征其表面粗糙度，其 R_a 值的离散系数依然很低，如图 9.9(b)所示，仅为 4.27%，表明喷丸实验的稳定性好，工艺重复度高，在相同工艺下可获得一致的表面状态。

采用相同的弹丸，提高喷丸强度会导致凹坑深度的增大及塑性变形的加剧，造成 GLARE 表面粗糙度的升高，如图 9.10 所示。

而在相同的喷丸强度下，选择大弹丸的工艺，其获得的表面粗糙度小，如图 9.11所示。在其他喷丸参数不变时，提高弹丸尺寸会显著提高其表面粗糙度，而在相同强度下，大弹丸反而有利于试样表面粗糙度的改善。

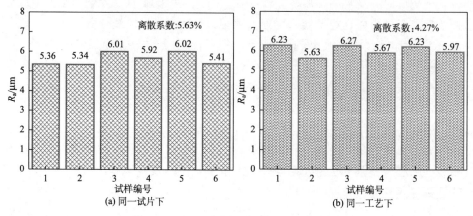

(a) 同一试片下

(b) 同一工艺下

图 9.9　GLARE 表面粗糙度的稳定性分析

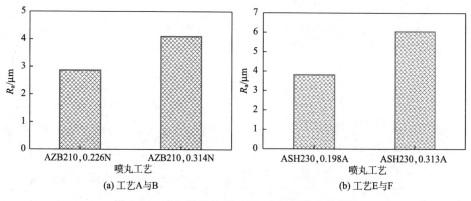

(a) 工艺A与B

(b) 工艺E与F

图 9.10　喷丸强度对 GLARE 表面粗糙度的影响

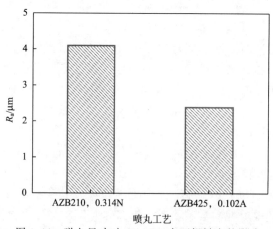

图 9.11　弹丸尺寸对 GLARE 表面粗糙度的影响

在 100％覆盖率下，当弹丸尺寸降低时，为了获得相同的喷丸强度，一般需要提高喷丸压力。小尺寸弹丸击打后具有更深的凹坑，且凹坑较大，弹丸击打时更为密集，导致粗糙度的提高。

总体而言，喷丸过程会导致 GLARE 表面粗糙度的显著提高，但获得的表面形貌均一度好，可重复性好。为实现相同的喷丸效果，大尺寸弹丸可有效降低铝合金层表面的粗糙度。

9.2.3　曲率分析

对喷丸成形后的 GLARE 需进行曲率分析，以评价该材料的成形能力，并比较不同喷丸工艺下的成形效果。

在未发生失效行为的 A～F 工艺中，以 GLARE 正交层板为例，其成形曲率半径可达 200mm 左右(表 9.2)，该曲率远可以满足机身蒙皮构件的制造(曲率半径约 1000～2000mm)；而对于机翼前缘构件，还不能满足其最大曲率处的成形要求，下面继续研究提高 GLARE 成形曲率的可能性。

在其他喷丸工艺参数保持一致时，提高喷丸强度无疑会导致 GLARE 曲率的增大。但采用不同弹丸进行实验时，喷丸强度与弧高已不存在线性关系。Almen 试片法对喷丸强度的定义中，标准弹簧钢试片的弧高即为喷丸强度，对于其他金属材料，无论弹丸类型及尺寸如何变化，其喷丸强度与弧高也基本保持线性关系。但对于 GLARE，对比 B 与 C 工艺，采用 AZB425 弹丸在相同的喷丸强度下，获得了较 AZB210 弹丸更大的弧高；但比较 D 与 E 工艺可以发现，AZB425 弹丸在较小的喷丸强度下，较 ASH230 弹丸反而获得了更大的成形曲率。以上现象说明，弹丸的类型及尺寸显著影响 GLARE 的喷丸效果，金属材料中喷丸强度与弧高的线性关系对于 FMLs 类材料已不成立。

表 9.2　GLARE 正交层板的喷丸成形曲率

工艺	弹丸类型	喷丸强度	弧高/mm	曲率半径/mm
A	AZB210	0.226N	0.171	798.24
B	AZB210	0.314N	0.269	525.67
C	AZB425	0.102A	0.442	233.05
D	AZB425	0.155A	0.581	213.11
E	ASH230	0.198A	0.531	267.81
F	ASH230	0.313A	0.667	210.78
G	ASH230	—	0.703	198.50
H	ASH660	—	0.131	1088.20
I	ASH660	—	0.333	425.96

上述现象的产生主要源于 GLARE 的层状结构及增强纤维在变形过程中复杂的影响作用。在弹丸击打过程中，受喷铝合金层附近的纤维影响其塑性变形行为；而当喷丸产生的残余应力导致 GLARE 整体变形时，纤维层因其显著的各向异性又对该变形程度产生影响。Russig 等[9] 在针对 GLARE 层板的喷丸探索研究中也发现了类似现象，其采用静态和动态下的压痕实验探索 GLARE 层板在受到弹丸打击时的变形特性，并讨论了入射压力 F 与压入直径/弹丸直径比值 (d_i/D_b) 的关系。对于铝合金，弹丸尺寸改变时，二者存在较为一致的对应关系，并符合 Chakrabarty 提出的理论曲线[19]；而 GLARE 层板则打破了这一规律，弹丸尺寸显著影响 F 与 d_i/D_b 的对应关系。尽管 Russig 等在研究中采用的弹丸直径为 4.13~10.48mm，不适用于常规喷丸实验，但其研究依然表明，纤维的存在会约束弹丸击打铝合金表面所发生的塑性变形，弹丸尺寸的改变显著影响 GLARE 层板的喷丸效果。

综上所述，本节的研究验证了采用工业化喷丸工艺成形 GLARE 的可行性，并探讨了喷丸工艺对该类材料的适用性。弹丸类型及尺寸的选择显著影响 GLARE 的喷丸效果，结合本节的研究，选择 AZB425 弹丸更利于提高 GLARE 的表面质量与成形曲率。首先，采用 ASH660 等大尺寸弹丸易因铝合金层严重的塑性变形而导致 GLARE 的整体失效，选取 AZB210 等小尺寸弹丸则影响成形效率，AZB425 和 ASH230 的尺寸较为适合；其次，弹丸对 GLARE 喷丸效果有着复杂的影响规律，根据本节的实验结果，AZB425 较 ASH230 和 AZB210 可在更小的强度下使 GLARE 获得更大的成形曲率，有利于提高 GLARE 的成形极限及表面光洁度。此外，采用铸钢丸喷丸后，铝合金表面易残留铁粉而受到污染，而陶瓷丸硬度高、破碎率低、不易变形，且可有效避免铁元素污染，适于低强度喷丸成形及强化工艺，是 GLARE 较为理想的选择。

9.3　喷丸变形特性研究

基于以上研究，作者选取喷丸效果最优的 AZB425 弹丸设计了下述三组实验（表 9.3），以研究 GLARE 的喷丸变形特性，并揭示该材料变形后的残余应力分布特点及回弹规律。

（1）在 0.155A 喷丸强度下分别对 3/2 结构单向 0°、正交 0°及单向 90° GLARE 试片进行喷丸实验，探索纤维铺层设计对其变形行为的影响。

（2）采用单因素实验，分别在 0.097A、0.133A、0.155A 和 0.193A 的喷丸强度下对 3/2 结构正交层板进行 100%覆盖率喷丸实验，探索喷丸强度对其变形行为的影响规律。其中，0.193A 已是控制 AZB425 弹丸破碎率的最大强度。

（3）改变表 9.3 所示 O 工艺的喷丸时间分别为 0.76s、1s、3s、5s、7s 及

9s，以实现对 GLARE 不同覆盖率下的喷丸，并研究 GLARE 变形特征。结果表明，喷丸时间达到 5s 时，GLARE 刚好达到 100% 覆盖率。

表 9.3　GLARE 喷丸变形规律研究实验方案

工艺	GLARE 铺层形式	弹丸类型	喷丸强度	覆盖率/%	喷丸时间/s
J	单向 0°				
K	单向 90°	AZB425	0.155A	100	5
L	正交 0°				
M			0.097A		
N	正交 0°	AZB425	0.133A	100	5
O			0.155A		
P			0.193A		
Q					0.76
R					1
S	正交 0°	AZB425	—	—	3
T					5
U					7
V					9

　　为了防止试片在不同的喷丸工艺下发生失效而影响实验结果的分析与讨论，本节先对所有工艺下的试片进行 C 型超声波探测，以验证实验方案的合理性。如图 9.12 所示，经上述 J～V 工艺喷丸后的试片均未发现失效破坏，可用于 GLARE 喷丸变形规律的分析研究。

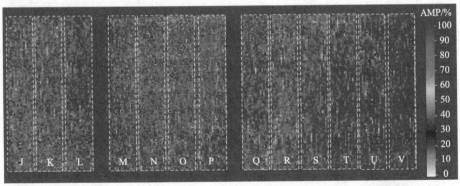

图 9.12　经 J～V 工艺喷丸后试片的 C 型超声波扫描图像

9.3.1　铝合金层的变形特性

铝合金板材经喷丸成形后，其喷丸表面及周围区域发生塑性变形，并通过残余应力带动其他区域发生弹性变形。而以 3/2 结构 GLARE 正交层板为例，由纤维层本身的变形特性，可认为其始终发生弹性变形，但所包含的 3 层铝合金基板，其变形特征则有待探讨。

采用逐层腐蚀法腐蚀喷丸面后(图 9.13)，GLARE 的曲率有所降低，但未恢复至水平状态；而继续将与喷丸面相对的下表面铝合金腐蚀后，仅剩的纤维层和中间铝合金层恢复水平状态。Hu 等[11] 在探索 GLARE 层板激光喷丸变形时也发现了同样的规律。其研究认为，在同时腐蚀上、下金属表面后，中间层金属恢复水平状态，可判定中间层金属仅发生弹性变形；同时，在仅腐蚀上层金属后，GLARE 的曲率有所降低，并未恢复水平状态，在已证明中间层金属仅发生弹性变形的情况下，故可判定下表面金属层发生塑性变形。而事实上，其所获结论忽略了残余应力对 GLARE 曲率变化的作用，研究结果值得商榷。当同时腐蚀上、下表面后，中间金属层上下表面均保留对称的纤维层，此时残余应力处于平衡状态，其形状恢复水平状态可充分证明该层金属在喷丸过程中仅发生弹性变形。但仅腐蚀上表面金属层后，通过 GLARE 仍然保持一定曲率即判定下表面金属层发生塑性变形则是不充分的。层板保持一定曲率的原因还可能源于上层金属被腐蚀后的应力释放。对于 GLARE 的喷丸变形而言，上表面受喷的铝合金层发生塑性变形，中间铝合金层发生纯弹性变形，重点在于判定下表面铝合金层的变形特征。

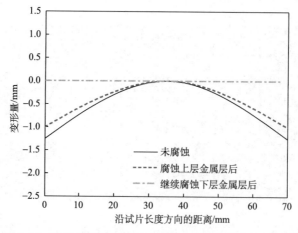

图 9.13　选择性腐蚀对 GLARE 喷丸试片形状变化的影响

在金属材料弯曲受载条件下，正应力是导致其发生塑性变形的主要原因。根据力学原理，材料在弯曲状态下的正应力可用式(9.1)进行表述。

$$\sigma = E\,\frac{y}{\rho} \tag{9.1}$$

式中，σ 为弯曲状态所受的正应力，MPa；E 为拉伸弹性模量，GPa；y 为该处距离中性轴的距离，mm；ρ 为材料的曲率半径，mm。

以单一铝合金基板作为研究目标，其最大拉应力处为板材表面，即 y 为 0.5 倍材料厚度，根据铝合金基板的屈服强度可计算出其开始发生塑性变形的最大曲率半径为 27.33mm。在喷丸实验中，下表面铝合金层的弯曲曲率半径远大于该数值，理论上不发生塑性变形。为了进一步验证上述理论计算的准确性，本节选取未喷丸试片，选择性腐蚀其上表面铝合金层，对比图 9.13 腐蚀上层金属层后 GLARE 的曲率变化。

实验发现，无论试片是否经过喷丸，腐蚀上表面的铝合金层后，GLARE 的目标形状一致，进一步说明试片未恢复平直的原因是由于残余应力导致(图 9.14)。由此说明，除喷丸面外，GLARE 各层均发生弹性变形，无塑性变形行为。

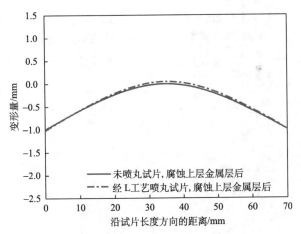

图 9.14　选择性腐蚀对喷丸前后 GLARE 形状变化对比

9.3.2　纤维方向对变形规律的影响

GLARE 的喷丸变形受到纤维取向的显著影响。在相同的喷丸工艺下，单向 90°层板的变形曲率最大，而单向 0°最小，正交 0°居中，如图 9.15 所示。纤维表现出明显的变形抗力，并导致 GLARE 的变形更易于在垂直于纤维方向产生。

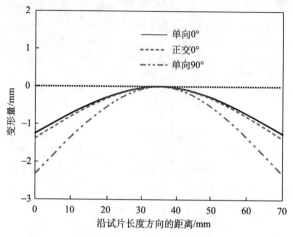

图 9.15 纤维方向对 GLARE 喷丸变形的影响

9.3.3 喷丸强度对变形规律的影响

基于 AZB425 弹丸，GLARE 在设备可实现的喷丸强度范围内，随着喷丸强度的提高，其弧高呈线性增长，如图 9.16 所示。在选取固定弹丸的前提下，喷丸强度与 GLARE 所获得的弧高存在较好的线性关系，与金属材料的喷丸变形规律一致。该结论有助于我们通过目标构件的几何尺寸，对 GLARE 所需的喷丸强度开展工艺设计，并预测其喷丸弧高的变化。

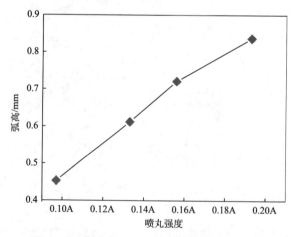

图 9.16 喷丸强度对 GLARE 喷丸变形的影响

　　此外，选用 AZB425 弹丸达到 0.193A 喷丸强度时，3/2 结构正交 0°GLARE 的成形曲率半径可达 165.24mm，可满足飞机机身、机翼蒙皮构件的曲率要求，但因曲率的限制，还无法将 GLARE 平板直接成形至机翼前缘构件曲率。可通过 GLARE 自成形后，通过喷丸工艺进行校形，并获得目标尺寸。该方式既可以避免因 GLARE 自成形过程的回弹而反复修模，也可使 GLARE 表面获得喷丸强化。

9.3.4　喷丸覆盖率对变形规律的影响

　　喷丸覆盖率是喷丸成形工艺中的重要参数。在上述研究中，为了便于进行 GLARE 成形效果的比较和分析，多数采用 100% 覆盖率并用喷丸强度衡量喷丸程度。而在实际喷丸成形中，一般采用 50%～80% 覆盖率，便于成形后的校形；且在实际成形过程中，一般以喷丸时间表示工件的喷丸覆盖程度。

　　在达到 100% 覆盖率前，随着喷丸时间的增加，GLARE 受喷表面的喷丸覆盖程度增大，弧高也随之显著提高，如图 9.17 所示。达到 100% 覆盖率后，继续增大喷丸时间对提高 GLARE 成形弧高的作用减弱，趋于试件在该工艺下的成形极限。覆盖率对 GLARE 喷丸变形的影响规律与金属材料一致。

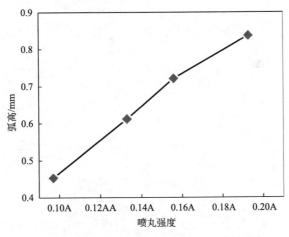

图 9.17　喷丸强度对 GLARE 喷丸变形的影响

9.3.5　变形后的残余应力及其松弛

　　喷丸成形的原理是利用塑性变形产生残余应力，并通过构件的变形使得残余应力实现再平衡。GLARE 在喷丸过程中形成的残余应力主导了材料的变形行为；同时，喷丸成形后，残余应力的松弛现象又会导致材料变形量的改变。故在本节对 GLARE 变形后的残余应力及其松弛特征加以研究和探讨。

GLARE 喷丸后的残余应力主要来自两个方面。一方面，金属层与纤维层热膨胀系数的差异导致层板在制备过程中产生的金属层受拉、纤维层受压的残余应力；另一方面，喷丸过程中，喷丸面的塑性变形导致了一定厚度的压应力，使 GLARE 残余应力实现再分配。

GLARE 受喷表面的残余应力随喷丸强度的变化规律如图 9.18 所示。在未喷丸前，因热膨胀系数的差异，铝合金层在 0°和 90°方向均受到拉应力。喷丸后，其在不同方向上均为压应力，且该压应力随喷丸强度的提高而显著增大。当喷丸强度达到 0.193A 时，铝合金层表面的压应力已达 100MPa 以上。此外，图 9.18 的实验结果也验证了纤维方向对 GLARE 喷丸变形的影响。靠近喷丸面的纤维与残余应力测试方向相同时（即 0°方向），纤维层有效阻碍了该方向的塑性变形，形成的残余应力更大；而在 90°方向，纤维层对其阻碍作用小，塑性变形更易于在此方向产生，残余应力相对较低。

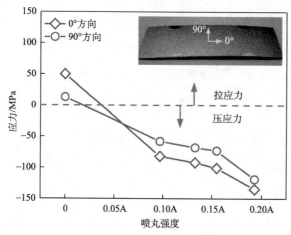

图 9.18 喷丸强度对 GLARE 喷丸面残余应力的影响

较受喷的铝合金层表面，与之相对的下表面，其应力大小随喷丸强度的变化见表 9.4。在喷丸之前，下表面的残余应力状态与喷丸表面一致，均受到拉应力。而喷丸后，该表面受到压应力作用，但力值较小。GLARE 喷丸后上、下表面的残余应力分布特点与 9.1 节所述的金属材料存在相似性。

以上研究仅探讨了 GLARE 外侧铝合金层表面处（深度约 10μm）的应力状态，而如果将该层铝合金作为一个整体，其他各层通过界面对其施加的应力也是有待揭示的重要问题。本书利用 GLARE 层板的对称结构，采用腐蚀去层法研究其金属层的残余应力分布情况。尽管该方法在实际操作中，曲率测量的误差会影

表 9.4 GLARE 喷丸下表面的残余应力测试结果

喷丸强度	残余应力值/MPa	
	0°	90°
0	51.23	23.05
0.097A	−13.78	−10.39
0.133A	−15.97	−17.35
0.155A	−14.30	−12.30
0.193A	−18.97	−17.26

响应力计算的准确性，但可实现对残余应力方向的定性判断。已知受喷铝合金层整体受到压应力作用，如上所述，喷丸的塑性变形区产生压应力作用，由于弹丸直径/铝合金层厚度的比值大，塑性区在该层中所占的比例也大，是导致铝合金层整体受到压应力作用的原因。作为反作用力，受喷的铝合金通过金属层/纤维层界面向与之相邻的纤维层外表面施加拉应力作用，导致 GLARE 整体变形的发生，并伴随着其他各层的应力再分配。本节也通过此方法对下表面的铝合金层进行了选择性腐蚀，如图 9.19(a)所示，以判断其残余应力特点。由图 9.19(b)可知，腐蚀层板下表面的铝合金层后，试件的曲率降低，由此可判断，喷丸后下表面的铝合金层整体依然处于拉应力状态。

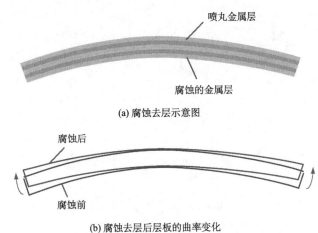

喷丸金属层

腐蚀的金属层

(a) 腐蚀去层示意图

腐蚀后

腐蚀前

(b) 腐蚀去层后层板的曲率变化

图 9.19 GLARE 喷丸试件下表面的腐蚀去层及其曲率变化

综上所述，GLARE 在喷丸后，喷丸表面及其整个铝合金层均处于压应力状态，是导致材料发生变形的根本原因；与之相对的下表面，其表面为压应力，将该铝合金层作为整体时，受到界面的拉应力作用。

残余应力随着时间的延长会发生松弛现象。对于金属构件而言，其喷丸后的松弛现象主要包括机械松弛和热松弛，即在一定的应力或温度作用下发生的松弛现象；而在未受到外加载荷和温度的作用时，其松弛现象的发生较为缓慢。因此，本节探讨了 GLARE 构件在放置过程中的应力松弛行为。由于残余应力的分布特征与试片的变形存在唯一的对应关系，故本实验以测试试片在放置过程中的变形来说明 GLARE 的应力松弛现象。

针对 M~V 工艺对 GLARE 喷丸后的试片，将其放置 10 周再次测量其弧高值。结果表明，在不同喷丸强度和覆盖率下获得的喷丸试片，经过 10 周后，其弧高均无显著变化，如图 9.20 所示。该实验说明，尽管 GLARE 作为一种具有层状结构的超混杂复合材料，在喷丸过程中实现应力再平衡后，避免外加载荷或温度的作用，其应力状态较为稳定，松弛现象非常缓慢，也不会导致材料的明显变形。

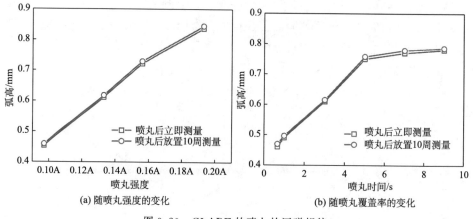

图 9.20　GLARE 的喷丸的回弹规律

9.4　喷丸对层板性能的影响

GLARE 的铝合金层仅为 0.3mm 厚，弹丸撞击其表面产生的凹坑可视为一个明显的缺陷，并可能在受力过程中作为诱发断裂的缺口。9.2 节的研究也表明，弹丸尺寸过大或喷丸强度过高都会导致 GLARE 喷丸面附近金属层/纤维层界面的分层及纤维的断裂。喷丸对 GLARE 性能的增强机制及作用需要进一步关注。

本书根据上述研究，选取 M 及 O 工艺，对 GLARE 进行双面喷丸，通过评价层板试样的浮辊剥离、拉伸及疲劳性能，以说明喷丸对该类材料性能的影响。

9.4.1　浮辊剥离性能

采用 M 及 O 工艺对 GLARE 双面喷丸后，其浮辊剥离性能较未喷丸试样基本一致，未出现显著的下降，如表 9.5 所示。

表 9.5　喷丸对 GLARE 浮辊剥离强度的影响

处理工艺	浮辊剥离强度/(N/mm)
未喷丸	4.51
经 M 工艺双面喷丸	4.46
经 O 工艺双面喷丸	4.62

表 9.5 实验结果说明，采用优化的工艺对 GLARE 喷丸后，其层间性能并未受损。

9.4.2　拉伸性能

GLARE 喷丸前后的拉伸载荷-位移曲线如图 9.21 所示，曲线均保持较好的双线性关系，未发现因异常的断裂或损伤导致的曲线变化。同时，喷丸前后，层板的破坏应变无显著变化，即在破坏前后所承受的变形量基本相同。未喷丸的 GLARE，其拉伸断裂的主要原因在于纤维破坏应变的限制，导致纤维束发生渐进损伤而断裂；喷丸后，GLARE 的破坏应变未发生变化，说明纤维层在断裂前，未出现铝合金层的提前断裂。即粗糙度增大未导致铝合金层在拉伸过程中产生缺口或断裂，对 GLARE 的拉伸破坏形式无显著影响。

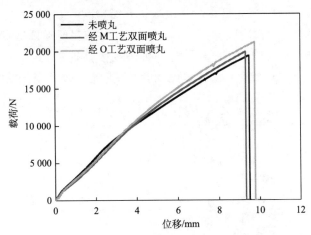

图 9.21　GLARE 喷丸前后的拉伸载荷-位移曲线

由图 9.21 还可看出，喷丸后的试样需克服更大的拉伸极限载荷，根据曲线所获得的拉伸性能如图 9.22 所示。喷丸处理后，GLARE 的拉伸强度及屈服强度均有一定提高，且与喷丸强度存在正相关性。

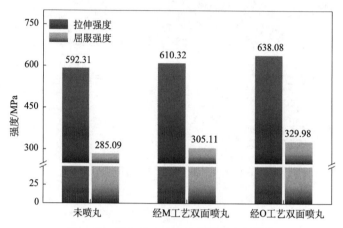

图 9.22　喷丸对 GLARE 拉伸性能的影响

喷丸主要通过表面残余应力场、表面粗糙度和加工硬化影响材料的力学性能。对于一定厚度的金属材料，无论材料中的应力场如何分布，其整体处于应力平衡状态，对静强度影响较小。而表面粗糙度及加工硬化的影响也仅局限于材料表层，故喷丸后的金属材料，其拉伸强度无显著变化，根据成形工艺及材料的不同，增加或降低幅度都在 5％以内。对于 GLARE，残余应力的自平衡对其拉伸性能的影响也较小，不作讨论。粗糙度增大后，也未因应力集中等问题使铝合金层率先断裂，层板的失效形式未发生改变，其影响也可忽略。仅有喷丸过程导致的加工硬化对层板的拉伸性能存在影响。为了更好地说明和量化喷丸面铝合金层的加工硬化现象，本节测试了铝合金层表面在喷丸前后的显微硬度变化，如表 9.6 所示。喷丸后，铝合金层的显微硬度明显增大，加工硬化现象显著。

表 9.6　喷丸对铝合金层表面显微硬度的影响

处理工艺	显微硬度（HV0.2）
未喷丸	114.70
经 M 工艺双面喷丸	138.25
经 O 工艺双面喷丸	149.73

由于铝合金层厚向发生塑性变形的比例较大，加工硬化对整个金属层的影响较为显著，也是导致 GLARE 整体拉伸性能提高的原因。

9.4.3　疲劳裂纹扩展速率

尽管喷丸过程导致铝合金层粗糙度的增大及可能的组织损伤，对 GLARE 的疲劳性能产生不利影响，但该过程引入的残余应力场对改善 GLARE 疲劳性能的积极作用更为显著。经过 M 工艺双面喷丸后，GLARE 抵疲劳裂纹扩展的能力已出现明显提升，如图 9.23 所示。当采用喷丸强度更高的 O 工艺后，层板完成相同长度的裂纹扩展时，所需的加载循环周次增大了一倍。

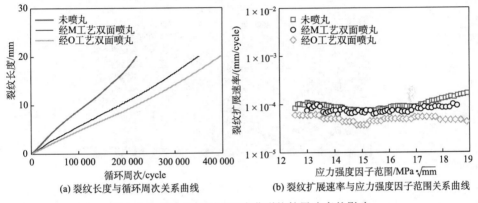

(a) 裂纹长度与循环周次关系曲线　　　　(b) 裂纹扩展速率与应力强度因子范围关系曲线

图 9.23　喷丸对 GLARE 疲劳裂纹扩展速率的影响

在疲劳裂纹扩展实验中，交变载荷作用下的预制裂纹成为试样的裂纹源，但只有外加交变载荷中最大拉应力在裂纹尖端引起的应力强度因子范围达到材料本身的临界应力强度幅值，裂纹才开始扩展。当喷丸引入的残余压应力深度超过裂纹深度时，残余压应力具有降低外加交变应力平均值的作用，使材料实际承受的应力强度幅值减小[21, 22]。对 GLARE 层板而言，喷丸导致铝合金层塑性变形的深度占该层总厚度的比例较传统金属材料大得多，残余压应力的深度较大，可显著降低外加交变应力，导致 GLARE 疲劳裂纹扩展能力的提高。本节也讨论了喷丸前后，试样在纤维层的分层失效情况。喷丸后的试样，其纤维层的分层仅发生在预制裂纹周围，并未扩展至试样边部，发生分层扩展的面积较未喷丸时也显著减小(图 9.24)。在层间性能一致的前提下，只有桥接应力降低才会导致上述现象的发生，而桥接应力的大小取决于铝合金层所承受的应力强度幅值，进一步验证了残余应力场通过降低铝合金层应力强度幅值以改善疲劳性能的结论。不仅如此，Wilson 等[23]的研究认为，在 FMLs 疲劳裂纹扩展过程中，纤维层的分层速率及程度决定了金属层的裂纹扩展速率。本实验中，纤维层的分层扩展特征也验证了喷丸对于 GLARE 疲劳性能的改善作用。

为了深入认识喷丸工艺对 GLARE 疲劳裂纹扩展行为的影响，作者还通过挠

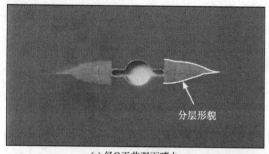

(a) 经O工艺双面喷丸

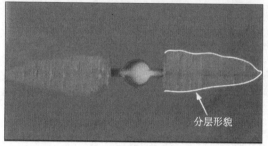

(b) 未喷丸

图 9.24 喷丸前后 GLARE 纤维层的破坏形貌

度法对疲劳裂纹长度进行测量。由于 GLARE 的疲劳裂纹扩展机理较金属材料更为复杂，较实时观测法来说，挠度法的精确性低，但可实现裂纹长度变化的实时监测及采集，以获得更短时间间隔下的裂纹扩展信息。实验中发现，当加大裂纹长度的采集次数至每秒一次后，未喷丸试样的裂纹随循环数的增大而缓慢增长，放大后的 a-N 曲线趋于一条直线；而喷丸后的试样，尽管裂纹也随循环周次的增大而缓慢增长，但曲线呈锯齿状(图 9.25)。该现象一定程度上证实了 GLARE 在疲裂纹扩展过程的闭合效应。

裂纹闭合效应[24, 25]是由 Elber 于 1970 年首次发现，是指即使在循环拉伸载荷的作用下，疲劳裂纹也有可能保持闭合状态的现象。关于裂纹闭合效应的微观机制，目前有多种不同的理论解释[26-28]。其中，塑性变形导致的裂纹闭合效应(塑性致闭效应)是目前受到广泛承认的一种机理。塑性致闭的理论认为，随着裂纹不断穿过裂尖前方的塑性区向前扩展，原裂尖塑性区的包络线和裂纹面围成所谓的塑性尾迹区，尾迹区内的残余塑性变形产生压缩残余应力，从而对裂纹面张开产生一定的阻碍作用。目前，大量针对残余应力场中的裂纹扩展研究表明，残余压应力可以增加裂纹闭合的程度，减缓裂纹扩展速率。在传统金属材料中，喷丸导致的闭合效应是其疲劳性能改善的重要原因。而对于 GLARE，闭合效应也依然存在。尽管纤维的桥接作用是其疲劳性能优异的最重要影响因素，但本节的

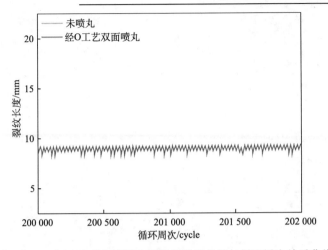

图 9.25　GLARE 喷丸试样的锯齿状裂纹长度与循环周次关系曲线

研究表明，喷丸引入的残余应力场，降低铝合金层应力强度幅值，并导致裂纹闭合效应的产生，对其疲劳裂纹扩展能力具有显著的增强作用。

至此可得出结论：合理的喷丸处理未导致 GLARE 层间性能的下降，并对其静强度具有一定的改善作用；同时，喷丸引入的残余应力场显著提高了材料的疲劳性能。

9.5　TiGr 层板的喷丸成形

除了 GLARE 层板，本书也对 TiGr 层板的喷丸成形规律进行研究。由于部分研究方法与 GLARE 层板存在一致性，故仅简要讨论。

研究中采用的 TiGr 层板分别为单向/正交铺层的 Ti/CF/PEEK 层板以及 Ti/CF/PMR 聚酰亚胺层板，其力学性能参数见表 9.7。

表 9.7　TiGr 层板性能参数

编号	结构	厚度 /mm	抗拉强度/MPa	模量/GPa
PI-U	[Ti/0°/0°/Ti/0°/0°/Ti]	1.45±0.12	930±32	105±8
PI-C	[Ti/0°/90°/Ti/90°/0°/Ti]	1.46±0.11	633±19	83±7
PEEK-U	[Ti/0°/0°/Ti/0°/0°/Ti]	1.49±0.09	925±22	101±10
PEEK-C	[Ti/0°/90°/Ti/90°/0°/Ti]	1.48±0.07	621±24	83±6

9.5.1　喷丸时间对喷丸成形的影响

与 GLARE 层板喷丸成形实验相同，通过改变喷丸时间可以获得不同的喷丸覆盖率,以研究喷丸覆盖率对 TiGr 层板的变形影响规律。实验结果见表 9.8。

表 9.8 TiGr 层板喷丸成形结果(不同喷丸时间)

层板类型	结构	喷丸时间/s	弧高/mm	曲率半径 /mm
PI-U	[Ti/0°/0°/Ti/0°/0°/Ti]	0.76	0.131±0.002	962±14
		1	0.135±0.001	933±17
		3	0.219±0.012	577±21
		5	0.249±0.015	517±21
		7	0.266±0.022	476±40
PI-C	[Ti/0°/90°/Ti/90°/0°/Ti]	0.76	0.110±0.003	1146±31
		1	0.125±0.005	1009±40
		3	0.241±0.008	523±17
		5	0.313±0.020	404±26
		7	0.345±0.012	366±13
PEEK-U	[Ti/0°/0°/Ti/0°/0°/Ti]	0.76	0.119±0.002	1059±16
		1	0.131±0.006	963±35
		3	0.244±0.011	517±23
		5	0.281±0.010	448±15
		7	0.292±0.016	432±21
PEEK-C	[Ti/0°/90°/Ti/90°/0°/Ti]	0.76	0.157±0.001	802±5
		1	0.179±0.007	705±27
		3	0.268±0.013	471±23
		5	0.345±0.014	365±15
		7	0.387±0.022	327±18

为了更直观地分析喷丸时间对 TiGr 层板喷丸成形的影响规律,我们将表 9.8中的数据总结在图 9.26 中。

从图 9.26 中可以看出,单向层板和正交层板的弧高随喷丸时间的变化规律一致。随着喷丸时间的增加,Ti/CF/PMR 超混杂层板的弧高值首先呈现出线性增加的趋势,随着喷丸时间的进一步延长,弧高值的增加速率变缓,说明随着喷丸时间的延长,喷丸达到"饱和"状态。

不同的喷丸时间实际上影响的是弹丸击打在试片表面的面积。图 9.27 为采用不同喷丸时间进行成形后试片的表面形貌。从图中可以看出,随着喷丸时间的延长,弹丸击打在试片表面的面积逐渐增大,即覆盖率逐步提高。喷丸面的覆盖率可通过弹丸击打过的面积与试片总面积的比值来计算。通过 Imagej 对不同喷

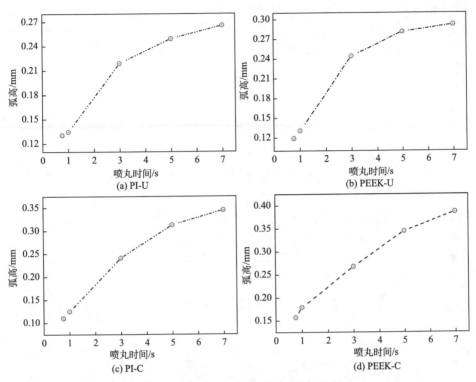

图 9.26　TiGr 喷丸实验结果(不同喷丸时间)

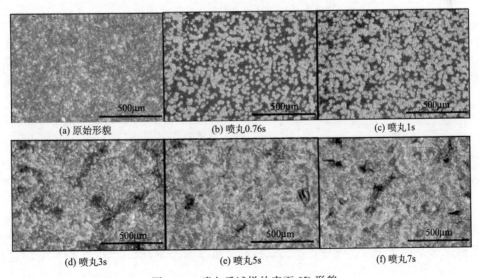

图 9.27　喷丸后试样的表面 2D 形貌

丸时间成形后的试片覆盖率进行计算，采用喷丸时间为 0.76s、1s、3s、5s、7s 成形后的试片覆盖率分别为 47.4%、52.1%、79.7%、96.3%以及 99.7%。

除此之外，不同的喷丸时间对喷丸成形后试片的表面粗糙度也有一定的影响。表面粗糙度会影响到材料的疲劳性能以及抗腐蚀性能[29]，因此，我们对喷丸后试片的表面粗糙度的变化情况进行了分析。试片的表面粗糙度(R_a)与喷丸覆盖率之间的关系如图 9.28 所示。从图中可以看到，试片的表面粗糙度(R_a)随着喷丸覆盖率的增加呈现升高的趋势，即随着喷丸时间的延长，试片表面粗糙度呈增大的趋势。然而随着喷丸覆盖率的提高，喷丸趋于"饱和"，表面粗糙度变化较小，甚至出现下降的趋势。喷丸成形后的试片表面 3D 形貌如图 9.29 所示，在喷丸成形后试片的表面起伏明显，表面粗糙度明显增高，而随着覆盖率的进一步增加，试片表面的起伏差异有降低的趋势，如图 9.29(f)所示。换句话说，提高喷丸的表面覆盖率在一定程度上能够降低试片的表面粗糙度。

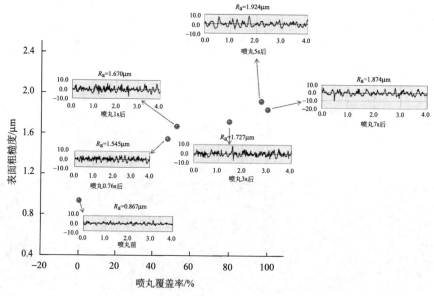

图 9.28　表面粗糙度与喷丸覆盖率之间的关系

9.5.2　喷丸强度对喷丸成形的影响

本节采用 AZB425 陶瓷丸为喷丸介质，探究了不同喷丸强度参数下 Ti/CF/PMR 聚酰亚胺超混杂层板的喷丸成形效果，喷丸成形的工艺参数以及实验结果见表 9.9 及图 9.30。实验中，每组试样的覆盖率均达到 100%。

(a) 原始形貌　　　　　　　(b) 喷丸0.76s　　　　　　　(c) 喷丸1s

(d) 喷丸3s　　　　　　　(e) 喷丸5s　　　　　　　(f) 喷丸7s

图 9.29　喷丸后试样的表面 3D 形貌

表 9.9　TiGr 层板喷丸成形结果（不同喷丸强度）

层板类型	结构	喷丸强度	弧高/mm	曲率半径/mm
PI-U	[Ti/0°/0°/Ti/0°/0°/Ti]	0.097A	0.139±0.001	906±6
		0.133A	0.190±0.009	664±33
		0.156A	0.249±0.011	507±22
		0.193A	0.342±0.013	368±14
PI-C	[Ti/0°/90°/Ti/90°/0°/Ti]	0.097A	0.169±0.007	746±29
		0.133A	0.258±0.013	489±25
		0.156A	0.291±0.019	434±28
		0.193A	0.442±0.012	290±8
PEEK-U	[Ti/0°/0°/Ti/0°/0°/Ti]	0.097A	0.143±0.015	855±45
		0.133A	0.184±0.009	686±34
		0.156A	0.281±0.019	450±30
		0.193A	0.347±0.013	363±13
PEEK-C	[Ti/0°/90°/Ti/90°/0°/Ti]	0.097A	0.200±0.011	631±30
		0.133A	0.267±0.012	472±20
		0.156A	0.321±0.015	393±22
		0.193A	0.492±0.021	256±11

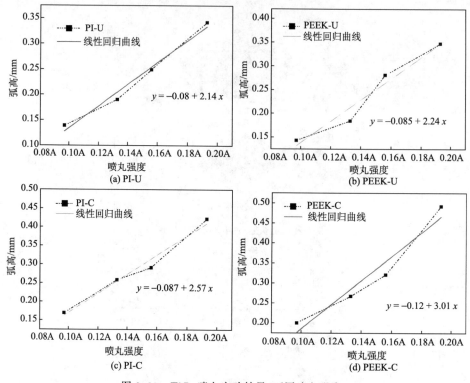

图 9.30 TiGr 喷丸实验结果(不同喷丸强度)

由图 9.30 可以看出,无论是单向层板还是正交层板,其喷丸成形后的试片弧高值与喷丸过程中采用的喷丸强度呈正比关系,随着喷丸强度的增加,其弧高值线性增加。对于实验中采用的 TiGr 层板来说,其弧高值(h)与喷丸强度(i)之间的关系可分别通过式(9.2)~式(9.5)来表示:

$$h_{PI-U} = 2.14i - 0.08 \tag{9.2}$$

$$h_{PI-C} = 2.57i - 0.087 \tag{9.3}$$

$$h_{PEEK-U} = 2.24i - 0.085 \tag{9.4}$$

$$h_{PEEK-C} = 3.01i - 0.120 \tag{9.5}$$

在进行喷丸工艺参数设计时,可根据目标弧高的大小,通过上述公式对喷丸参数进行优化。

喷丸成形后试片的表面粗糙度与喷丸强度之间的关系如图 9.31 所示。从图中可以看出,在覆盖率均为 100% 时,随着喷丸强度的提高,喷丸成形后的试片表面粗糙度也随之提高。

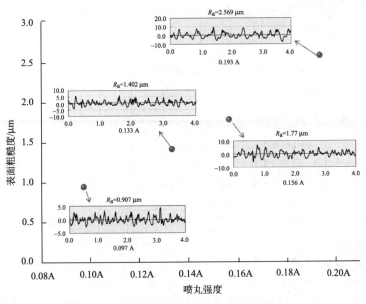

图 9.31　表面粗糙度与喷丸强度之间的关系

9.6　本 章 小 结

（1）GLARE 具备喷丸成形的可行性，采用小尺寸（直径≤0.425mm）陶瓷丸可实现较好的成形效果。选取 AZB425 弹丸并采用 0.193A 的喷丸强度，已成功将 3/2 结构正交层板的成形曲率半径降低至 165.24mm。喷丸强度过高或弹丸尺寸过大会导致喷丸面附近的纤维层断裂及金属层/纤维层界面的分层失效。

（2）GLARE 的变形更易于在垂直于纤维方向产生，其中喷丸面的金属层发生塑性变形，其他金属层仅发生弹性变形；其变形特征随喷丸强度及覆盖率的影响与金属材料一致。喷丸显著改变了 GLARE 各层的残余应力状态，其外层金属表面为压应力作用。在无外力或温度场作用下，其应力松弛行为缓慢。

（3）合理的喷丸工艺未导致 GLARE 层间性能的下降，并因加工硬化现象对其静强度具有一定的改善作用；喷丸过程引入的残余应力场，降低了铝合金层的应力强度幅值，使纤维层的分层扩展速率降低，并导致裂纹闭合效应的产生，显著改善了 GLARE 的疲劳性能。

（4）喷丸成形技术同样适用于 TiGr 层板，表面覆盖率随着喷丸时间的延长而增加。喷丸试片的弧高值最初随表面覆盖率的增加线性增加，最终趋于稳定，达到"饱和"状态。试片的表面粗糙度随喷丸时间的增加而增大，最终趋于稳定。

喷丸试片的弧高值随喷丸强度的提高线性增大。

参 考 文 献

[1] Grasty L V, Andrew C. Shot peen forming sheet metal: finite element prediction of deformed shape[J]. Proceedings of the Institution of Mechanical Engineers, Part B: Journal of Engineering Manufacture, 1996, 210(42): 361-366.

[2] Miao H Y, Demers D, Larose S, et al. Experimental study of shot peening and stress peen forming[J]. Journal of Materials Processing Technology, 2010, 210(15): 2089-2102.

[3] Wang T, Platts M J, Wu J. The optimisation of shot peen forming processes[J]. Journal of materials processing technology, 2008, 206(1-3): 78-82.

[4] Liu W C, Wu G H, Zhai C Q, et al. Grain refinement and fatigue strengthening mechanisms in as-extruded Mg-6Zn-0.5Zr and Mg-10Gd-3Y-0.5Zr magnesium alloys by shot peening [J]. International Journal of Plasticity, 2013, 49(10): 16-35.

[5] Pfeiffer W, Frey T. Strengthening of ceramics by shot peening[J]. Journal of the European Ceramic Society, 2006, 26(13): 2639-2645.

[6] GariéPy A, Larose S, Perron C, et al. On the effect of the peening trajectory in shot peen forming[J]. Finite Elements in Analysis and Design, 2013, 69: 48-61.

[7] Vanluchene R D, Johnson J, Carpenter R G. Induced stress relationships for wing skin forming by shot peening[J]. Journal of materials engineering and performance, 1995, 4(3): 283-290.

[8] Vanluchene R D, Cramer E J. Numerical modeling of a wing skin peen forming process[J]. Journal of materials engineering and performance, 1996, 5(6): 753-760.

[9] Russig C, Bambach M, Hirt G, et al. Shot peen forming of fiber metal laminates on the example of GLARE[J]. International Journal of Material Forming, 2014, 7(4): 425-438.

[10] Carey C, Cantwell W J, Dearden G, et al. Towards a rapid, non-contact shaping method for fibre metal laminates using a laser source[J]. The International Journal of Advanced Manufacturing Technology, 2010, 47(5): 557-565.

[11] Hu Y X, Zheng X W, Wang D Y, et al. Application of laser peen forming to bend fibre metal laminates by high dynamic loading[J]. Journal of Materials Processing Technology, 2015, 226: 32-39.

[12] 曾元松, 黄遐, 李志强. 先进喷丸成形技术及其应用与发展[J]. 塑性工程学报, 2006, 13(3): 23-29.

[13] 李淑明, 刘贤锋, 胡永会. 7075 铝合金表面喷丸残余应力松弛的实验研究[J]. 热加工工艺, 2013, 42(14): 27-30.

[14] 赵远兴, 刘道新, 关艳英, 等. 陶瓷丸喷丸对 2024HDT 铝合金疲劳性能的影响[J]. 兵器材料科学与工程, 2014, 37(4): 15-20.

[15] Champaigne J. The Almen gage and Almen strip [J]. The Shot Peener, 1990, 4(1): 1-3.

[16] Champaigne J. Almen strip comparison[J]. The Shot Peener, 1996, 10(4): 9-13.

［17］ 李华冠. 玻璃纤维-铝锂合金超混杂复合层板的制备及性能研究［D］. 南京：南京航空航天大学，2016.

［18］ Li J K，Yao M，Wang D，et al. An analysis of stress concentrations caused by shot peening and its application in predicting fatigue strength［J］. Fatigue and Fracture of Engineering Materials and Structures，1992，15(12)：1271-1279.

［19］ Chakrabarty J. Applied plasticity［M］. New York：Springer，2000.

［20］ Guagliano M，Vergani L. An approach for prediction of fatigue strength of shot peened components［J］. Engineering Fracture Mechanics，2004，71(4)：501-512.

［21］ Pariente I F，Guagliano M. About the role of residual stresses and surface work hardening on fatigue ΔK th of a nitrided and shot peened low-alloy steel［J］. Surface and Coatings Technology，2008，202(13)：3072-3080.

［22］ Chahardehi A，Brennan F P，Steuwer A. The effect of residual stresses arising from laser shock peening on fatigue crack growth［J］. Engineering Fracture Mechanics，2010，77(11)：2033-2039.

［23］ Wilson G S，Alderliesten R C，Benedictus R. A generalized solution to the crack bridging problem of fiber metal laminates［J］. Engineering Fracture Mechanics，2013，105：65-85.

［24］ Elber W. Fatigue crack closure under cyclic tension［J］. Engineering Fracture Mechanics，1970，2(1)：37-45.

［25］ Elber W. The significance of fatigue crack closure［M］. West Conshohocken：ASTM International，1971.

［26］ Parry M R，Syngellakis S，Sinclair I. Numerical modelling of combined roughness and plasticity induced crack closure effects in fatigue［J］. Materials Science and Engineering：A，2000，291(1)：224-234.

［27］ Gray G T，Williams J C，Thompson A W. Roughness-induced crack closure：an explanation for microstructurally sensitive fatigue crack growth［J］. Metallurgical Transactions A，1983，14(2)：421-433.

［28］ Venkateswararao K T，Yu W，Ritchie R O. Fatigue crack propagation in aluminum-lithium alloy 2090：Part I. long crack behavior［J］. Metallurgical Transactions A，1988，19(3)：549-561.

［29］ 胡玉冰. Ti /CF/PMR 聚酰亚胺超混杂层板的制备及性能研究［D］. 南京：南京航空航天大学，2017.

第 *10* 章
GLARE复合管液压成形技术

10.1 概　　述

在高效率、低成本、柔性化为制造目标的需求下，航空航天、汽车等领域的零件设计向大尺寸、薄壁、深腔、复杂曲面以及难变形材料方向发展。液压成形技术由于具有成形极限高、道次少、尺寸精度高、工艺可控、制造成本低等优点，在高精度、复杂形状、薄壁曲件的成形方面显示出巨大的潜力，并成为塑性加工领域的研究热点之一。该技术采用液体介质(油、水和特殊流体介质)代替刚性模具传递载荷，使材料在液体介质的压力作用下贴靠冲头或凹模，通过控制流体介质的压力和压边力使板材成形为所需形状的曲面零件。液压成形分为管材液压成形(tube hydroforming)、板材液压成形(sheet hydroforming)和壳体液压成形(shell hydroforming)。其中管材液压成形技术又称内高压成形技术，是近30年才发展起来的一项新技术。由于其成形的构件质量轻、产品质量好、产品设计灵活、工艺过程简捷，同时又具有近净成形与绿色制造等特点，因此，在航空航天、汽车等领域中获得了广泛的应用[1-3]。图 10.1 为单金属管液压成形工艺示意图。

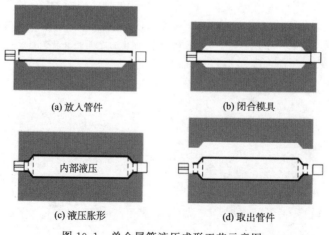

(a) 放入管件　　　　　　　　　　(b) 闭合模具

(c) 液压胀形　　　　　　　　　　(d) 取出管件

图 10.1　单金属管液压成形工艺示意图

与滚弯成形、喷丸成形类似，FMLs 类材料也可通过液压成形技术进行成形，但与金属材料的液压成形相比存在诸多不同之处。首先，液压成形一般用于复杂零件的成形，变形量大。由于纤维破坏应变的限制，FMLs 需在树脂未固化时进行液压成形，或基于热塑性树脂，进行热成形。其次，FMLs 的金属层一般仅为 0.2～0.5mm，对液压站的最大输出压力要求很低，但对液压装备的控制精度有更高的要求。此外，在对 FMLs 进行液压成形的工艺设计时，需着重考虑纤维的补料及移动方向，并关注成形过程中 FMLs 金属层与纤维层可能产生的损伤。

本书第 7、8、9 章介绍了 FMLs 板材的成形方法及特征，在本章中即以玻璃纤维-铝合金层状复合管（简称"GLARE 复合管"）为例，探讨液压成形技术在 FMLs 中的应用问题。

GLARE 复合管具有良好的抗冲击性能的特点，可用于飞行器的着陆缓冲、飞机耐撞结构、汽车车身的撞击防护、空投物资的防护等；同时，因其具有优良的耐腐蚀性能，可广泛应用于化工领域。但 GLARE 复合管的制造难度较高。代尔夫特理工大学曾采用内旋压技术制备此类复合管，但效率低，旋轮高速旋转易造成管材发生失稳，导致纤维排布和内外管壁厚分布不均。而液压胀接，作为液压成形技术中的重要组成部分，则可更好地实现 GLARE 复合管的制备。

液压胀接，即管状零件的液压胀形连接工艺，其原理[4]是在金属管的内部施加胀形压力，使管材径向扩张至管板的内表面，这一阶段，金属管发生塑性变形。随着管内部胀形压力继续增加，管材继续发生塑性扩张，此时外管内壁受压也开始发生弹性变形继而产生局部塑性变形。当内部胀形压力卸载以后，内外管由液压引起的弹性变形部分同时发生回弹，如果外管的可回弹变形量大于内管的回弹变形量，则内外管间将产生残余应力，利用这些残余应力来达到内外管紧固连接的目的。

目前，对于管状零件之间的胀形主要是利用内外管的弹塑性变形量差异来实现二者的紧密结合。其具有以下特点[5,6]。

（1）结构设计更加灵活。与传统的拼焊工艺相比，液压胀接可以实现复杂管材的整体成形。

（2）液压作用力均匀稳定，胀接效果好。液压胀接属于机械胀接，成形后不再涉及焊接工序，以液体为介质传递压力使工件受力均匀，能够有效抑制成形工件的热变形和回弹，使得工件尺寸比较精确、稳定。

（3）节约材料，减少能耗。液压成形工件的强度、刚度比传统焊接高，并且液压成形件属整体成型，减少后续加工和组装焊接量，质量较轻。

（4）成形质量好，生产成本低。使用液压成形的管材比采用冲压方式生产的构件，模具费用和成本费用都大大下降。

10.2　GLARE复合管液压胀接工艺的理论计算

10.2.1　液压胀接原理

　　GLARE复合管的液压胀接是在复合管未固化前，通过内外管发生不同变形产生的残余应力来实现胀接的一种机械连接方法。基本原理是：通过左右冲头对内管进行密封，高压液体经冲头进入内管，在液压的作用下使其发生塑性变形，而外管仅发生弹性变形；当压力卸载后，内外管发生回弹，因回弹量不同，外管的回弹受到内管的阻碍将保留部分残余形变，通过残余应力实现内外管的胀接[7]。

　　由于内外两层金属管之间需铺设预浸料，因此在内外两层管间要留有足够的间隙δ。内管内部受到加载压力P_i，随着压力的增大，内管首先发生弹性变形，当液压达到内管的屈服极限时，开始发生塑性变形，直至内管与预浸料层之间的间隙$\delta=0$。由于预浸料层尚未固化，在胀接过程中只起传递载荷作用，随着液压的不断增大，外管在接触压力的作用下，开始发生弹性变形，在外管不发生塑性变形和内管不胀破的条件下尽量提高液压，最大压力为P_{imax}，此时外管内壁的径向位移量为δ_1。卸载后，由于内管发生的是弹塑性变形，其外壁的回弹量要小于外管内壁的回弹量，外管内壁的回弹量为δ_2，内外管的残余应力使得它们之间实现胀接[8]。其主要过程如图10.2所示。

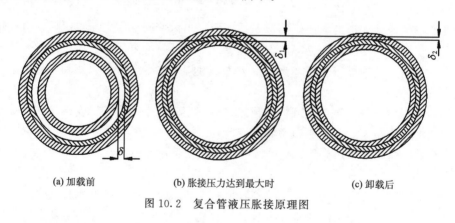

(a) 加载前　　　　　(b) 胀接压力达到最大时　　　　　(c) 卸载后

图10.2　复合管液压胀接原理图

10.2.2　内外管性能差异对胀接过程的影响

　　内外两层管能否实现胀接，不仅取决于加载压力的大小，还与内外管的材料性能有重要关系。研究表明[9]，当内外两层管拉伸弹性模量的比值大于或等于内外两层管屈服强度的比值时，方可实现液压胀接。

$$\frac{E_i}{E_0} \geqslant \frac{\sigma_{si}}{\sigma_{s0}} \tag{10.1}$$

式中，E_i 为内管的拉伸弹性模量；E_0 为外管的拉伸弹性模量；σ_{si} 为内管的屈服强度；σ_{s0} 为外管的屈服强度。

1）内外管材料的强度相同

若内外管和预浸料层之间无间隙，如图 10.3(a)所示。卸载时内外管都要发生回复，由于内管外壁和外管内壁应力大小相同均为 σ_1，则内管外壁和外管的内壁的回复量相同，即 $\varepsilon_1 - \varepsilon_i = \varepsilon_1 - \varepsilon_0$，无法实现胀接。

若胀接前内管外壁与预浸料层间有间隙，如图 10.3(b)所示，则由于间隙的存在，外管的应力-应变曲线起点向右移。胀接过程中，内管首先发生变形，当变形量为 ε_0 时，内外管壁与预浸料分别接触，外管内壁开始发生弹性变形。在之后的变形中，内外两层管一起变形，当内管的总变形量为 ε_1 时，外管的变形量为 $\varepsilon_1 - \varepsilon_0$。由于内管的变形量大于外管，并且两者的强度相同，所以，变形结束后内管的应力大于外管，即 $\sigma_i > \sigma_0$。卸载后，内外两层管的弹性回复量不同，内管由于发生塑性变形，其外壁的尺寸回复程度大于外管内壁，即 $\varepsilon_1 - \varepsilon_i > \varepsilon_1 - \varepsilon_0$，即内管与预浸料层间存在间隙，无法实现胀接。

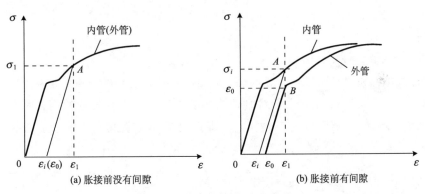

图 10.3　管材的应力-应变曲线

由以上分析可知，当内外两层管材的拉伸弹性模量和强度相同时，采用液压胀接的方法无法实现内外两层管和中间预浸料层的紧固胀接。

2）内管强度比外管低

若内外管和预浸料层之间无间隙，其应力-应变曲线如图 10.4(a)所示。卸载后内外管都要发生回复，内管的回复量为 ε_1，则外管可回复的变形量为 $\varepsilon_1 > \varepsilon_1 - \varepsilon_i$，因此内管外壁的回复量小于外管内壁的弹性回复量，可以实现三者之间的胀接。其紧固程度取决于 ε_i 的大小，而 ε_i 的大小取决于内外两层管材的强度差 $(\sigma_0 - \sigma_i)$，强度差越大就意味着连接面上的接触压力越大，胀接强度越高。

若内外管和预浸料层之间有间隙，其应力-应变曲线如图 10.4(b)所示。内管外壁的应变值比外管内壁的应变值大，其差值为内管与预浸料间的间隙 ε_0，由图中可以看出，变形结束后外管的应力仍然大于内管的应力，卸载后外管的回复量为 $\varepsilon_1 - \varepsilon_0$，内管的回复量为 $\varepsilon_1 - \varepsilon_i$，由于 $\varepsilon_1 - \varepsilon_i < \varepsilon_1 - \varepsilon_0$，因此外管内壁的回弹量大于内管，接触面上将会有残余应力，可以实现它们之间的连接。胀接的紧固程度取决于回弹量的差值，即 $\varepsilon_i - \varepsilon_0$，差值越大，残余应力越大，胀接强度越高。

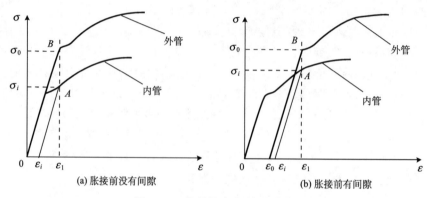

图 10.4　管材的应力-应变曲线

3）内管强度比外管高

若内外管和预浸料层之间无间隙时，如图 10.5(a)所示。液压加载时，内外管的变形量相同为 ε_1，卸载后因内管的强度高于外管，其内壁的回弹程度大于外管的回弹程度，则 $\varepsilon_1 - \varepsilon_0 > \varepsilon_1 - \varepsilon_i$，即内管与预浸料间仍有间隙，无法实现胀接。

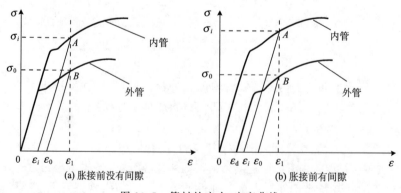

图 10.5　管材的应力-应变曲线

若内外管和预浸料层之间有间隙，如图 10.5(b)所示。内管可回复的变形量大于外管，即 $\varepsilon_1 - \varepsilon_i > \varepsilon_1 - \varepsilon_0$，无法实现胀接。

10.2.3　液压胀接过程的理论分析

内压是液压胀接过程中的关键参数，决定胀接能否成功。内压过小，胀接强度低，内压太大，管材发生破裂，或者因为外管发生塑性变形，反而使胀接强度下降。因实验中管材的长度远大于壁厚和管径，在成形过程中，外管仅发生弹性变形，因此内外管对胀接结果影响很小。假定胀接所选用的管材皆为理想弹塑性材料，忽略管材内壁上的压力，只考虑轴向应力和环向应力，则可认为管材处于平面应力状态，遵循 Von Mises 屈服准则。整个胀接过程其实就是内管在液压的作用下首先发生弹性变形，外管不受力的作用，当内管与预浸料层的间隙消除，三者实现连接，此时内管发生塑性变形，而外管也在液压作用下开始发生弹性变形，卸载后，内外管都要发生弹性回复，依靠内外管弹性回复量的不同导致接触面存在的残余应力来实现紧固连接。

在分析过程中，假定内管内半径为 r_i，外半径为 r_0，所受到的内压为 p_i，泊松比为 u_i，拉伸弹性模量为 E_i；外管内半径为 R_i，外半径为 R_0，所受到的内压为 p_i，泊松比为 u_0，拉伸弹性模量为 E_0。

从材料力学的角度进行分析，圆管在内压 p_i 的作用下将产生 2 个方向的应力：一是由于内压作用使管材向外均匀膨胀，在圆周的切向方向产生拉应力，称为"环向应力"，用 σ_θ 表示；二是沿壁厚方向的应力，称为"径向应力"，用 σ_r 表示。

根据拉梅公式[10]，受内压作用时内管的应力分量和位移分量计算公式分别为

$$\begin{cases} \sigma_r = \dfrac{p_i r_i^2}{r_0^2 - r_i^2}\left(1 - \dfrac{r_0^2}{r^2}\right) \\[3mm] \sigma_\theta = \dfrac{p_i r_i^2}{r_0^2 - r_i^2}\left(1 + \dfrac{r_0^2}{r^2}\right) \end{cases} \tag{10.2}$$

$$u_r = \frac{p_i r_i^2}{E_i(r_0^2 - r_i^2)}\left[(1 + u_i)\frac{r_0^2}{r} + (1 - u_i)r\right] \tag{10.3}$$

式中，σ_r、σ_θ 在内壁处压应力和拉应力都最大，所以内壁处 $(\sigma_\theta - \sigma_r)$ 最大；内管内壁首先发生屈服，当 $\sigma_\theta - \sigma_r = \dfrac{2}{\sqrt{3}}\sigma_{si}$ 时，内管的内壁开始发生塑性变形。因内管受压最大，最早达到屈服极限，即 $r = r_i$，内管的极限压力为

$$p_{ei} = \frac{\sigma_{si}}{\sqrt{3}}\left(1 - \frac{r_i^2}{r_0^2}\right) \tag{10.4}$$

式中，σ_{si} 为内管的屈服极限，当加载压力 $p > p_{ei}$ 时，内管内壁首先发生塑性变形并随着液压的增大，其塑性区向外壁扩展，靠近内壁处为塑性区，靠近外壁处为弹性区。

设 p_e 为塑性变形层对弹性变形层沿径向的作用压力，r_e 为塑性区与弹性区的分界圆半径。

1）内管塑性变形区的受力分析

内管半径处于 $r_i < r < r_e$ 的区域都发生塑性变形，可以把这部分看作是内半径为 r_i，外半径为 r_e，受内压为 p_i、外压为 p_e 的塑性管。因为内外管都属于弹塑性材料，应该要满足 Mises 屈服判据方程和微元平衡方程，即

$$\sigma_\theta - \sigma_r = \frac{2}{\sqrt{3}}\sigma_{si} \tag{10.5}$$

$$\sigma_\theta - \sigma_r = r\frac{\mathrm{d}\sigma_r}{\mathrm{d}r} \tag{10.6}$$

将屈服条件代入平衡方程，并进行积分可得

$$\sigma_r = \frac{2}{\sqrt{3}}\sigma_{si}\ln r + A \tag{10.7}$$

式中，A 为积分常数，当 $r = r_i$ 时，$\sigma_r = -p_i$，根据此边界条件可以得到 $A = -\frac{2}{\sqrt{3}}\sigma_{si}\ln r_i - p_i$，将 A 的表达式代入式（10.7），再利用屈服判据方程求出 σ_θ，则塑性区的应力分量表达式为

$$\begin{cases} \sigma_r = \dfrac{2}{\sqrt{3}}\sigma_{si}\ln\dfrac{r}{r_i} - p_i \\[2mm] \sigma_\theta = \dfrac{2}{\sqrt{3}}\sigma_{si}\left(1 + \ln\dfrac{r}{r_i}\right) - p_i \end{cases} \tag{10.8}$$

由式（10.8）可以看出，当 p_i 确定，σ_r 和 σ_θ 也就确定，即可求出塑性区的应力分量。

2）内管弹性变形区的受力分析

内管半径处于 $r_e < r < r_0$ 的部分处于弹性变形区阶段，同样地，该区看作内半径为 r_e，外半径为 r_0，受内压 p_e 作用的圆管。

因弹性区与塑性区是同一连续体，其分界处的径向应力相等，在弹性区，当 $r = r_e$，$\sigma_e|_{r=r_e} - \sigma_r|_{r=r_e} = \frac{2}{\sqrt{3}}\sigma_{si}$，得

$$p_e = \frac{\sigma_{si}}{\sqrt{3}}\left(1 - \frac{r_e^2}{r_0^2}\right) \tag{10.9}$$

而在塑性区 $\sigma_r\mid_{r=r_e}=-p_e$，由 Mises 屈服判据方程和微元平衡方程可以求出弹性区内壁的压力 p_e：

$$p_e=p_i-\frac{2}{\sqrt{3}}\sigma_{si}\ln\frac{r_e}{r_i} \tag{10.10}$$

联立式(10.9)和式(10.10)得

$$p_i=\frac{2}{\sqrt{3}}\sigma_{si}\ln\frac{r_e}{r_i}+\frac{\sigma_{si}}{\sqrt{3}}\left(1-\frac{r_e^2}{r_0^2}\right) \tag{10.11}$$

当内压不断增大，塑性变形区不断扩大，弹性变形区不断缩小。当内管全部进入塑性变形的边界压力 p_{ex} 为

$$p_{ex}=p_i\mid_{r_e=r_0}=\frac{2}{\sqrt{3}}\sigma_{si}\ln\frac{r_0}{r_i} \tag{10.12}$$

3) 内管受内压时径向位移量的计算

将 $r=r_0$ 代入式(10.3)，则内管外壁的径向位移为

$$u_{r0}=\frac{2r_0r_i^2p_i}{E_i(r_0^2-r_i^2)} \tag{10.13}$$

取 $r_i=r_e$，$p_i=p_e=\dfrac{\sigma_{si}}{\sqrt{3}}\left(1-\dfrac{r_e^2}{r_0^2}\right)$，将其代入弹性区的应力分量表达式，可得内管外壁的位移量为

$$u_{r0}=\frac{2\sigma_{si}r_e^2}{\sqrt{3}E_ir_0} \tag{10.14}$$

当 $r_e=r_i$ 时，内管只发生弹性变形，其外壁的径向位移为

$$u_{r0}=\frac{2\sigma_{si}r_i^2}{\sqrt{3}E_ir_0} \tag{10.15}$$

当 $r_e=r_0$ 时，内管完全处于塑性变形，其外壁的径向位移为

$$u_{r0}=\frac{2\sigma_{si}r_0}{\sqrt{3}E_i} \tag{10.16}$$

通过计算，不仅可以求出内管完全进入塑性变形，外壁的径向位移，同时，也可求得实现胀接内管与预浸料层的最小间隙。

4) 内外管同时变形时的应力分析

当内管与预浸料接触后继续增加内压，内外管同时发生变形，内管继续发生塑性变形，外管则发生弹性变形也可能发生塑性变形。忽略预浸料层的影响，接触压力与内管外壁和外管内壁相同，又知道 $\sigma_r\mid_{r=R_i}=-p_e$，则接触压力为

$$p_d=-\sigma_r\mid_{r=r_0}=p_i-\frac{2}{\sqrt{3}}\sigma_{si}\ln\frac{r_0}{r_i} \tag{10.17}$$

研究表明，实现内外管的最佳胀接效果就要将外管的变形控制在弹性范围内。设外管的内半径为 R_i，外半径为 R_0，R 为外管内任一点处的半径，泊松比为 u_0，拉伸弹性模量为 E_0，所受到的内压为 p_d。

根据 Mises 屈服准则，当 $p_d = \dfrac{\sigma_{s0}}{\sqrt{3}}\left(1 - \dfrac{R_i^2}{R_0^2}\right)$ 时，外管内壁开始发生塑性变形，其中，σ_{s0} 为外管的屈服极限，则外管达到弹性极限的压力为

$$p_{e0} = \frac{\sigma_{s0}}{\sqrt{3}}\left(1 - \frac{R_i^2}{R_0^2}\right) \tag{10.18}$$

式中，p_{e0} 为外管的弹性极限内压。

所以，为了获得良好的胀接效果，应该要尽量增大外管的弹性变形量，以获得更大的残余弹性变形量，同时控制外管不发生塑性变形。

5) 内外管压力卸载后的弹性回复阶段的应力分析

压力卸载后，内外管都要发生不同程度的回弹。对于内管，胀接压力为 p_i，卸载后内压为 0，因为预浸料层极为柔软，假定其卸载后的应力为 0，而外管卸载前的接触压力为 p_d，卸载后为 p_d'，p_d' 为内外管间的残余应力，即卸载压力为 $p_d - p_d'$。

假定卸载后，内外管材与预浸料层仍然接触，忽略预浸料层的变化，则内外管径向的回复量相同，即

$$\Delta u_{r0} = \Delta u_{R_i} \tag{10.19}$$

整理内管的弹性回复量和外管的弹性回复量，可得残余压力为

$$p_d' = (1 - 2c)\, p_i - \frac{2}{\sqrt{3}}\sigma_{si}\ln\frac{r_0}{r_i} \tag{10.20}$$

式中，c 是与内外管材料、几何尺寸相关的常量，其值为

$$c = \left\{1 + u_i + \frac{r_0^2}{r_i^2}(1 - u_i) + \frac{E_i\left(\dfrac{r_0^2}{r_i^2} - 1\right)}{E_0\left(\dfrac{R_0^2}{R_i^2} - 1\right)}\left[1 - u_0 + \frac{R_0^2}{R_i^2}(1 + u_i)\right]\right\}^{-1} \tag{10.21}$$

式(10.21)中，$p_d' = 0$ 时，内管与外管正好消除间隙，此时的压力为最小胀接压力，即

$$p_{i\min} = \frac{2\sigma_i}{\sqrt{3}}\ln\frac{r_0}{r_i}\Big/(1 - 2c) \tag{10.22}$$

当 $R_c = R_0$，则得到外管不发生塑性变形的最大胀接压力为

$$p_{i\max} = \frac{2}{\sqrt{3}}\sigma_i \ln\frac{r_0}{r_i}/(1-2c) + \frac{2}{\sqrt{3}}\sigma_0 \ln\frac{R_0}{R_i} \tag{10.23}$$

若内管采用 2024-O 态铝合金，$r_i = 48\text{mm}$，$r_0 = 25\text{mm}$，$E_i = 81.11\text{GPa}$，$u_i = 0.33\text{MPa}$，$\sigma_i = 81.11\text{MPa}$，外管采用 2024-T3 态的铝合金，$R_i = 27\text{mm}$，$R_0 = 28\text{mm}$，$E_0 = 82.50\text{GPa}$，$u_i = 0.33\text{MPa}$，$\sigma_0 = 385\text{MPa}$。代入式（10.21）得 $c = 0.226$；$p_{i\min} = 9.63\text{MPa}$，$p_{i\max} = 25.20\text{MPa}$。所以成形时应控制液压 $p_{i\min} < p_i < p_{i\max}$。由式（10.12）求得使得内管完全进入塑性变形的内压为 4.9MPa，其内壁的位移量为 0.0364mm，考虑到中间还有一层预浸料，要留足够的间隙，因此采用外径为 56mm、壁厚为 1mm 的铝合金复合管进行有限元模拟。

10.3　GLARE 复合管液压胀接的有限元仿真

复合管胀接是一个复杂的过程，涉及材料非线性、几何非线性、边界条件等一系列问题，且影响成形的因素众多。在实际成形中，整个胀接过程在模具中进行，很难进行实时准确的观察和分析。而有限元模拟可以反映整个成形过程的情况，并可以较为准确地给出成形过程中的壁厚及应力分布，预测成形缺陷，便于调整加载压力和加载曲线以优化工艺参数。通过该方法，可有效提高研发效率、降低开发成本。

在复合管胀接过程中，加载路径的选择和优化最为重要。合理的加载路径不仅可以减少或避免起皱、折叠、破裂等成形缺陷，获得合格的成形件，还可提高成形件的刚度和强度，改善零件的成形性。故在 GLARE 复合管胀接工艺的有限元仿真中，特别需要对加载路径进行合理的优化。

10.3.1　弹塑性本构关系

1）本构关系

由复合材料变形的特征和液压胀接管材的工艺特点可知，液压胀接 GLARE 复合管在材料的成形过程中要综合考虑塑性变形、弹性变形、材料的非线性和几何非线性等方面的问题，在力学上是一个相当复杂的过程。本节金属材料的本构关系采用弹塑性模型。

2）屈服准则

屈服准则是描述不同应力状态下，变形体内某点由弹性状态进入塑性状态及塑性变形状态持续进行所必须遵守的条件。作者采用满足各向异性弹塑性的材料模型进行有限元数值分析，并选用 Von Mises 屈服准则，其表达式如下：

$$\sigma_i = \frac{1}{\sqrt{2}}\sqrt{(\sigma_1-\sigma_2)^2+(\sigma_2-\sigma_3)^2+(\sigma_3-\sigma_1)^2} = \sigma_s \qquad (10.24)$$

式中，σ_i 为等效应力；σ_1、σ_2、σ_3 为三个主应力分量；σ_s 为材料的屈服强度。

3）Dynaform 软件

Dynaform 软件是专用于板料成形数值模拟的软件，其将 LS-DYNA 求解器与 ET3A/FEMB 结合，是目前板料成形与模具设计中最为常用的 CAE 工具之一。LS-DYNA 采用的有限元分析程序是以通用显示为主，隐示为辅，本章进行管材成形首先采用动力显式算法对成形过程进行数值模拟，而回弹属于小变形非线性问题，板料内应力的释放是个准静力的过程，因此选用静力隐式算法。

采用 Dynaform 进行钣金成形模拟分析的过程如图 10.6 所示。

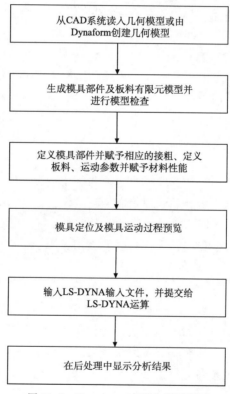

图 10.6　Dynaform 成形分析流程图

10.3.2　有限元模型的建立

采用 CAD 软件 SOLIDWORKS 建立管材和模具的三维实体模型，并将零件中性层曲面模型导入 Dynaform 软件中。采用动力显示有限元来模拟管材液压胀接过程，并利用该软件对整个管材的胀接过程进行数值模拟和优化。

　　Dynaform 软件的前处理不支持实体建模，因此借助 CAD 软件 SolidWorks 建立管材和模具的三维实体模型(图 10.7)。其中，模具采用拉拔工具成形，而管材采用拉伸曲面工具，画出其中性面的圆再经拉伸成形。将模型以 IGES. 格式导入 Dynaform 中，并在 Dynaform 中完成网格的划分，其有限元模型如图 10.8 所示。由图 10.7 可知，复合管液压胀接的有限元模型主要由内外两层管、中间的预浸料层以及上、下模组成。为减少运算量，本书简化了材料模型，将两端冲头略去，在胀接过程中不考虑管端密封问题。

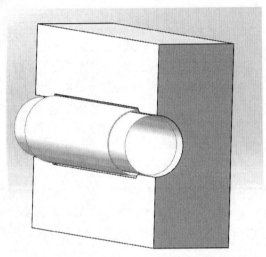

图 10.7　采用 SOLID WORKS 建立的 GLARE 复合管及其模具三维图

图 10.8　GLARE 复合管的有限元模型

10.3.3　单管胀形的数值模拟

对于单管的成形，采用 SOLID WORKS 建立三维立体模型，导入 Dynaform 中进行数值模拟。单管结构简单，其胀形过程的计算量相对较小，为提高计算的精度，采用 Part Mesh 进行网格划分，最小网格尺寸为 2mm。

2024 作为一种高强铝合金，后续进行胀接实验的内外管拟采用旋压技术制备，但根据管径的不同，进行旋压时都需要进行模具的设计；在获得旋压的内管后(外径 50mm)，也可考虑先通过液压胀形的方法，直接胀形出外管，即目标尺寸为内径 55mm 的管材。

通过改进模具尺寸和液压加载曲线，最后设计模具中间胀形部分直径为 56mm，当加载压力为 11MPa 时获得成形效果较好，经过回弹处理后，中性面层直径稳定在 55mm。中间胀形部分的减薄率稳定在 10%，两端变形量小，相应的减薄率也较低。从中间到胀接部分的两端总位移略有增大，但仍属于 10^{-2}mm 数量级，在误差允许范围内，可以认为其管径的变化量是均匀的。

10.3.4　复合管液压胀接数值模拟

本节重点对复合管胀接过程的加载路径进行数值模拟。

如图 10.9 所示，采用恒压加载的方式，成形后管材等效应力分布不均匀，外管的残余等效应力分布不均匀。回弹后内管的残余应力相对稳定，而外管的残余等效应力值沿轴向分布变化较大，在中间部分应力值相对较低，复合管成形效

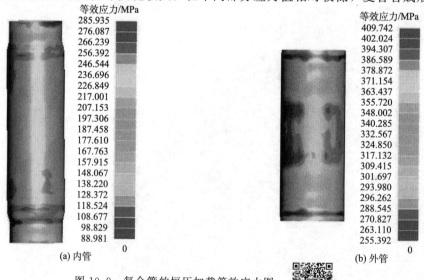

图 10.9　复合管的恒压加载等效应力图

果差。本书采用变压加载的方式探索加载路径对复合管胀接工艺的影响规律，在此基础上进一步优化加载路径，提高复合管的胀接质量。

　　为了在保证管材成形质量的同时，能够进一步提高复合管的胀接强度，则应当在内管的强度极限范围内尽可能提高外管的弹性变形量。液压胀形过程分为加载、保压、整形三个阶段，实验中一般通过保压和整形阶段来使得管材变形更为充分。对于三个阶段都采用一次性函数加载，其具体实施过程如图 10.10 所示。

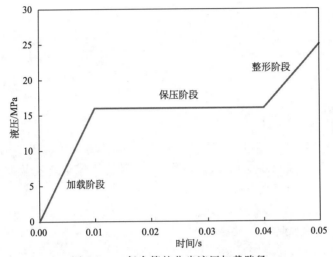

图 10.10　复合管的分步液压加载路径

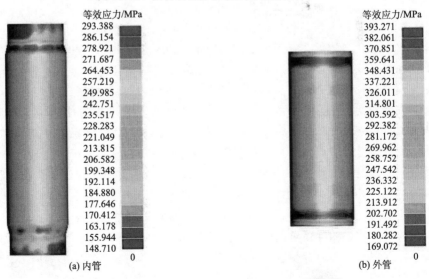

(a) 内管　　　　　　　　　　　　(b) 外管

图 10.11　复合管的分步液压加载等效应力图

经过数值模拟发现，采用此种加载路径能够大大改善应力分布不均的状况。在胀接部分，内外管的残余等效应力分布均匀，内管的残余等效应力高于外管的等效应力(图 10.11)。此时内管的等效应力大于逐步加载时内外管的残余等效应力，与采用恒压加载时的成形结果相比较，管材整体的应力分布更为均匀，尤其是外管中间部分的等效应力分布不均的现象大大改善。采用分步加载的方法结合了恒压加载和逐步加载两种方法的成形优点，不仅成形后内外管残余等效应力和壁厚分布均匀，且胀接强度高，整体成形效果较好。

10.4 GLARE复合管液压胀接工艺研究

10.4.1 液压胀接的工艺过程

1. 液压胀接工艺的模具设计

在制备复合管时，首先需开展模具设计，该模具应具有以下作用。

(1) 复合管在进行液压胀接过程中，液压填充内层铝合金管并提供较大压力，需通过模具对铝合金管进行密封。

(2) 模具型腔尺寸需根据实验要求设定，以控制复合管的胀接量，防止复合管的胀接变形量过大而导致破裂。

(3) 复合管在胀接过程中铝合金管的内部液体压力大于 20MPa，模具需保障合模的安全性，保障设备及实验者的安全。

根据模具的工作条件，对模具材料的选择有一定要求。实验中模具的工作环境是在室温下，因此无需考虑温度的影响。复合管液压胀接的液体压力往往大于 20MPa，在实验过程中模具需要长时间地承受较大的工作压力，冲头处受到的作用力可能更高，因此需要选择一种能承受这种压力作用的材料。通常模具材料的选择需要满足以下几种要求：具备良好的强度以及刚度，韧性好，耐磨性优良，具有良好的切削性能以及机械加工性能，易于被加工，尺寸稳定性高。

密封性是模具设计中一个重要影响因素，由于液压胀接所需的压力较大，因此提高模具的密封性能十分必要。作者采用在冲头头部设置倒角的方式进行密封。在模具冲头的头部设置一个倒角，在冲头头部的直径应小于复合管中内层铝合金管的内径，而冲头的直径与型腔的直径相同，如图 10.12 所示。

模具型腔中的圆角对成形过程也存在着一定的影响，如果模具中的圆角半径太小，在成形过程中容易造成应力集中的现象，影响复合管成形的质量。因此在模具上的相应位置需要设计大小合理的圆角，根据实验所需的模具型腔尺寸要求，在型腔内部的相应位置设置内部圆角半径为 3.8mm。另外，在模具制造过程中要严格保证型腔内部的表面质量。图 10.13 给出了所设计的模具。

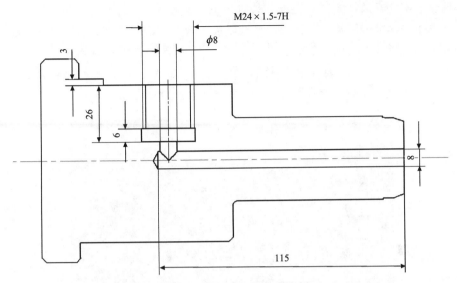

图 10.12　冲头形状示意图(单位：mm)

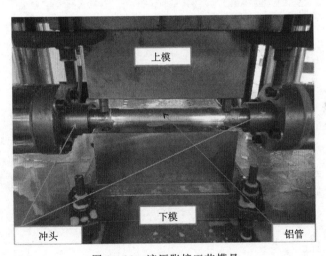

图 10.13　液压胀接工艺模具

2. 原材料性能优化

复合管中含有铝合金层与纤维层的界面结构，界面性能直接影响 GLARE 复合管的力学性能，因此在复合管进行液压胀接之前，需要对铝合金管进行热处理以及表面处理。对铝合金管进行热处理的目的是改善铝合金管的机械加工性能，消除铝合金管上的残余应力，提升其塑性变形能力。

本书采用磷酸阳极氧化法进行铝合金表面处理，提高界面结合强度，并研究优化了阳极氧化时间。实验结果表明，铝合金管最佳阳极氧化时间为 $22\sim23\text{min}$。对于外管，阳极氧化的目标表面是其内表面，而内管的阳极氧化目标表面是其外表面。外铝合金管阳极氧化过程如图 10.14 所示。

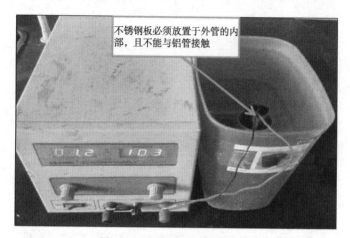

图 10.14　外管阳极氧化过程

3. 液压胀接工艺的优化

1) 复合管液压胀接中加载压力的优化

实验中均采用数值模拟中确定的分步加载的方式，成形后内外管残余等效应力和壁厚分布均匀，且胀接强度高，整体成形效果较好。通过单管液压胀接内压的优化实验确定内管液压胀接的最佳压力是 $10\sim12\text{MPa}$，与数值模拟结果 11MPa 较为一致。

复合管的液压胀接内部压力优化实验确定最佳压力值为 $20\sim25\text{MPa}$，在此压力水平下，铝合金管和预浸料的物理结合处于最佳水平。若压力增加超过最佳值，成形成功率低。过大的压力会导致破坏，如图 10.15 所示。

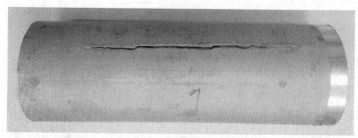

图 10.15　复合管胀形失效

2）复合管液压胀接中加载路径的优化

加载压力进给方式直接影响 GLARE 复合管的液压成形性能。图 10.16 显示了低压和高压下进给次数对成形的影响。结果表明，三次进给的性能优于单阶进给。在高压下，铝合金管多在隆起区的中心发生爆裂，如图 10.16(b)所示。

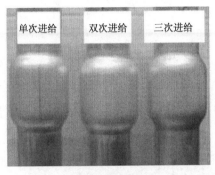

(a) 低压优化加载路径

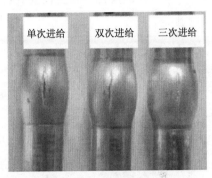

(b) 高压加载路径

图 10.16　内管液压成形

复合管液压成形的另一个重要参数是冲头的进给速度，冲头的进给速度对成形起到至关重要的作用。必须根据材料性能、冲头设计等工艺参数对进给速度进行优化。当冲头的进给速度大于 15mm/s 才会出现褶皱，进给速度在 5～8mm/s 时成形更佳。

此外，铝合金管横截面的质量也会影响复合管液压成形性能。铝合金管的横截面区域必须光滑，铝合金管的横截面经抛光和清洗后，失效的发生率降低，如图 10.17 所示。

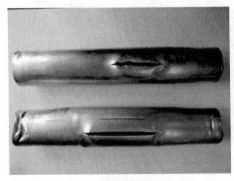

(a) 粗糙横截面

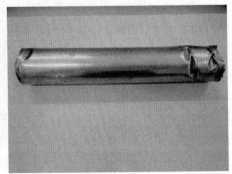

(b) 光滑横截面

图 10.17　管液压成形过程中破裂和褶皱

经过优化实验，确定复合管液压胀接的工艺参数如下：单管液压胀接中内部压力为 11MPa，复合管液压胀接内部压力为 23MPa，采用三阶进给分步加载的方式，冲头进给速度为 8mm/s，加载时间均为 2s。

10.4.2 复合管的成形质量及性能分析

1）金属层/纤维层界面分析

超混杂层板的力学性能与胶黏剂黏接强度和纤维层的纤维取向有关。通过 SEM 观察金属层/纤维层界面，如图 10.18 和图 10.19 所示，可清晰地看出纤维的分布并不均匀。层板中玻璃纤维的分布与原材料、液压成形工艺条件（压力、加载时间和加载次数）和固化温度有关。调整固化工艺后，图 10.20(a) 和 (c) 显示了固化后纤维较之前均匀。

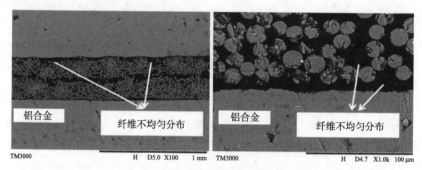

图 10.18　不同纤维铺层界面的 SEM 图像

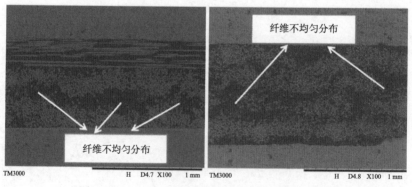

图 10.19　不同纤维铺层界面的 SEM 图像（低压）

2）复合管的界面结合性能分析

层间剪切强度是指 FMLs 在纯剪切载荷作用下的极限强度，能够反映金属

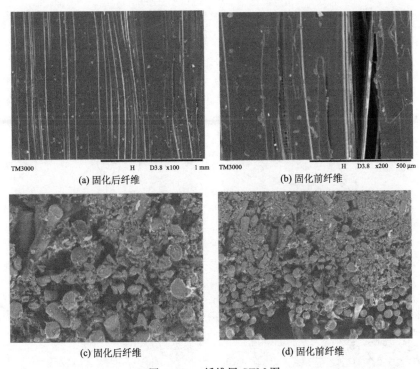

(a) 固化后纤维　　　　　　　　　　(b) 固化前纤维

(c) 固化后纤维　　　　　　　　　　(d) 固化前纤维

图 10.20　纤维层 SEM 图

层/纤维层界面的结合性能。本书通过层间剪切实验按照标准 ASTM D2344/D2344M《聚合物基复合材料及层压板的短梁剪切强度实验方法》对复合管的界面结合性能进行评价。低跨厚比(L/H)的层板弯曲试样产生水平剪切破坏。GLARE 试样的剪切载荷–位移曲线如图 10.21 所示。

剪切强度测试中典型失效模式如图 10.22 所示。GLARE 复合管的层间剪切强度随着铺层数量的降低随之下降，并且层间剪切强度与纤维铺层角度有着密切的关系。

3）复合管的拉伸性能分析

0°纤维铺层层板拉伸载荷–位移曲线如图 10.23 所示，最显著的破坏类型如图 10.24(a)所示，即纤维层发生破坏。在所研究的范围内，0°纤维层数增大利于材料拉伸强度的提高，同样，0°纤维铺层的层板的拉伸性能和其他力学性能均优于正交层板、90°和 45°纤维铺层的层板。

4）复合管的轴向压缩性能分析

复合管主要应用于抗冲击环境下，需要具备良好的缓冲吸能效果，所以本实验通过测试其轴向压缩性能来评价复合管的缓冲性能。在复合管中，纤维层的铺

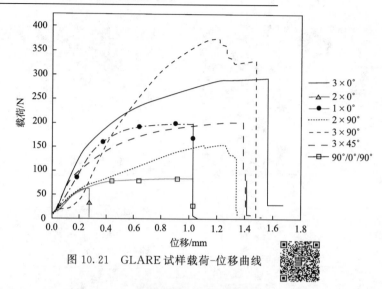

图 10.21 GLARE 试样载荷-位移曲线

(a) 层间非弹性失效　　　　　　(b) 层间弹性失效　　　　　(c) 分层问题

图 10.22 剪切强度测试中典型失效模式

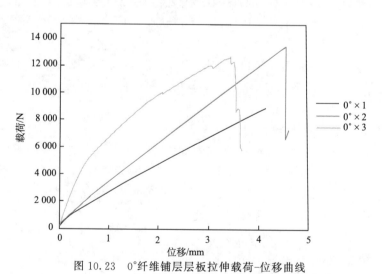

图 10.23 0°纤维铺层层板拉伸载荷-位移曲线

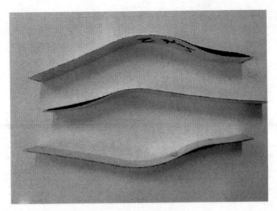

图 10.24　拉伸试样失效

层结构影响其轴向压缩性能，作者对不同铺层结构的试样的轴向压缩强度和冲击吸收功进行对比。

　　曲线与 X 轴间区域的面积代表此试样实验中吸收的能量。从图 10.25 和图 10.26 中可知，纤维层数的增加可提高 GLARE 复合管的能量吸收能力。图 10.27 的实验中比较了不同纤维铺层的能量吸收能力：$0° \times 3$ 铺层的吸能性能最好，$90°/0°/90°$ 与 $90° \times 3$ 铺层性能相近，而 $45° \times 3$ 铺层的吸能性能最差。

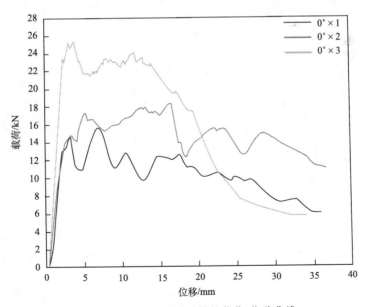

图 10.25　0°纤维铺层试样的载荷-位移曲线

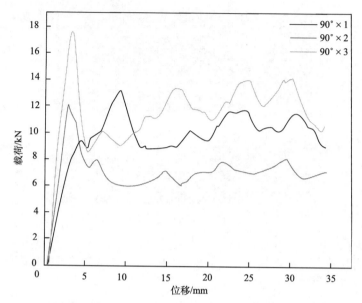

图 10.26　90°纤维铺层试样的载荷-位移曲线

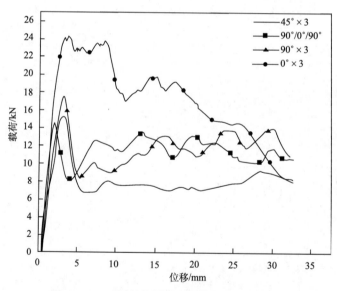

图 10.27　不同纤维铺层试样的载荷-位移曲线

　　图 10.28(a)和图 10.28(b)中，显示了不同纤维铺层发生破坏的差异性。
90°/0°/90° 铺层的分层量小于 0°×3 铺层。根据复合管的压缩载荷-位移曲线，
增加纤维层的层数将提高能量吸收能力。总能量吸收能力(E_t)为试样的截面积

(a) 碳纤维复合管　　　　　　　　　　　　(b) 碳纤维复合管

(c) 玻璃纤维复合管　　　　　　　　　　　(d) 玻璃纤维复合管

图 10.28　复合管压缩试样失效

和材料密度的函数，这种能量可以由载荷-位移曲线的数学积分计算得到，结果可以概括如下：①纤维层的层数增加可提高能量吸收能力；②0°纤维的准静态压缩实验结果比其他纤维铺层更好。

10.5　其他 FMLs 复合管

另外，作者还开展了 Ti/CF/PEEK/Ti 复合管的制备与性能研究工作。

Ti/CF/PEEK/Ti 复合管作为一种新型的层间混杂复合材料，其液压胀形工艺是一个复杂的过程，其中涉及 TA2 钛管的弹塑性变形理论、液压胀形模具的密封装置设计以及 TA2 与改性 CF/PEEK 预浸料之间的界面结合性能[11]。通过对复合管胀形过程进行受力分析发现，实现内外层钛管胀接的必要条件为内层钛管强度低于外层钛管，并得到了复合管液压胀形的临界压力值为 7.9MPa；此外，TA2 管进行完全退火工艺处理之后能提升复合管的胀形效果，通过理论分析与实验相结合的方式，确定了复合管液压胀形的线性加载路径，并得到了 Ti/

CF/PEEK/Ti 复合管试样。性能评价方面，采用 Ti/CF/PEEK/Ti 层板的拉伸性能来表征复合管的拉伸性能，测试得到 Ti/CF/PEEK/Ti 层板的拉伸强度为735.99MPa。图 10.29 展示了 Ti/CF/PEEK/Ti 复合管层间剪切试样 SEM 照片，其层间剪切强度为 19.42MPa，低于相同铺层结构的 Ti/CF/PEEK/Ti 层板的层间剪切强度，这是由于复合管上的层剪试样存在残余应力差，在一定程度上降低了其层间剪切强度。而且，对比 0°、45°和 90°三种铺层结构的复合管的轴向压缩性能以及冲击吸收功发现：纤维层铺层结构为 0°时，其压缩强度与冲击吸收功最好；对比纯 TA2 管，铺层角度为 0°的复合管中碳纤维的增强效果明显，铺层结构为 45°和 90°的复合管，碳纤维增强效果不明显；不同纤维铺层结构能影响复合管的轴向压缩性能以及冲击吸收功，复合管轴向压缩强度随铺层结构角度的增加而下降，复合管的冲击吸收功在纤维铺层角度为 0°时最大，45°时最小。复合管压缩强度测试结束后试样如图 10.30 所示。

图 10.29　Ti/CF/PEEK/Ti 复合管层间剪切试样 SEM 照片

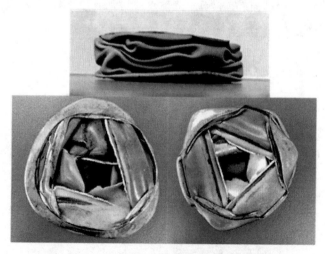

图 10.30　复合管压缩强度测试结束后试样图

根据本书研究思路，可以利用有限元分析技术以及液压胀接技术成形其他FMLs复合管，具体内容不再赘述。

10.6　本章小结

（1）本章以 GLARE 复合管为例讨论了液压成形技术在 FMLs 成形中的应用。采用液压胀接技术可实现 GLARE 复合管及其他材料体系 FMLs 复合管的制备，成形工艺简单、效率高且产生的胀接应力利于提高复合金属层/纤维层界面的结合强度。同时，可根据液压成形过程中所涉及的力学过程，通过理论计算及计算机仿真技术优化 FMLs 类材料的制造工艺。

（2）就 GLARE 复合管的液压胀接而言，冲头的进给速度、内部压力、加载时间和加载方式直接影响复合管液压成形性能。经过优化实验，获得复合管液压胀接的最佳工艺参数如下：单管液压胀接中内部压力为 11MPa，复合管液压胀接内部压力为 23MPa，采用三阶进给分步加载的方式，冲头进给速度为 8mm/s，加载时间均为 2s。

（3）GLARE 复合管具有优异的轴向压缩性能及耐冲击吸收能力，且在纤维方向为 0°时可获得最优的增强效果。利用 GLARE 复合管在该方面的性能优势，可用于航空航天器、汽车及轨道交通等领域中的防撞（能量吸收）区域。

（4）FMLs 在通过液压成形技术进行制造和成形时，需考虑金属层的协同变形及纤维层的取向变化和断裂失效；同时，FMLs 对液压的输出精度要求高，工艺路径更为复杂，且在成形过程中还需考虑缺陷的控制和失效行为的判定。尽管本章的研究证明液压成形技术在 FMLs 的成形方面具有可行性，但若采用该技术成形 FMLs 复杂构件，仍有诸多需要解决的理论和技术难题。

参 考 文 献

[1] 韩英淳，于多年，马若丁. 汽车轻量化中的管材液压成形技术[J]. 汽车工艺与材料，2003(8)：23-27.

[2] 周飞宇. 双层金属复合管液压成形工艺研究[D]. 南京：南京航空航天大学，2014.

[3] 陈奉军. 管材径压胀形成形规律的研究[D]. 桂林：桂林电子科技大学，2009.

[4] 李振华，赵福海. 对胀接机理的探讨[J]. 化工施工技术，2000，22(1)：34-35.

[5] 王建甫. 换热器中换热管与管板液压胀接过程研究[D]. 上海：华东理工大学，2013.

[6] 汪雅芬. 薄壁管胀接工艺及其应用[J]. 压力容器，2003，20(7)：16-19.

[7] KUL CAN. 玻璃纤维-铝合金层合管的制备与性能研究[D]. 南京：南京航空航天大学，2016.

[8] 韩丽丽. 装配式凸轮轴内高压胀接技术及数值仿真研究[D]. 吉林：吉林大学，2005.

[9] 苑世剑,何祝斌,刘钢,等. 内高压成形理论与技术的新进展[J]. 中国有色金属学报, 2011, 21(10): 221-231.

[10] 舒同林,李凤斌. 弹性力学中拉梅问题的讨论[J]. 力学与实践, 1991, (4): 58-59.

[11] 戴琦炜. Ti/CF/PEEK/Ti 复合管的制备工艺及性能研究[D]. 南京: 南京航空航天大学, 2016.